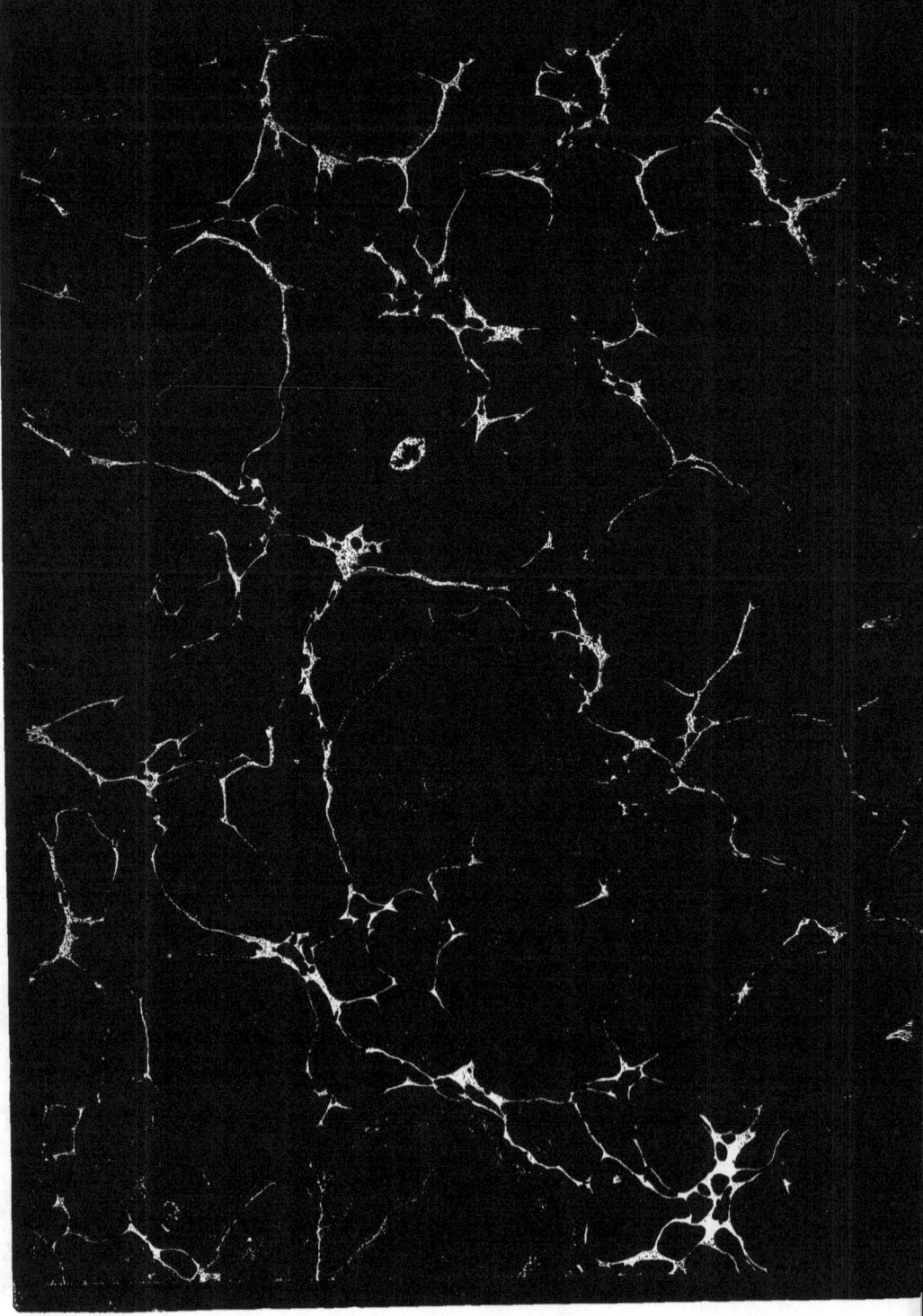

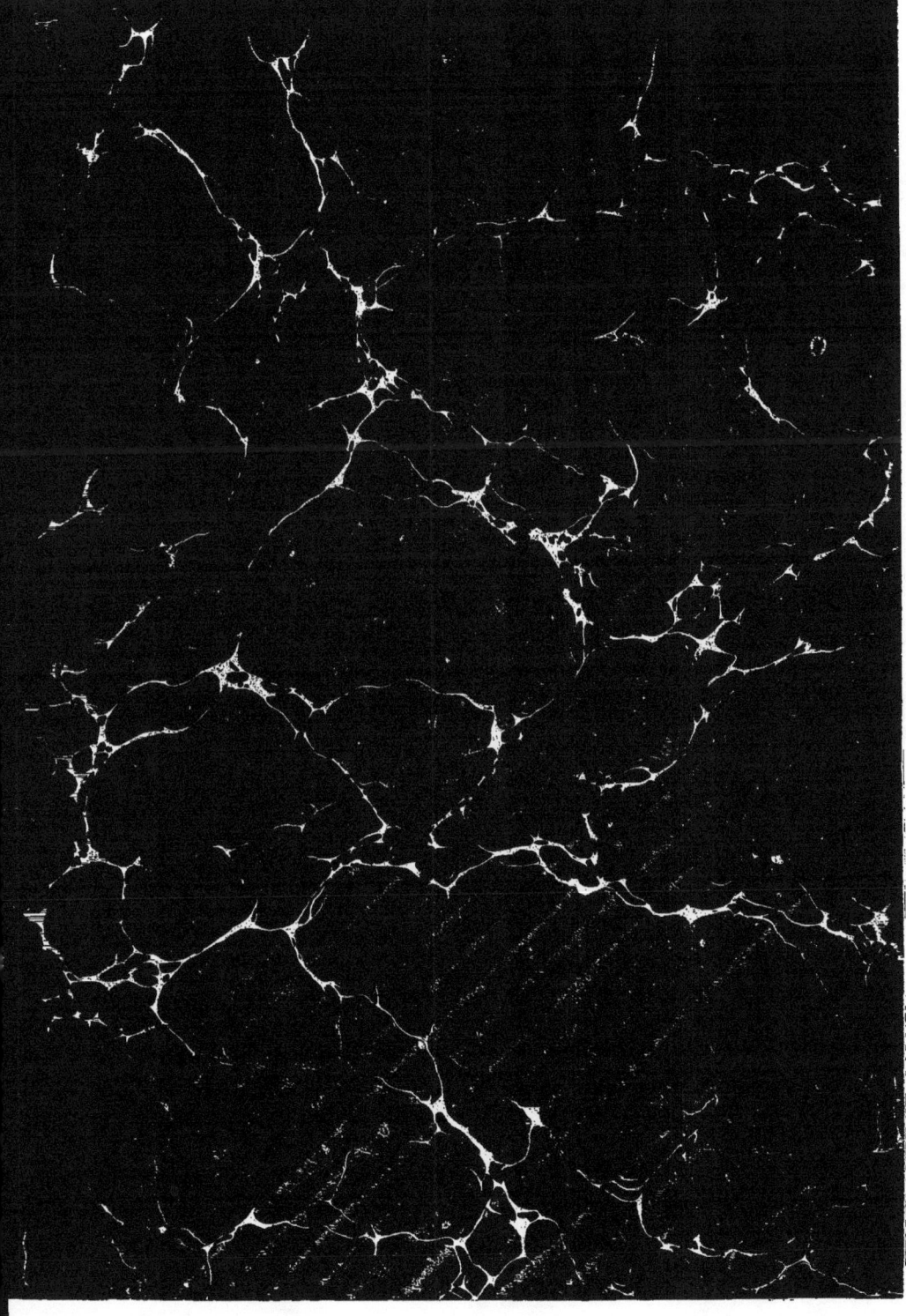

VOYAGE D'EXPLORATION

SUR LE LITTORAL

DE LA FRANCE ET DE L'ITALIE

13765

VOYAGE D'EXPLORATION

SUR LE LITTORAL

DE LA FRANCE ET DE L'ITALIE

PAR M. COSTE

MEMBRE DE L'INSTITUT, PROFESSEUR AU COLLÉGE DE FRANCE

DEUXIÈME ÉDITION

SUIVIE

DE NOUVEAUX DOCUMENTS SUR LES PÊCHES FLUVIALES ET MARINES

PUBLIÉE

PAR ORDRE DE S. M. L'EMPEREUR

SOUS LES AUSPICES

DE S. EXC. LE MINISTRE DE L'AGRICULTURE, DU COMMERCE ET DES TRAVAUX PUBLICS

PARIS

IMPRIMERIE IMPÉRIALE

M DCCC LXI
1861

A SA MAJESTÉ L'EMPEREUR NAPOLÉON III.

Sire.

Le 10 mars 1858, Votre Majesté daigna visiter mon laboratoire du Collége de France, et, après y avoir été témoin des résultats que donne l'application des méthodes artificielles, soit pour le repeuplement des fleuves, soit pour la mise en culture de la mer, elle me fit l'honneur d'ordonner la réimpression de l'ouvrage où j'avais décrit ces méthodes, en m'autorisant à y ajouter l'exposé de tout ce qui se serait accompli depuis sa première publication.

J'ai la bonne fortune, Sire, au moment où cet ouvrage va paraître, de pouvoir annoncer à Votre Majesté que l'idée abstraite dont il est l'expression a déjà créé des richesses qui s'accroissent à mesure qu'on pénètre plus avant dans les détails de la pratique.

Je remercie Votre Majesté de m'avoir placé aux avant-postes, dans la plus grande entreprise du siècle sur la nature vivante. J'aurai plus de persévérance qu'on ne pourra me susciter d'obstacles, pourvu que l'Empereur me conserve le privilége d'en appeler à sa haute intervention toutes les fois que la résistance menacera de compromettre le succès de l'œuvre.

Je suis avec un profond respect,

Sire,

de Votre Majesté,

le très-humble et très-fidèle serviteur,

Coste,

Membre de l'Institut.

Paris, le 20 mars 1861.

INTRODUCTION DE LA PREMIÈRE ÉDITION.

A MONSIEUR LE MINISTRE
DE L'AGRICULTURE, DU COMMERCE ET DES TRAVAUX PUBLICS.

Monsieur le Ministre,

Lorsque, à la suite de l'un de mes rapports, et sur la proposition de M. Heurtier, directeur général de l'agriculture et du commerce[1], le Gouvernement fonda, près d'Huningue, l'établissement de pisciculture, à l'organisation duquel je fus chargé de présider, et que, par une initiative jusque-là sans exemple, l'État essaya de faire passer une conquête de la physiologie dans le domaine de l'application, j'acceptai, sans hésiter, la responsabilité d'une entreprise dont le succès pouvait créer un précédent favorable aux découvertes qui, dans l'avenir, seraient susceptibles d'aboutir à une question d'économie publique.

---

[1] *Moniteur* du 5 août 1852. Mon rapport, celui de M. Heurtier et la décision ministérielle qui accorde 30,000 francs pour la fondation de l'établissement d'Huningue, ont paru dans ce numéro.

Considérée à ce point de vue, la création de l'établissement d'Huningue avait un autre caractère que celui d'une expérience plus ou moins heureusement conduite : elle était, à mes yeux, une voie nouvelle ouverte par la France, et un enseignement donné en son nom.

Aussi, les délégués de toutes nos provinces, de toutes les parties de l'Europe, attirés par le bruit et la nouveauté d'une pareille entreprise, vinrent-ils en foule visiter les lieux où elle allait s'accomplir, et y recevoir, des mains généreuses de l'État, l'initiation aux pratiques d'une industrie qui promettait au monde une source féconde d'alimentation.

En présence de ce mouvement, auquel les classes supérieures ont pris une part qui les honore, il me sembla qu'il y avait, pour en favoriser l'élan, un moyen plus efficace encore que l'exemple de la création de l'établissement d'Huningue, et qu'il n'existait pas un seul point de la France ni de l'Europe où cet établissement ne pût porter l'expérience, et, en la mettant sous les yeux de tous, faire prévaloir partout à la fois les pratiques de la nouvelle industrie.

Il suffisait, pour celà, d'imaginer un appareil d'incubation facile à manier, et de trouver un procédé qui permît de transporter les œufs fécondés à de grandes distances, sans que leur séjour hors de l'eau devînt une cause d'altération.

Mes ruisseaux artificiels, dans lesquels ces œufs, suspendus sur des claies, éclosent sans qu'on ait, pour ainsi dire, aucun soin à en prendre, répondirent à la première de ces conditions; la seconde fut remplie par l'usage de boîtes garnies de végétaux aquatiques humides, au milieu desquels le frai se conserve vivant, pourvu qu'on ne l'y introduise qu'au moment où les yeux des embryons se distinguent nettement à travers la membrane de la coque.

A l'aide de ce double moyen de démonstration, l'envoi des appareils et celui des œufs fécondés, l'établissement d'Huningue a pu, Monsieur le Ministre, étendre son heureuse influence à tous nos départements à la fois, et faire assister les populations de nos provinces au curieux spectacle de l'éclosion des espèces les plus estimées, prises sur les bords du Rhin, des lacs de la Suisse, du Danube, etc. et donner la preuve matérielle qu'il n'y avait pas de contrée, si éloignée qu'elle fût, dont l'industrie ne pût désormais importer les produits.

Nous avons distribué, cette année, pour atteindre le but que nous nous proposions, plusieurs millions d'œufs fécondés, soit de saumon, soit de truite commune, soit d'ombre-chevalier, soit de fera, soit de grande truite des lacs[1], parmi lesquels un assez bon nombre ont été expédiés aux établissements fondés, à l'imitation de celui d'Huningue, en Angleterre, en Allemagne, en Suisse, afin que la grande expérience qui touche au problème de l'alimentation des peuples eût un caractère européen. Aussi, dès le 21 décembre 1853, lisait-on déjà dans la Gazette de Munich :

> La pisciculture artificielle gagne tous les jours du terrain. S. M. le Roi vient de visiter en personne notre établissement de l'école vétérinaire, et S. M. la Reine a demandé des renseignements sur les procédés de cet art nouveau. Grâce à l'habile ingénieur d'Huningue, nous avons reçu de vrais saumons du Rhin. Puissent les lois sur la pêche être plus sévèrement exécutées.

[1] Voir, à l'appendice, le rapport de l'ingénieur en chef chargé de la direction de l'établissement de pisciculture d'Huningue.

A.

INTRODUCTION.

Pendant que la Gazette de Munich annonçait l'éclosion des œufs envoyés de l'établissement d'Huningue, le Courrier de la ville et de la campagne signalait, dans les termes suivants, le même fait qui se passait à Wurtzbourg :

> L'établissement de pisciculture des environs d'Huningue a expédié à celui qui a été créé à Wurtzbourg une certaine quantité d'œufs fécondés de saumons du Rhin. Honneur et reconnaissance pour ce précieux cadeau ! Nous nous empressons de le témoigner publiquement, et prenons ici l'engagement d'appuyer en tout, et par tous les moyens possibles, les efforts des pisciculteurs de cette localité, pour la poursuite et le perfectionnement d'une entreprise aussi intéressante qu'importante dans ses résultats futurs[1].

M. le major List, qui est le fondateur de ce second établissement de la Bavière, était venu visiter en détail celui d'Huningue, en septembre 1853 : c'est trois mois plus tard qu'on lui envoya les œufs fécondés dont il est question dans le Courrier de la ville et de la campagne, et dont il a bien voulu notifier l'éclosion, par une lettre en date du 7 février 1854.

On lit également dans un travail sur la pisciculture, publié par M. Rueff, professeur au célèbre Institut agronomique de Hohenheim :

> Le roi de Wurtemberg a établi, dans son domaine de Monrepos, près Ludwigsburg, une pisciculture, pour donner aux habitants de la contrée un exemple instructif et édifiant. Quoique la nouvelle méthode fût employée en Allemagne avant de l'être en France, nous sommes néanmoins obligés de reconnaître l'établissement d'Huningue comme le point principal d'où est partie l'impulsion qui a donné à cette méthode une si grande propagation. C'est là que le roi de

[1] *Courrier de la ville et de la campagne.* Wurtzbourg, 19 décembre 1853.

INTRODUCTION.

Hollande députa MM. Verstadt, de Mulvenhorst et Molterbecs. Là se réunirent M. le professeur Siebold, le directeur Kraus, le professeur Fraas, le pêcheur Kuffer, le docteur Balling, et plusieurs hommes de science et de pratique de l'Autriche. C'est là aussi que l'auteur de cet écrit a lui-même fait ses études[1].

Le roi de Hollande, en effet, comme le dit M. le professeur Rueff, après avoir institué une commission de pisciculture, envoya au Collége de France et à l'établissement d'Huningue des délégués, dont l'arrivée me fut officiellement notifiée par une dépêche que l'ambassadeur de Sa Majesté à Paris, M. le baron Fagel, voulut bien m'apporter lui-même, en me demandant, au nom de son souverain, tous les renseignements relatifs à la nouvelle industrie. Aussitôt après que ces délégués eurent rempli leur mission, la Gazette de la Haye annonça que le roi avait fait établir, dans son palais du Bois et dans celui de Woss, en Gueldre, des appareils à éclosion, sur le modèle de ceux qui sont figurés dans le Traité de pisciculture dont j'eus l'honneur, lors de mon passage en Hollande, de faire hommage à Sa Majesté, qui avait déjà reçu, par l'intermédiaire de M. le baron Fagel, les plans de l'établissement d'Huningue.

Le Gouvernement belge, à son tour, ayant résolu de faire étudier la question de la reproduction artificielle du poisson, chargea de cette mission, au mois de novembre 1853, M. de Clerq, ingénieur des ponts et chaussées. Les renseignements recueillis par ce fonctionnaire furent consignés dans deux rapports officiels, qui ont été insérés dans les Annales des travaux publics de la Belgique, et où se trouvent les passages suivants :

[1] *Agronomische Zeitung*, Leipzig, 2 juillet 1854, n° 27, p. 418.

INTRODUCTION.

A mon arrivée à Paris, j'eus l'honneur de voir M. Duméril, de l'Institut, qui eut l'extrême obligeance, pour accélérer l'accomplissement de ma mission, de parler à son collègue, M. Coste, du but de mon voyage, et de lui demander pour moi la faveur d'une entrevue. M. Coste m'a donné, avec une complaisance rare, tous les renseignements que je désirais. Il m'a montré et les boîtes dans lesquelles on lui envoie les œufs fécondés à l'établissement d'Huningue, et son appareil à éclosion, et les bassins en pierre où sont renfermés les poissons qu'il a élevés et conservés vivants. C'est à M. Coste aussi que je dois les échantillons que j'ai rapportés. On a déballé, sous mes yeux, les œufs de saumon envoyés d'Huningue par M. l'ingénieur Detzem. Ces œufs étaient renfermés dans une boîte en bois, et disposés par couches, qui alternaient avec des végétaux aquatiques. Ils étaient, à leur arrivée, dans un parfait état de conservation... M. Detzem a fait opérer, sous mes yeux, la fécondation artificielle en deux endroits différents, et, pendant trois jours, il m'a conduit partout où il y avait pour moi quelque chose d'intéressant à voir. C'est à lui que je dois d'avoir vu, à Bâle, féconder des œufs de truite avec la laitance de saumon, et pratiquer ainsi la métisation, et d'avoir vu, à Huningue, féconder des œufs de saumon avec la laitance de saumon... La réussite de la fécondation artificielle des œufs de poisson ne peut plus être mise en doute aujourd'hui : la possibilité de produire un nombre illimité de jeunes poissons doit être considérée comme un fait acquis, et il serait aisé d'établir, à Bruxelles, à peu de frais, un appareil à éclosion dans le genre de celui que M. Coste emploie au Collége de France. MM. Coste et Detzem ont bien voulu, tous les deux, m'offrir de concourir au succès d'un essai de ce genre, en m'envoyant des œufs de l'établissement d'Huningue [1].

Après la publication des deux rapports officiels dont je

---

[1] *Annales des travaux publics de la Belgique*, tome XIII; Rapports adressés à M. le ministre des travaux publics par M. de Clercq, sous-ingénieur des ponts et chaussées, 13 décembre 1853.

viens de donner ici quelques passages, l'Indépendance belge annonçait la formation d'une société de pisciculture, dans les termes suivants :

> Nous avons appris avec intérêt qu'il existait un projet de former une association ayant pour but d'introduire et de vulgariser en Belgique les méthodes pratiques de la science retrouvée que l'on est convenu d'appeler pisciculture. Nous pouvons dire aujourd'hui que ce projet est devenu un fait accompli. Notre pays ne restera donc pas en arrière de ce qui se fait à l'étranger pour l'accroissement de cette partie de la richesse et de l'alimentation publiques [1].

En Angleterre, en Écosse et en Irlande, l'industrie nouvelle se développe sur une échelle immense, depuis que l'établissement fondé en France a fixé l'attention des propriétaires; depuis que MM. Edmund et Thomas Ashworth ont traduit mon Traité de pisciculture [2], sont venus à Huningue, en ont reçu des œufs, et se sont livrés à des essais dans la pêcherie de Lough Corrib, en Irlande, où, l'année dernière, deux cent soixante mille saumons sont éclos par leurs soins. A leur exemple, et sous leur direction, M. Ramsbottom en a obtenu trois cent cinquante mille sur les bords de la rivière du Tay, et M. W. Ayrton une quantité à peu près égale dans la Dee [3].

Lord Grey m'adresse une note pour m'informer que l'association des propriétaires pour la propagation du saumon dans la rivière du Tay a fait creuser, près de Perth,

---

[1] *Indépendance belge* du 6 février 1854.
[2] Voyez la traduction de mon ouvrage et des rapports qui lui sont annexés : *A Treatise on the propagation of salmon*, etc. London, 1853.
[3] *Perthshire Courier*, 6 avril 1854.

un réservoir où l'alevinage en grand, pratiqué suivant la méthode du Collége de France, réussit d'une manière inattendue. Trois cent mille jeunes poissons provenant de fécondations artificielles, provisoirement détenus dans ce réservoir, y sont nourris avec de la viande pilée, et grandissent rapidement sous l'influence de ce régime. Le résultat que me signale le noble lord se trouve confirmé, dans les termes suivants, par le compte rendu d'une visite qu'a faite l'association au bassin dont il s'agit :

> Nous avons visité les poissons de notre réservoir, le 27 octobre 1854. En jetant dans ce réservoir un peu de foie bouilli dont on les nourrit, l'eau parut vivante, tant ils étaient nombreux et alertes à s'en saisir, et leurs flancs argentés reluisaient au soleil, quand, après avoir saisi leur proie, ils se retournaient pour redescendre au fond : c'était un spectacle fait pour intéresser les plus indifférents. Le gardien jeta de la nourriture dans les différentes parties du bassin, pour montrer qu'elles étaient toutes également peuplées... et, quoique auparavant on n'y aperçût pas un seul poisson, tout à coup le fond s'anima et une myriade en sortit, dévorant la pâture avant qu'elle y fût tombée. Ces poissons avaient de cinq à six pouces anglais de long et paraissaient prendre leurs écailles..... Il est étonnant, nous dirons même merveilleux, que tant de milliers de poissons puissent vivre et grossir comme ils le font dans un si petit espace [1].

En Suisse, on se préoccupe aussi beaucoup de cette question, depuis que M. Verdun, au nom du conseil de Neufchâtel, M. le docteur Chavannes, au nom du grand conseil du canton de Vaud, MM. Duclosal et Major, de Genève, poursuivent leurs expériences sur les bords des

[1] Extrait du *Daily Mail* du 27 octobre 1854.

lacs, et sont venus visiter l'établissement d'Huningue, d'où des œufs de saumon et de truite leur ont été expédiés. Voici, à la date du 7 décembre 1854, une lettre de M. Mayor, fils du célèbre chirurgien que la science vient de perdre, dans laquelle, en demandant de nouveaux œufs à M. Detzem, il annonce que les jeunes saumons et les jeunes truites sortis de ceux qu'on leur avait expédiés d'Huningue, l'année dernière, ont aujourd'hui, dans leur établissement, une taille égale à celle de nos élèves du Collége de France.

A M. Detzem, ingénieur des ponts et chaussées.

Monsieur,

Je n'ai pas l'honneur d'être connu de vous, aussi est-ce au nom de mon père, qui deux fois a été vous rendre visite à Huningue, que je m'adresse à vous. J'ai eu le malheur de le perdre, il y a deux mois, des suites d'une attaque d'apoplexie, qui a coupé court à tous les projets qui charmaient les loisirs de sa vieillesse. Un de ses amusements scientifiques a été l'étude de la pisciculture, que nous poursuivions en commun. Il y a un an qu'avec un docteur de nos amis, le docteur Duclosal, nous avons acheté, sur les bords du Rhône, une petite propriété bien placée pour faire cette étude; c'est là que nous avons élevé, au milieu de beaucoup de péripéties, des truites et quelques saumons, que mon père a dus à votre complaisance, l'année dernière. Une partie des œufs avait gelé; *deux ou trois cents* ont échappé; et, actuellement, nous avons, dans un bassin alimenté par l'eau du Rhône, quelques centaines de truites, de 9 à 12 centimètres de long, au milieu desquelles il existait encore, comme j'ai pu m'en convaincre par une petite pêche faite hier, 3 décembre, quelques saumons parfaitement bien portants, et ayant 8 à 9 centimètres de long. Nous venons de recommencer une récolte d'œufs de truite, et nous désirerions bien, si cela était possible, recevoir d'Huningue quelques milliers d'œufs de saumon pour suivre l'idée de mon père, c'est-à-dire élever des saumons dans un de ces réservoirs, et les *lâcher dans le Rhône* l'année prochaine à pareille époque.

Signé Mayor.

Le conseil d'État de Zurich, suivant l'impulsion donnée dans les autres cantons, a décidé que, cette année, une somme de 3,000 francs serait consacrée à des essais de ce genre. Le journal de Bâles-Campagne l'annonce de la manière suivante :

> On va faire ici de la pisciculture artificielle.
> L'assemblée de Bâle-Ville et de Bâle-Campagne s'en est préoccupée à plusieurs reprises, comme d'une entreprise dont l'État devrait prendre l'initiative. Dans ce but, une somme de trois mille francs sera inscrite cette année au budget de l'État[1].

Je pourrais vous parler encore, Monsieur le Ministre, du Piémont, dont le prince royal m'a fait l'honneur de visiter mon laboratoire pendant le séjour de Son Altesse à Paris; de la Suède, dont l'ambassadeur m'a demandé des renseignements, etc. etc. mais ce qui précède suffira pour vous donner une idée du véritable état des choses.

C'est donc grâce à la fondation de l'établissement d'Huningue, comme ces documents en font foi, que la pisciculture a pris dans le monde le rang qui lui appartient, et que le problème s'élève à la hauteur d'une question sociale.

Tel est, en effet, Monsieur le Ministre, le grand acte par lequel cet établissement, malgré les innombrables difficultés de son installation encore inachevée, a inauguré la première période de son existence, qui aura été, si je puis ainsi dire, *la période d'initiation*. Il ne reste donc plus main-

---

[1] *Bundesfreund*, 11 mars 1854, p. 3.

tenant, pour aller au fond même de la question, qu'à le mettre en mesure de continuer son œuvre, en lui donnant, avec la permanence, une liberté d'action sans laquelle toutes ses opérations, entravées par les lenteurs administratives, pourraient trop souvent échouer, comme cela nous est arrivé pour la saison du Danube. *Cette seconde période sera celle de la production.* Mais, qu'on le conserve ou qu'on le supprime, il n'en restera pas moins démontré, si la nouvelle industrie s'organise à la fois sur tous les points du globe où la civilisation pénètre, que c'est à la généreuse initiative de la France que revient l'honneur de ce bienfait. Et quand je considère par quel modique sacrifice elle obtient un pareil résultat, je ne puis que m'applaudir d'avoir engagé l'État dans la voie où les besoins du siècle exigent qu'il se place désormais.

A une époque, en effet, où, par l'incalculable portée de ses applications, la science accomplit tant de merveilles, la force irrésistible des choses impose aux gouvernements le devoir et la responsabilité de l'exemple. Eux seuls, dans ces grandes entreprises du génie humain sur la nature vivante, auront le pouvoir, sans que personne en souffre, de courir, pour une chance de succès, tous les périls d'une déception, et l'industrie privée, guidée alors par le flambeau dont ils éclaireront ses pas, développera partout son action dans la sécurité que lui fera leur prévoyance.

C'est dans cet esprit, Monsieur le Ministre, que j'ai conseillé à l'Administration de créer l'établissement d'Huningue. Mon but aura été doublement atteint : l'État a pris l'initiative, et, par son exemple, la nouvelle industrie est passée dans le domaine des faits. Ma mission serait donc aujourd'hui remplie, et, après cette rude campagne dans la voie de l'application, il me serait bien permis de rentrer dans mon laboratoire, pour y travailler, sans partage, au progrès d'une science, l'Embryogénie comparée, qui touche aux plus hautes questions de la philosophie naturelle; science nouvelle aussi, à laquelle, grâce à l'amitié de M. Guizot, j'ai eu le rare honneur d'élever une tribune. Mais vous avez voulu que l'épreuve fût poussée jusqu'au bout : je suis aux ordres de l'Administration.

L'établissement d'Huningue va donc continuer son œuvre en entrant dans la seconde phase où votre bienveillance l'engage. Il réduira son rôle à celui d'une pépinière qui distribue des graines, et où se font des essais d'acclimatation. Il versera tous les ans ses produits dans les établissements secondaires que l'industrie privée ou les conseils généraux organisent dans les départements, et, par l'intermédiaire de ces établissements, dans toutes les eaux de la France. Ce laboratoire modèle, toujours ouvert, comme nos fermes-écoles, à ceux qui voudront s'exercer aux manipulations, sera le permanent théâtre du perfectionnement de toutes les pratiques, et les fera prévaloir par l'exemple de leurs heureuses applications.

Son action sera donc à la fois spéciale et universelle : spéciale, par la production, l'alevinage, l'acclimatation des espèces les plus estimées; universelle, par le lien que ses distributions annuelles de *graines animales* lui donneront avec les piscines régionales dont il aura provoqué la création, ou qui fonctionneront, comme succursales, dans l'organisation définitive de cette industrie en France, sans qu'il soit nécessaire d'avoir recours à aucun personnel nouveau.

Ce service rentre naturellement dans celui de notre système hydraulique et doit lui appartenir, à moins que des compagnies ne se forment, et ne donnent à l'État une garantie suffisante pour une meilleure et plus lucrative exploitation des eaux.

Pendant que ces piscines régionales recevront de l'établissement d'Huningue les espèces estimées qui n'existent pas dans les contrées où ces piscines se fondent ou qui y sont assez rares pour qu'il soit urgent de les y multiplier, ces mêmes piscines, parmi lesquelles se placent, au premier rang, celles qu'établissent M. Caron, dans le département de l'Oise, M. le marquis de Vibraye, au château de Cheverny, M. le docteur Lamy, dans le parc de Maintenon, M. le professeur Pouchet, à Rouen, M. Blanchet, à Rives, M. Berthot, sur les bords du Doubs, etc. auront aussi mission de travailler à la multiplication des espèces communes, par des procédés plus efficaces encore que celui de la fécondation artificielle. Je veux parler de l'organisation des frayères, à l'aide desquelles l'industrie humaine peut déterminer tous les poissons d'un fleuve, d'un lac, d'un étang, d'une pièce d'eau, à venir déposer leur semence dans les points qu'elle leur assigne, et d'où elle peut ensuite les transborder dans d'autres fleuves, d'autres étangs, de manière à entreprendre leur repeuplement sur une échelle immense.

Ces frayères, dont la mise en pratique fut, de tout temps, pour les Chinois, la source d'un grand commerce, ont été employées, par les soins de M. le docteur Lamy, sous les auspices de M. le duc de Noailles et de M. le duc d'Ayen, dans les eaux du parc de Maintenon, avec un tel succès, que l'une de ces frayères chargées de semence, transportée au Collége de France dans une bourriche, m'y a donné des éclosions par milliers. Elles peuvent être constituées de deux manières, soit à l'aide de fascines substituées aux plantes aquatiques que, dans ce cas, l'on supprime, soit par ces plantes aquatiques elles-mêmes, dont on ne conserve alors que des touffes isolées, sur lesquelles les poissons sont obligés de venir déposer leurs œufs, puisqu'il ne leur reste plus, après cet aménagement, d'autres corps où ils puissent les attacher.

Cette pratique est d'autant plus précieuse, qu'elle concilie parfaitement les opérations du repeuplement avec les besoins de la navigation dont, au temps des fortes chaleurs et de l'abaissement des eaux, une végétation trop abondante gêne le libre exercice. Elle permet de supprimer tous les obstacles à la circulation, sans détruire les conditions favorables à la ponte. L'organisation de ces frayères, leur distribution, le choix des lieux où il faudra les abriter quand elles seront chargées de semence, devront donc être, de la part des agents de l'Administration, l'objet d'une étude spéciale; car il ne s'agit de rien moins que d'assurer l'éclosion des espèces si nombreuses dont le frai, pour se développer, a besoin de s'attacher à des corps étrangers. Les curages à sec, qui anéantissent ce qu'on a tant d'intérêt à ménager, seront donc sévèrement interdits pendant les saisons de la reproduction, et c'est aux machines à draguer qu'en tout temps il faudra confier le soin de nettoyer les cours d'eau.

Quant aux espèces qui déposent leurs œufs sur le gravier, ou qui les cachent dans ses interstices, comme celles de la famille des salmonidés, par exemple, c'est à leur propagation que sera plus particulièrement consacré le procédé de fécondation artificielle; mais il ne s'ensuit pas pour cela, même en ce qui concerne ces espèces, qu'on doive négliger d'avoir recours aux moyens naturels, partout où on pourra le faire avec avantage. Il faudra donc que, dans les diverses localités où, non loin de leurs sources, des eaux limpides couleront sur un lit peu profond, l'on couvre le fond d'une couche épaisse de galets et de cailloux, afin que les femelles soient tentées d'aller y cacher leur progéniture. Elles y iront, en effet, car, à l'établissement d'Huningue, nous avons vu nos élèves de deux ans venir frayer dans les ruisseaux artificiels, jusque sous le hangar à éclosion. Cet établissement pourra donc, quand les bassins y seront convenablement aménagés, devenir à la fois un laboratoire pour la propagation artificielle, et une vaste frayère pour la propagation naturelle.

Cependant, malgré son incontestable utilité, la méthode naturelle ne saurait jamais, en ce qui concerne la famille des salmonidés, suffire seule aux besoins du repeuplement; car la durée de l'incubation de ces espèces précieuses, la longue immobilité à laquelle sont condamnés les jeunes après leur naissance, les tiennent trop exposés à la voracité des ennemis qui veillent autour de leurs retraites, pour que l'art nouveau ne vienne pas ici au secours de la nature. La fécondation artificielle, l'incubation artificielle, l'alevinage artificiel, sont donc des moyens sans lesquels le but ne saurait être complétement atteint[1].

---

[1] Pour toutes ces pratiques, aussi bien que pour l'établissement des frayères, voir, à l'Appendice, le Précis de pisciculture artificielle.

J'ai eu l'honneur, Monsieur le Ministre, de mettre sous vos yeux la preuve matérielle que ce triple problème était définitivement résolu. Vous avez vu, au Collége de France, dans la piscine consacrée à mes expériences, des myriades de jeunes saumons, de jeunes truites, de jeunes ombres-chevaliers, provenant d'œufs fécondés artificiellement sur les bords des lacs de la Suisse, du Rhin, du Danube, éclos dans les appareils à incubation de mon laboratoire, recevoir leur pâture dans cette étroite enceinte, comme des troupeaux soumis au régime de la stabulation. Trois mois de séjour dans ces conditions peu favorables avaient suffi, grâce à l'efficacité du mode d'alimentation, pour les amener à l'état de *feuille*, c'est-à-dire à l'état où l'on peut, sans danger, les mettre en liberté.

Vous avez vu aussi, dans l'un des compartiments de cette piscine, des saumons et des truites de l'année précédente qui, sous l'influence du même régime, avaient acquis une longueur de trente centimètres, un poids de trois quarts de livre, et étaient déjà comestibles; en sorte que, par cette double expérience, l'alevinage en grand dans un espace restreint et l'approvisionnement des viviers domestiques deviennent des pratiques aussi faciles que l'élève des poules dans une basse-cour. Ces pratiques démontrent que l'importation et l'acclimatation des espèces étrangères n'offrira pas autant de difficulté qu'on l'avait supposé jusqu'à ce jour, pourvu qu'on les fasse éclore dans le milieu où on voudra les conserver; car ici, non-seulement ces espèces sont étrangères, mais les eaux elles-mêmes sont contenues dans un bassin artificiel. Le bassin est en ciment romain, et l'eau vient d'Arcueil.

INTRODUCTION.

Je puis invoquer aujourd'hui, en faveur de l'acclimatation des poissons dans les eaux où ils n'ont jamais vécu, un si grand nombre d'expériences, que le fait ne saurait plus désormais être l'objet d'une sérieuse contestation. Il me suffira d'en citer quelques exemples, pour que chacun puisse en juger.

M. Regnault, mon confrère de l'Académie des sciences, prit, vers la fin de mai 1853, un certain nombre de jeunes truites et de jeunes saumons éclos au Collége de France, les transporta à la manufacture de Sèvres, dont il est le directeur, les jeta dans un bassin en maçonnerie de quarante mètres de superficie, d'un mètre de profondeur, construit pour le service de l'établissement, et où, pendant six mois de l'année seulement, un simple robinet renouvelle l'eau qu'un trop plein évacue. Une grande quantité de feuilles mortes s'étant accumulées au fond de ce réservoir, M. Regnault craignit que la putréfaction ne fît périr ses élèves, et avec d'autant plus de raison, qu'il en avait déjà vu quelques-uns monter à la surface. Il ordonna donc qu'on mît le bassin à sec, et, en attendant que l'opération fût terminée, on entreposa les saumons et les truites dans un baquet placé sur le bord. Mais bientôt la plupart s'élancèrent hors de l'eau sans qu'on s'en aperçût. Parmi ceux qui périrent, il y en eut huit qui pesaient près d'une livre, quoiqu'ils ne fussent âgés que de dix-huit mois. Tous étaient saumonés comme ceux qui vivent dans leur milieu naturel, et leur chair avait un goût exquis. Ce résultat est d'autant plus important, que ces poissons ont vécu de la seule nourriture que le bassin leur fournissait.

Pendant que M. Regnault expérimentait dans le parc de

la manufacture de Sèvres, M. le commandant Desmé, officier d'ordonnance de M. le maréchal Saint-Arnaud, faisait, de son côté, un essai dans son domaine de Puygiraut, près Saumur, avec des jeunes du même âge qu'il avait emportés dans un simple bocal. Le vivier qui les renferme ne contenant que cent cinquante hectolitres d'eau, M. Desmé a supposé qu'ils n'y rencontreraient pas une nourriture suffisante. Il leur a donc fait jeter, tant qu'ils étaient encore jeunes, de la chair de limace broyée, et, plus tard, coupée par morceaux plus ou moins volumineux, jusqu'au moment où il a cru qu'il pouvait les leur livrer entières. Sous l'influence de ce régime, qui ne lui a occasionné aucune dépense, attendu que ce mollusque abonde dans tous les potagers, ses élèves ont acquis, dans le même laps de temps, la taille et le poids de ceux de M. Regnault.

Des résultats analogues ayant été obtenus au Collége de France, dans un bassin en ciment romain, véritable appareil de laboratoire, qui n'a pas plus de douze mètres de superficie; au château d'Osmond, chez M. de Montagu; au château de Cheverny, chez M. le marquis de Vibraye; au château du Mesnil, chez M. le comte de Polignac; à Rives, chez M. Blanchet, je me crois suffisamment autorisé à dire, après d'aussi éclatantes expériences, que, grâce aux heureuses tentatives de l'établissement d'Huningue, l'industrie se trouve irrévocablement en possession de pratiques qui, non-seulement lui assurent le succès de l'alevinage en grand des espèces les plus précieuses, mais aussi de leur acclimatation dans des eaux où elles n'avaient jamais vécu.

Ce n'est pas à dire pour cela qu'on réussira dans toutes

celles où se feront des essais de ce genre, mais la voie est ouverte, l'opinion publique est saisie, et il n'a plus qu'à laisser aux efforts de chacun le soin de continuer l'œuvre commencée.

L'importation à laquelle l'établissement d'Huningue attache le plus grand prix est celle du saumon du Danube, poisson à chair blanche, d'une qualité excellente, et dont le poids s'élève quelquefois jusqu'à cent kilogrammes. Les jeunes de cette espèce qui sont éclos l'année dernière dans nos viviers y ont déjà acquis une taille trois fois plus grande que les truites communes du même âge, qui vivent naturellement dans les eaux de cet établissement. Le succès est ici d'autant plus certain, que cette espèce gigantesque n'a pas besoin, comme le saumon ordinaire, d'aller à la mer, et qu'on la conserve d'une manière permanente dans certains viviers de l'Allemagne. Des mesures seront prises pour que, au mois de mars prochain, un million d'œufs de ce saumon nous soient réservés par le roi de Bavière, dont le gouvernement a toujours saisi l'occasion de favoriser notre entreprise. Je tiens, Monsieur le Ministre, à faire cette belle expérience avant de déposer dans vos mains les pouvoirs qui m'ont été donnés; mais, en attendant, il me reste encore un devoir à remplir : c'est de vous faire connaître le résultat de mes études sur la pisciculture marine, et sur les diverses industries qui s'y rattachent.

La décision ministérielle insérée au Moniteur du 6 août 1852, qui ouvrait un crédit pour la fondation de l'établissement d'Huningue, annonçait, en même temps, que je serais invité à explorer le littoral de l'Italie et de la France, afin de déterminer dans quelles conditions on pourrait ten-

INTRODUCTION.

ter des essais en grand sur la propagation et l'acclimatation des animaux marins; entreprise hardie, dont le rapport officiel parle en ces termes :

En ne s'appliquant qu'à la fécondation artificielle des poissons d'eau douce, la question ne me paraît qu'incomplétement résolue. Il n'importe pas moins, en effet, d'étendre l'application de cette découverte aux poissons de mer. Aujourd'hui surtout que nos grandes lignes de chemins de fer ont fait disparaître, en quelque sorte, les distances, les poissons de mer pourront facilement être transportés dans presque toutes les villes, même les plus éloignées. Pour quelques-unes seulement, mais en petit nombre, ils n'y arriveront que conservés. Il serait donc également utile, tout en cherchant à multiplier le poisson de mer, les crustacés et les mollusques, de s'enquérir des meilleurs moyens de préparation et de conservation. Déjà, en 1851, M. Valenciennes, membre de l'Institut, a rapporté de sa mission en Prusse de précieux renseignements sur ce dernier point : vous jugerez sans doute convenable, Monsieur le Ministre, de les compléter.

M. Coste, qui va, sous peu de jours, poursuivre sa tournée scientifique dans l'Isère, pourrait, en descendant le Rhône qu'il doit explorer, visiter les étangs ou lagunes si fréquents sur une partie du littoral de la Provence, du bas Languedoc et du Roussillon, et plus particulièrement l'étang de Berre, les lagunes de la Camargue, les étangs de Thau et de Leucate. Ces eaux, pour la plupart salées, mais qui se trouvent parfois mêlées d'eau douce, serviraient à des fécondations et à des acclimatations intéressantes, et se changeraient, si les prévisions de la science se réalisent, en riches réservoirs de poissons de toute sorte.

De là ce naturaliste, afin d'étudier les modes de conservation des poissons et la préparation qu'on leur fait subir en Italie, pourrait également visiter les lagunes de l'Adriatique voisines des embouchures du Pô, de l'Adige et de la Brenta. Il se rendrait surtout à Comacchio, où se préparent, de temps immémorial et sur une vaste échelle, des conserves de poisson dont le goût est excellent. Tous ces renseignements recueillis, des mesures efficaces seraient alors prises pour garantir le succès des travaux à entreprendre.

Ainsi, dès à présent, affecter sur le budget de l'exercice de 1855 un crédit de 30,000 francs, qui permette à MM. Berthot et Detzem de créer à Huningue un vaste établissement de fécondation et d'éclosion; inviter M. Coste à parcourir, dans son prochain voyage, une partie importante du littoral de la Méditerranée, et à étudier, en Italie, ce qui se fait à Comacchio, telles sont, Monsieur le Ministre, les propositions que j'ai l'honneur de vous soumettre. Si vous voulez bien les approuver, je vous prierai de revêtir de votre signature le présent rapport.

Agréez, etc.

Signé HEURTIER.

M. le comte de Persigny, alors ministre de l'intérieur, ayant donné son approbation aux conclusions du rapport de M. le conseiller d'État, directeur général de l'agriculture et du commerce, la mission dont ce rapport détermine le but me fut confiée. Les documents que j'ai recueillis en la remplissant seront la preuve que l'industrie humaine, guidée par l'expérience des siècles et les nouvelles découvertes de la science, pourra organiser, sur tous les rivages, de véritables appareils d'exploitation de la mer, où les fruits de cet inépuisable domaine, attirés, mûris et multipliés par ses soins, seront récoltés avec autant de profit et moins de labeur que ceux de la terre. Les étangs salés du midi de la France, le bassin d'Arcachon, les réservoirs de Marennes, les côtes de la Bretagne, etc. etc. deviendront facilement le théâtre des premières tentatives de ce genre, si Monsieur le Ministre de la marine prête son concours à cette grande entreprise; car, ici, bien plus encore qu'à l'égard de l'exploitation des eaux douces, c'est à l'État qu'appartient l'initiative et le droit de règlement, le domaine des mers étant une propriété sociale.

Mais, pour que la récolte ne soit point détruite avant sa maturité, et qu'elle puisse, par le progrès de son développement, devenir l'une des sources les plus abondantes de l'alimentation publique, il faut que l'Administration interdise, sous les peines les plus sévères, autant que cette interdiction sera compatible avec les besoins de la consommation, le colportage et la vente de certaines espèces comestibles, non-seulement pendant la saison de leur reproduction, mais encore pendant leur jeune âge. L'application de cette mesure à l'exploitation des bancs naturels d'huîtres a déjà, grâce à la vigilance de l'Administration de la marine, donné des résultats tellement satisfaisants, qu'il ne saurait y avoir de doute sur l'importance de ceux que promet son extension à tous les animaux aquatiques qui servent à la nourriture de l'homme.

Cependant cette mesure serait insuffisante, et le but ne serait qu'incomplétement atteint, si, après avoir réprimé le colportage et la vente d'une marchandise prohibée, on laissait subsister les pratiques désastreuses à l'aide desquelles, pour se procurer les générations adultes, on fait périr les générations naissantes : je veux parler, Monsieur le Ministre, de ces instruments de dévastation qui, au mépris des plus formelles prescriptions de la loi, portent encore le trouble dans tous les lieux où les animaux marins trouvaient un abri pour déposer leur frai, et où une aveugle industrie ne leur laisse plus maintenant ni le temps de grandir ni les moyens de se multiplier. J'ai vu, comme je l'ai déjà dit ailleurs, ces immenses filets traînants, tirés par deux tartanes accouplées, labourer le golfe de Foz, déraciner et engouffrer dans leur vaste poche les plantes marines auxquelles sont attachés les œufs des espèces comestibles, et broyer, sous la pression de leurs étroites mailles, tous les jeunes poissons, tous les jeunes crustacés, auxquels ces plantes servaient de refuge. C'est un spectacle profondément triste que celui de voir cette œuvre de destruction consommée par les bras mêmes de ceux dont elle prépare la ruine. Le Gouvernement ne saurait donc tolérer plus longtemps un abus qui, s'il se prolongeait, finirait par tarir la source de toute production. Je prends la liberté d'appeler sa sollicitude sur cette grave question. Ce n'est qu'à une assez grande distance de la côte que de pareilles pratiques peuvent être permises; sur tous nos rivages elles sont désastreuses.

Telles sont, Monsieur le Ministre, les considérations dans lesquelles j'ai cru utile d'entrer avant de vous faire connaître le résultat de mes investigations sur les industries de Comacchio, du Fusaro, de Marennes et de la baie de l'Aiguillon. C'est avec le concours de M. Gerbe, mon préparateur au Collége de France, que j'ai recueilli la plupart des renseignements qui se rattachent à ces industries; je me fais un devoir de le rappeler ici.

Paris, ce 1er janvier 1855.

COSTE.

Membre de l'Institut.

INDUSTRIE

DE

LA LAGUNE DE COMACCHIO.

INDUSTRIE

DE

LA LAGUNE DE COMACCHIO.

I.

APERÇU GÉNÉRAL.

Lorsqu'on a parcouru la terre riante, fertile et peuplée, de la Lombardie, et qu'on arrive à Ferrare, il suffit de quelques heures de marche, dans la direction de l'Adriatique, pour se trouver tout à coup au cœur d'une campagne plate, sablonneuse, désolée, où règnent le silence et la misère. Les rares habitants de cette plaine déserte ont si peu de communications avec les contrées environnantes, que, pour se rendre aux confins de leur territoire, il n'y a pas même une seule voiture publique, quoique le chemin qui le traverse soit l'unique voie de la colonie industrielle la plus curieuse, mais la moins connue peut-être, de toutes celles qui existent à la surface du globe : je veux parler de cette population intéressante de Comacchio, qui, dans les temps anciens, au moment sans doute où les barbares chassaient devant eux les peuples civilisés, vint, comme les fondateurs de Venise, se réfugier au sein de l'immense marécage que, depuis des siècles, elle est occupée à transformer en un véritable instrument d'exploitation de la mer, et où son ingénieuse industrie attire le jeune poisson éclos dans l'Adriatique, et le récolte, quand il est adulte, par des procédés aussi rationnels que ceux des agriculteurs pour ensemencer la terre et en cueillir les fruits.

Moins favorisée que Venise, sa voisine, et ne pouvant, à cause de l'infériorité de sa position, aspirer comme elle à la souveraineté commerciale, ni aux bénéfices des conquêtes, elle appliqua son génie à combiner un admirable système de digues formées avec la fange de ses lacs, affermies avec les débris des coquillages qui en habitent les eaux, coupées par de nombreuses écluses, reliées à des canaux bien ménagés, qui, en donnant accès aux flots de l'Adriatique et à ceux des rivières qui bordent deux des côtés de la lagune, permettent d'opérer à volonté sur cette lagune tout entière ou sur chacun de ses compartiments, avec autant de facilité que s'il s'agissait d'un simple appareil de laboratoire : travail gigantesque, mais jusqu'ici sans gloire, modestement accompli par des hommes simples, résignés à la rude discipline du vaisseau, à la vie monotone et sobre de la caserne, au sacrifice de leur sommeil pendant ces nuits orageuses où la tempête tourmente la lagune et en soulève les flots; satisfaits, pour prix de tant de labeur, d'un modique salaire et de la part de poisson qu'une administration paternelle leur distribue chaque jour.

La médiocrité de leur condition ne les porte jamais à chercher ailleurs une existence plus lucrative, ni à y contracter des alliances. Ils naissent et meurent dans le lieu qui les a vus naître, prenant pour un exil temporaire tout ce qui les éloigne du clocher natal ou de la bourgade hospitalière. Mais les devoirs de l'hospitalité ne s'étendent pas, chez eux, jusqu'à une facile concession du droit de cité. Les nouveaux venus qui aspirent à la faveur de s'incorporer à la colonie doivent justifier d'un riche patrimoine et d'un séjour non interrompu de plusieurs années, et encore sont-ils toujours considérés comme des étrangers. De longues générations suffisent à peine pour consacrer leur adoption; car leur intronisation est un empiétement sur un privilége héréditaire, *le droit au travail*, que la féodalité légua aux habitants comme une transformation *de la glèbe*.

Il y a cependant, à l'heure qu'il est, une exception à cette règle ordinairement inflexible. Mais il n'a fallu rien moins que des services rendus à la communauté pour apaiser les susceptibilités d'une répugnance instinctive.

La famille qui a eu les honneurs de ce rare privilége est originaire de Marseille. Son chef, Claude Girard de Bayon, vint à Comacchio en 1810, chargé par Napoléon d'y réorganiser des salines qui, sur l'injonction de la République de Venise et d'après les termes d'une transaction conservée dans les archives de la maison d'Este[1], avaient été détruites vers la fin du xive siècle, et que le duc Alphonse, l'implacable ennemi du Tasse, n'eût pas manqué de rétablir au commencement du xvie, si, dans l'intérêt de celles de Cervia, le pape Adrien VI ne l'eût contraint de renoncer à ses desseins, et de signer l'engagement de ne jamais rien entreprendre sur aucune autre partie de son territoire[2]. L'établissement que fonda Claude Girard de Bayon était déjà, dès 1813, en mesure de fournir, comme aujourd'hui, vingt millions de kilogrammes d'un sel aussi blanc, aussi grené, aussi consistant, que ceux du midi de la France, malgré la différence des climats. Sans les événements politiques de 1814, cet établissement aurait pris de bien plus grandes proportions; mais, tel qu'il est, ses produits suffisent à la consommation des États-Pontificaux, à celle d'une partie de Venise, au duché de Modène, qui, en vertu d'une convention à

---

[1] En 1405, le marquis Nicolo d'Este souscrivit à une convention formulée en ces termes : «Quod de cætero in dicto Comacli, vel in alio loco dicti domini marchionis, «non possint componi, nec denuo fieri, nec elevari, aut refici, vel aliquæ salinæ, vel «levari aliquod sal.» (Bonaveri, *Della città di Comacchio*, p. 39.)

[2] En 1514 et 1522, le duc Alphonse s'engagea à n'établir aucune saline : «In «civitate, comitatu, sive valle Comacli, aut alio loco in territorio aut dominio.» (Bonaveri, *op. cit.* page 39.)

perpétuité conclue entre les deux gouvernements, y fait ses provisions.

La création de cette nouvelle industrie est devenue, pour la colonie, dont les habitants, à l'exception des membres de quelques familles aisées, vivent tous du travail de leurs mains, une ressource de plus, qui concourt à l'amélioration de leur sort. M. Édouard Cusatelli, directeur actuel de la fabrique et membre de la famille adoptive, perfectionne les procédés tout en conservant les traditions de son aïeul, et, par ses bons offices, n'a pas peu contribué à serrer les liens qui unissent désormais sa maison à la population dont il sert les intérêts.

Les habitants de Comacchio, ceux du moins qui sont occupés de la pêche et des industries qui s'y rattachent, n'ont pas, après le vin, la polenta et quelques fruits, d'autre nourriture que le poisson de la lagune, et surtout que l'anguille, dont ils font un grand commerce. Cependant ce genre d'alimentation, loin de nuire à la santé publique, l'entretient au contraire dans l'état le plus florissant. Les individus soumis à la permanente influence de ce régime sont robustes, et poussent aussi loin leur carrière que ceux des contrées où l'on ne mange que de la viande. Leur stature élevée, l'ampleur de leur poitrine, la *muscularité* de leurs membres, la souplesse de leur corps, leur regard vif, leur teint animé, leurs cheveux noirs et épais, annoncent une vigueur dont on ne voit pas de plus frappants exemples dans tout le reste de l'Italie.

On remarque aussi de belles natures de femmes au profil grec, à la taille élancée, à la chevelure abondante, aux formes correctes, finement accusées, et dont les admirables proportions ne subissent jamais les disgrâces de l'obésité. Ce sont des mères fécondes, qui, après avoir payé leur tribut à la race dont elles conservent l'intégrité, arrivent souvent jusqu'à la décrépitude sans qu'aucune infirmité vienne condamner à l'inaction leur verte vieillesse.

Exclusivement vouées à l'éducation de leur famille et au soin du ménage, elles ne sont point admises à quitter le foyer domestique pour prendre part aux travaux d'exploitation de la lagune, ni même à y visiter leurs pères, leurs maris, leurs frères, leurs enfants, qui y vivent en commun dans les nombreuses casernes de ce singulier phalanstère. Les sévères prescriptions d'un règlement dont la volonté souveraine du gouverneur peut seule, dans les occasions graves, tempérer la rigueur, leur interdisent d'avoir avec eux aucun commerce, si ce n'est aux jours de *permission*, quand, à tour de rôle, les hommes sont autorisés à rentrer à la ville, où elles restent solitaires. Mais, à ce retour périodique au sein de la famille, ne tarde pas à succéder une nouvelle absence; car, pour que d'autres puissent jouir du même privilége, il faut que ceux qui en ont déjà goûté les douceurs viennent bientôt au poste pour y reprendre le service.

Comme les femmes de l'Orient, elles ne sortent jamais sans être enveloppées d'un voile qui couvre leur front, encadre leur figure régulière, et donne un charme de plus à l'expression pleine de mélancolie dont leur douce physionomie est empreinte. Les couleurs vives leur plaisent; leur chaussure, garnie d'un fond de bois, semble, comme le béret grec et le bonnet à long flocon dont les hommes sont coiffés, le dernier vestige du costume de ces colonies pélasges qui, sous la domination romaine, peuplèrent le littoral de l'Adriatique.

Ces obscurs pêcheurs seraient-ils les descendants de l'une de ces colonies célèbres?

Cette pensée se présente naturellement à l'esprit, non-seulement lorsqu'on a égard au caractère physique de la race, mais surtout quand on se rappelle que non loin de là, près de l'embouchure la plus méridionale du Pô, au voisinage de Ravenne, une cité grecque, du nom de Spina, florissait jadis dans ces parages [1].

Il n'y aurait donc rien d'étonnant que les habitants de cette ville, à laquelle on donne Diomède pour fondateur, et dont le reflux de l'Adriatique découvre quelquefois les ruines, fussent venus, par suite d'une invasion des barbares ou par un excès de

---

[1] Pline. *Hist. Mundi*, liv. III, chap. xvi.

population, se réfugier sur l'île de Comacchio, comme ceux d'Aquilée sur celle de Rialto, où ils assirent Venise. Mais ce n'est là qu'une conjecture probable, en faveur de laquelle on ne peut invoquer encore le témoignage d'aucune médaille, d'aucune inscription, d'aucun monument historique. C'est un curieux problème qui mérite l'attention des antiquaires.

Le plus ancien document sur cette question est celui qu'on trouve consigné dans la grande collection des actes des conciles, publiée par Labbe. On y voit qu'au commencement du vi^e siècle, sous le pontificat de Simmaco, un évêque de Comacchio, du nom de Pacaziano, a souscrit au iiie et au ive concile romain. Or, si, à cette époque, il y avait déjà un siége épiscopal à Comacchio, il est probable que sa création devait remonter à des temps plus reculés; car alors l'Église, dans le but d'asseoir son action civile sur les contrées où la loi romaine avait régné, mettait sa politique à n'instituer ses prélats que dans les villes anciennes, afin d'y effacer jusqu'aux dernières traces de la civilisation mourante dont elle recueillait l'héritage. Pacaziano avait donc eu des prédécesseurs, et, en se plaçant à ce point de vue, l'antiquité de la ville de Comacchio serait mise hors de toute contestation, si une inscription latine, gravée à l'entrée d'une cathédrale, dont il ne reste plus aujourd'hui de vestiges, ne semblait, au premier abord, prendre la forme d'une objection. On y lisait, en effet, que le fondateur de cette basilique, construite au commencement du viiie siècle, en fut le premier pasteur, sous le nom de Vincent. « *Tempore domini Fœ-* « *licis ter beatissimi archiep. sanctæ Ecclesiæ Ravvenatium, favente Deo,* « *fecit Vincentius primus episcopus cathedralis ecclesiæ sancti Cassiani* « *Cymacli cum primum ædificium posuit. Indictione sexta ✚ fœliciter.* » Mais il est évident, quand on va au fond de la pensée de cette inscription, qu'elle exprime, de la manière la plus formelle, que c'est de la cathédrale, *attendu qu'il en fut le fondateur*, et non de la ville, que Vincent fut le premier évêque. Il n'y a donc, en réalité, aucune contradiction entre son vrai sens et le fait de l'existence antérieure d'autres pasteurs.

Si je m'attache avec une certaine insistance à mettre en relief l'antiquité de la ville de Comacchio, ce n'est pas pour répondre à une simple question de curiosité : une entreprise plus sérieuse me préoccupe. Je veux démontrer qu'une colonie tout entière, réfugiée dans une île solitaire qu'une immense lagune isole de toutes les contrées voisines; réduite, pour vivre, à exploiter les eaux comme les autres exploitent leurs champs; soumise à un régime alimentaire toujours identique, à un régime presque exclusivement formé de trois espèces de poissons, le muge, l'anguille, l'acquadelle, a pu traverser une longue série de siècles en conservant le type de sa race dans un état aussi florissant que les populations des plus riches territoires.

Ce mémorable exemple des bienfaits d'un pareil régime semble être resté là en réserve dans ce coin obscur du globe, comme pour faire éclater aux yeux de tous, quand il en serait temps, la preuve des services que les gouvernements peuvent rendre à l'hygiène publique en favorisant la multiplication d'un aliment qui n'entre presque plus pour rien dans la nourriture des peuples. Il leur enseigne dans quelle voie, et par quels moyens, leur intervention peut contribuer à créer des ressources proportionnées aux besoins que suscite l'accroissement des populations, ou à relever les races défaillantes.

Sans doute, même à Comacchio, ce mode d'alimentation n'opère pas seul cette merveille. Un air salubre, renouvelé sans cesse par les vents qui soufflent dans ces parages, vivifié par son contact perpétuel avec des eaux salées que le flux et le reflux de l'Adriatique épurent en les agitant, fortifie les organismes; mais son influence salutaire s'exercerait en vain, si la digestion ne faisait pénétrer dans ces mêmes organismes tous les éléments capables de suffire à la plus active nutrition.

C'est à cette double source que la ville de Comacchio puise les conditions de sa prospérité physique et de l'état sanitaire de ses habitants. Les fièvres intermittentes, à l'invasion desquelles sont, en général, vouées les populations qui vivent au sein des marécages, n'y sont pas fréquentes, et, d'après le témoignage de Bonaveri, qui y exerça longtemps la médecine au commencement du dernier siècle, le scorbut lui-même ne s'y montre que par exception. Aussi, lorsqu'il se rencontre, dans les pays environnants, quelques jeunes gens d'une constitution débile, ou menacés de consomption, les envoie-t-on se rétablir dans ces marécages, en leur faisant partager la table et les travaux des pêcheurs.

Quand des épidémies se développent, leur cause tient à des émanations putrides accidentelles, qui ne se produiraient jamais, si l'on creusait assez profondément les canaux de communication avec l'Adriatique, pour pouvoir, au temps des grandes chaleurs ou des fortes gelées, inonder largement la lagune, et prévenir ainsi la mortalité du poisson, comme j'aurai soin de l'expliquer en faisant connaître les motifs de ces désastres. Mais ces rares malheurs n'infirment en rien l'efficacité de ce régime, qui est démontrée par la plus éclatante de toutes les expériences, et par une expérience unique dans l'histoire du monde civilisé.

On objectera peut-être qu'en prenant des mesures pour multiplier le poisson et le faire entrer en grande proportion dans l'alimentation des peuples, au lieu de subvenir aux besoins suscités par l'accroissement des populations, on ne réussira qu'à aggraver ces besoins, à cause de la prétendue puissance prolifique que l'usage continu de cet aliment développe. Et, pour en donner la preuve, on ne manquera pas de citer l'éternel exemple des populations maritimes, que la crédulité publique investit de ce redoutable privilége.

Ce préjugé, introduit par Hippocrate, accueilli par Montesquieu et propagé sans examen par tous ceux qui ont écrit sur cette matière, avait conduit l'immortel auteur de l'Esprit des lois à se demander si les règles monastiques, qui imposent à des religieux voués au célibat le poisson pour nourriture, ne seraient pas contraires aux vues mêmes du législateur, dont les prescriptions inopportunes, au lieu d'être une cause d'apaisement, condamneraient leurs innocentes victimes au supplice de la pénitence[1]. L'autorité d'un si grand nom, la confiance absolue qu'une telle opinion a partout rencontrée, ne permettent pas de laisser échapper l'occasion de demander à des observations précises jusqu'à quel point cette opinion concorde avec les données de l'expérience, et si elle ne serait pas tout simplement l'écho d'un préjugé vulgaire. J'aborderai donc librement ce sujet, comme c'est le droit de la physiologie.

Sans me préoccuper des causes générales, diverses, mal définies, qui concourent à l'accroissement de la population, et parmi lesquelles la volonté de l'homme prend une part qui déjoue tous les calculs, il me suffira, pour répondre à l'objection dont je viens de parler, d'ouvrir les registres de l'état civil de Comacchio. J'y vois d'abord que, au commencement du XVIIIe siècle, le nombre des habitants s'élevait à 5,000, chiffre invariable alors aux yeux de ceux-là mêmes qui, comme Bonaveri, croyaient le plus fermement à l'excessive fécondité de la colonie. Je cite textuellement, afin qu'on puisse juger de la légèreté avec laquelle cette question a toujours été envisagée : « La città di Comacchio non conta più di « cinque mila anime, essendo invariabile per altro il tenore della « popolazione sebbene col riflettere alla fecondità delle donne, ed « alla facilità con cui ognuno si congiunge in matrimonio, fosse ra- « gionevole che il popolo avesse a riuscire assai più numeroso[2]. »

Depuis le moment où Bonaveri écrivait ces lignes jusqu'en 1833, c'est-à-dire dans l'espace de cent trente ans environ, cette population ne s'est accrue que de 400 âmes; mais, à partir de 1834, elle prit un tel essor, qu'en ces vingt dernières années elle a

---

[1] Dans les ports de mer, où les hommes s'exposent à mille dangers, et vont mourir ou vivre dans des climats reculés, il y a moins d'hommes que de femmes. Cependant on y voit plus d'enfants qu'ailleurs : cela vient de la facilité de la subsistance. Peut-être même que les parties huileuses du poisson sont plus propres à fournir cette matière qui sert à la génération. Ce serait une des causes de ce nombre infini de peuples qui est au Japon et à la Chine, où l'on ne vit presque que de poisson : si cela était, certaines règles monastiques, qui obligent de vivre de poisson, seraient contraires à l'esprit du législateur même. (Montesquieu, *Esprit des Lois*, livre XXIII, chap. XIII.)

[2] Bonaveri, *op. cit.* p. 20.

éprouvé une augmentation de 1,345 habitants, ce qui a porté son chiffre de 5,400 à 6,661. Cependant, malgré cet élan inaccoutumé et soutenu, le nombre des naissances n'y est point encore arrivé au niveau de celui des contrées de l'Italie où on ne mange que de la viande, ainsi que j'aurai le soin de le montrer, après avoir fait connaître le relevé officiel de la période exceptionnelle dont je viens de parler.

TABLEAU DES NAISSANCES, *des décès et des doubles naissances de la ville de Comacchio, depuis 1834 jusqu'en décembre 1853.*

ANNÉES.	NAISSANCES.	DÉCÈS.	DOUBLES NAISSANCES.	DIFFÉRENCE en plus des naissances.
1834	204	116	"	88
1835	203	188	8	15
1836	211	115	2	96
1837	223	143	4	80
1838	204	203	6	1
1839	220	177	6	13
1840	201	178	2	23
1841	216	137	4	79
1842	222	166	6	56
1843	212	186	4	26
1844	240	140	10	100
1845	225	130	4	95
1846	216	153	8	63
1847	252	160	4	92
1848	216	180	"	36
1849	279	176	4	103
1850	245	143	"	102
1851	252	168	4	84
1852	286	202	10	84
1853	218	139	2	79
TOTAL des différences en plus des naissances				1,345

OBSERVATIONS.

La population totale de la ville de Comacchio, au 30 novembre 1853, était de 6,661 âmes, dont : 3,375 hommes. 3,286 femmes.

TOTAL.............. 6,661

En prenant la moyenne des chiffres contenus dans ce tableau, on trouve qu'elle s'est élevée, pendant la période dont il est l'expression, à 227 par an, ce qui donne une naissance pour 29 habitants, et, par conséquent, la preuve directe de l'infériorité de la ville de Comacchio sur les provinces de l'intérieur des terres; car, en Lombardie, pays limitrophe, les naissances sont de 1 sur 26,06, et, dans le reste de l'Italie, de 1 sur 27[1]. Les faits sont donc ici en opposition formelle avec l'opinion de Montesquieu. Ils démontrent que le mouvement ascensionnel de la population a moins tenu, pendant cette période de vingt ans, à l'augmentation des naissances qu'à la réduction de la mortalité, dont la proportion n'a été que de 1 sur 40.

Comme toutes les contrées où la crédulité publique nourrit quelque vieux préjugé, la lagune de Comacchio a aussi sa légende, et, par conséquent, son île de la fécondité, restée célèbre par l'aventure dont on raconte qu'elle fut le théâtre. Un gentilhomme de Ferrare, le marquis de Villa Guaruno, ayant cédé au conseil d'aller s'établir, pendant quelque temps, avec son épouse qui avait jusque-là été stérile, sur cette île privilégiée où, dit-on, les femmes deviennent si facilement enceintes, y obtint un héritier qui, par ses exploits, fut l'honneur de sa race, et donna son nom au lieu de sa naissance, comme l'assure Biagio Albertini, dans son oraison funèbre du vaillant capitaine[2]. Mais, en prenant la légende pour une réalité, il n'y aurait rien, dans ce fait, qui impliquât l'existence d'une vertu prolifique de l'alimentation par le poisson, car l'influence du milieu ambiant sur l'ensemble de l'organisme a pu, en rétablissant l'harmonie de toutes les fonctions, éveiller celle qui n'avait point encore été mise en jeu, sans qu'on soit obligé d'en attribuer pour cela le résultat à une action spécifique. Toutes les femmes sont faites pour être fécondes : celles qui sont stériles ne se trouvent pas dans l'état normal ; et il ne serait pas rationnel de dire

---

[1] *Annuario statistico d'Italia.*
[2] Sancassani, *Scanzie Cinelliane* sc. XIX, p. 20, et Bonaveri, *op. cit.* p. 144.

d'une cause générale qui guérit une maladie, qu'elle exagère la fécondité.

Ce n'est point par des preuves directes ou par des calculs statistiques réguliers qu'on a été conduit à admettre que les populations ichthyophages étaient plus fécondes que les autres, et qu'elles devaient cette fécondité à l'action spécifique de leur mode d'alimentation sur la fonction génératrice. On a déduit cette conséquence du simple soupçon que la chair du poisson posséderait des propriétés aphrodisiaques, comme si l'orgasme sexuel dans la race humaine, et surtout dans la race humaine civilisée, était, comme chez les femelles des animaux, le signe certain de la maturité des germes que les ovaires renferment; comme si la maturité préalable de ces germes n'était pas la condition nécessaire de la conception; comme si cette maturité n'était pas indépendante de l'acte sexuel; comme si le penchant sexuel lui-même ne survivait pas à l'âge de la stérilité naturelle, c'est-à-dire à l'âge où il ne saurait avoir aucun résultat pour la propagation de l'espèce.

Mais il ne s'agit ici, en ce qui concerne Comacchio, d'aucune influence de la nature de celle dont je viens de parler. Si un air vif et salé, une nourriture substantielle, un travail modéré, y entretiennent la santé publique dans un état florissant, et y développent tous les attributs de la force, ce sont des bienfaits à la réalisation desquels l'alimentation par le poisson concourt au même titre que pourrait le faire le régime exclusif de la viande.

Si donc l'instinct sexuel prenait réellement, comme on le suppose, une certaine place dans la vie de cette population robuste, ce n'est point à une prétendue influence aphrodisiaque de son régime qu'il faudrait l'attribuer, mais à une vigueur normale qui n'a, pour se partager, ni les inquiétudes des transactions commerciales, ni la concurrence de l'ambition, ni les agitations de la politique, ni ces luttes ardentes de la pensée pour lesquelles se passionnent les hommes des contrées que l'esprit énervant du siècle a visitées. Qu'on suppose une flotte sous le gouvernement absolu d'un amiral chargé de pourvoir à tous les besoins, ayant jeté l'ancre au milieu de l'Océan, condamnée à y vivre du produit de sa pêche, ne communiquant avec le reste du monde que pour transborder le poisson dans les barques qui viennent le chercher, et l'on aura l'image de cette colonie, dont les établissements sont disséminés sur les îles de son lac immense, comme les vaisseaux d'une escadre. Placée toujours entre le ciel et l'eau, au milieu de l'éternel silence que trouble seul, pendant le calme, le bruit monotone des rames, et, pendant l'orage, le mugissement des flots, elle n'a d'autre soin et d'autre souci que ceux de la vie matérielle.

En réduisant donc les choses à leur juste valeur, et en prenant l'histoire entière de cette colonie comme point de départ, on arrive à cette conséquence : que la chair de poisson est une substance alimentaire aussi bienfaisante que la viande, dont nos préjugés nous font estimer plus haut la valeur. Pourquoi en serait-il autrement ? La fibre musculaire, ce riche composé de matière nutritive, n'y est-elle pas plus abondante encore ?

Il faut donc que les gouvernements, stimulés par ce mémorable exemple, ne perdent aucune occasion d'encourager les entreprises particulières qui auraient pour but de donner à la pisciculture fluviatile ou marine tout le développement dont elle est susceptible; qu'ils assurent la conservation de ses produits par des lois protectrices sérieusement appliquées; qu'ils mettent un terme à ces pratiques désastreuses qui tarissent la source de toute production; qu'ils prennent les mesures les plus sévères pour arrêter les mains coupables qui ne craignent pas de porter le poison dans nos cours d'eau pour y faire une plus abondante moisson.

C'est pour mettre en relief la portée sociale d'une si grave question que j'entreprends, aujourd'hui, de faire connaître la curieuse organisation de la lagune de Comacchio, et de montrer comment l'industrie de ses paisibles habitants est parvenue à transformer cette lagune en une fabrique de substance alimentaire, en un véritable appareil d'exploitation de la mer.

II.

DESCRIPTION DE LA LAGUNE[1].

La lagune de Comacchio, autrefois partie intégrante des domaines de la maison d'Este, incorporée à ceux de l'Église depuis 1598, époque à laquelle le pape Clément VIII s'empara de Ferrare après la mort du duc Alphonse II, est située sur les bords de l'Adriatique, entre l'embouchure du Pô et le territoire de Ravenne, à 44 kilomètres de Ferrare. Elle forme là un immense marécage, de 140 milles de circonférence, de 1 à 2 mètres de profondeur, qu'une simple bande de terre sépare de la mer, avec laquelle le port de Magnavacca lui ouvre une communication permanente.

Deux rivières, le Reno et le Volano, qui furent jadis des branches du Pô, mais qui naissent maintenant d'un canal commun situé hors de Ferrare, près de Saint-Georges, célèbre monastère des pères olivétains, embrassent ce vaste marécage dans une espèce de delta, comme le Rhône les marécages de la Camargue. Elles en côtoient les rives, du sud au nord, et descendent à la mer, où leurs embouchures forment deux ports, distants l'un de l'autre de 20 kilomètres, entre lesquels se trouve celui de Magnavacca.

Bordée par ces deux rivières limitrophes; donnant jadis accès

---

[1] Voir la carte et le plan théorique de la lagune.

aux flots de l'Adriatique par des fossés irréguliers qu'inondait le canal Magnavacca; alimentée, pendant l'hiver, par les eaux pluviales qu'y introduisent de nombreux canaux d'écoulement, la lagune de Comacchio offrait donc, dans les temps anciens, les conditions les plus favorables pour que la main de l'homme pût facilement la convertir en un champ d'exploitation, où le mélange des eaux douces et des eaux salées devînt la base de l'industrie. Ce fut, en effet, dans cet état que ses premiers habitants la rencontrèrent, quand ils vinrent s'y établir.

Parmi les îles nombreuses qui s'élèvent à la surface de ces eaux, il en est une, étroite et longue, un peu plus spacieuse que les autres, placée au cœur même de la lagune, à 2 milles du littoral de la mer vers le levant, à 3 milles du continent vers le nord, à plus de 15 milles vers le couchant et le midi. C'est là que ces pêcheurs industriels vinrent chercher un refuge, et fondèrent, sur un ruban de terre de 1,250 mètres de long, de 200 mètres de large dans sa partie moyenne qui est la plus renflée, une ville qui compte aujourd'hui 6,661 habitants, et dont la forme générale fut évidemment déterminée par celle du sol sur lequel ils l'établirent.

Elle s'allonge donc, d'un bout à l'autre de cette île, en une seule rue, qui commence par un monastère et finissait naguère encore par une forteresse, dont la révolution de 1848 a fait disparaître jusqu'aux derniers vestiges. Les maisons qui la composent, ordinairement à un seul étage à cause de la violence des vents, sont uniformes et d'une assez modeste apparence.

Vers le milieu de sa longueur, là où le terrain sur lequel elle repose est un peu moins étroit qu'à ses deux extrémités, cette rue principale s'élargit en une place irrégulière sur laquelle s'élève la cathédrale, vaisseau sans caractère, modifiée à plusieurs reprises selon les besoins de la population; une tour isolée, autrefois, sans doute, un moyen de défense ou un clocher, et du haut de laquelle on découvre le panorama de la lagune; une grande auberge, vieux palais humide dont les fresques dégradées, les pavés disjoints, les portes mal fermées, annoncent que les étrangers ne viennent pas souvent visiter ces parages, où aucune voiture publique ne les conduit, et d'où les dépêches elles-mêmes ne partent que deux fois la semaine. C'est dans ce palais que Dom Massari de Ferrare, alors fermier général, donna l'hospitalité à Spallanzani, lorsque l'auteur du Voyage dans les Deux-Siciles vint à Comacchio pour y étudier la génération des anguilles.

Enfin, à droite et à gauche de cette place, un certain nombre de maisons, alignées sur quelques rues transversales, donnent à la cité, qu'un fossé d'enceinte protége, la forme de la croix.

Les descendants de cette race antique, solitaires et sans ambition dans l'obscure retraite où les pêches de la lagune suffisent à leurs besoins, y sont restés, jusqu'à ces derniers temps, sans établir de communication directe avec les contrées environnantes. Leurs barques furent toujours leur unique moyen d'aborder le continent, dont les populations n'avaient pas d'autre voie pour venir à leur rencontre. Mais, à mesure que les membres de la famille se multiplièrent, et que le perfectionnement de l'industrie fit naître le besoin de donner à l'exportation un plus grand développement, un chemin régulier conduisit de l'une des extrémités de l'île vers Ravenne, et, de l'autre, une digue étroite, formée avec la vase extraite des bassins, s'étendit vers le territoire de Ferrare, comme un câble qui attache le navire au rivage.

Ces deux voies de communication, dont la dernière n'a été construite qu'en 1844, amenèrent à Comacchio quelques marchands de plus, mais contribuèrent peu à faire sortir son industrie de l'obscurité où la dissertation confuse de son historien Bonaveri et les documents incomplets publiés par Spallanzani l'ont laissée. Il me suffira, pour lui donner toute la célébrité qu'elle mérite, de dire clairement par quelle ingénieuse combinaison le bon sens pratique de ces modestes pêcheurs a transformé un marécage de 30,000 hectares en un appareil hydraulique qu'ils manœuvrent comme une armée d'exploitation. Et je ne doute pas que désormais les curieux ou les artistes qui se dirigent vers Ravenne ou Ferrare, pour y faire leur pèlerinage aux reliques du Dante, à celles de l'Arioste ou au cachot du Tasse, ne se détournent de leur chemin pour admirer l'œuvre immense de cette colonie sans pareille.

L'idée d'une si ingénieuse organisation leur fut inspirée par la découverte de l'instinct particulier qui porte certaines espèces de poissons à remonter les cours d'eau par légions innombrables, quelque temps après leur éclosion, et à regagner la mer quand ils sont adultes; curieux phénomène, qui se répète chaque année, sur tous les points du globe, aux embouchures des canaux qui se déchargent dans la mer ou que la mer alimente.

On voit, en effet, vers des époques fixes, aux embouchures de ces canaux, s'élever à la surface des myriades de très-petits poissons diaphanes, qui s'avancent par masses plus ou moins compactes, et qui suffiraient au repeuplement de toutes les eaux de la terre, si des lois protectrices les préservaient des causes de destruction, ou en ordonnaient le transport dans des réserves où ils pussent, comme à Comacchio, se convertir en abondantes récoltes de chair alimentaire. Mais telle est l'imprévoyance des sociétés, qu'elles ne semblent pas même se douter de l'étendue des ravages que leur incurie laisse s'accomplir.

Aussi, dans certaines contrées, les populations riveraines, confiantes dans leur impunité, accourent-elles aux lieux où ces apparitions se manifestent, armées de longues perches au bout desquelles sont emmanchés des tamis, pour se livrer à ce plaisir de destruction. Elles plongent ces tamis dans l'eau jusqu'au tiers de leur diamètre, et, après les avoir promenés quelques instants afin d'écumer tout ce qui surnage, elles les retirent chargés d'une matière vivante qu'on verse dans des barriques où on l'entasse.

Cette matière vivante, quand on l'examine de près, se montre exclusivement formée, tantôt par des animalcules filiformes, qui ne sont autre chose que de jeunes anguilles nouvellement écloses, quittant le lieu de leur naissance pour se disperser dans les ruisseaux et les lacs qui communiquent avec les fleuves dont elles remontent le cours; tantôt des soles, des plies, des muges, des loups, des dorades, etc. etc. dont on détruit des générations entières.

C'est à ces migrations périodiques qu'on donne le nom de *montée*. Elles durent depuis le mois de février jusqu'à celui d'avril ou de mai, selon la température ou la différence des climats.

Frappés de ce fait immense et toujours en présence de ce grand spectacle, les habitants de Comacchio furent naturellement conduits à se préoccuper des moyens de le faire tourner au profit de leur industrie. Ils imaginèrent donc, pour atteindre ce but, d'avoir recours à un double mécanisme, qui, après avoir attiré ces bancs de semence dans leur lagune, les entraînerait ensuite, quand les poissons seraient adultes, vers des magasins où la récolte irait elle-même se rendre, et voici par quelle combinaison leur bon sens réalisa cet admirable projet.

Pour donner à cette semence un accès facile dans la lagune et l'inciter à y entrer, ils ouvrirent, en plusieurs endroits, de larges tranchées à travers les digues naturelles qui séparent cette lagune des deux rivières qui en bordent les côtés. Sur ces larges tranchées, dont plusieurs forment d'assez longs canaux, ils jetèrent des ponts, ordinairement à double arcade, et à ces ponts ils articulèrent de fortes écluses, mises en jeu par une manivelle ou une vis. Ces écluses sont autant de portes qu'on ouvre à la semence, et qu'on referme dès que cette dernière s'est répandue dans les bassins de la lagune.

Les ponts à double arcade qui supportent ces écluses monumentales, soutenus par des assises profondes, entièrement construits en pierres de taille qui leur donnent une solidité suffisante pour résister aux plus grandes crues, ont été élevés, à grands frais, par la munificence des papes, ou bien par des subsides que la Chambre apostolique ajoute aux contributions spéciales que certaines clauses du contrat de fermage imposent aux entrepreneurs des pêches. Dans le premier cas, c'est le nom du pontife qu'on leur donne; dans le second, c'est celui du fermier général; et quelquefois une inscription consacre le souvenir de cet acte de bienfaisance et rappelle les conditions dans lesquelles il fut accompli. L'écluse Lepri est ainsi désignée du nom du fermier général qui, en 1719, la fit construire à ses frais, avec une subvention de 2,000 *scudi* (10,800 francs).

Celle de Pédone porte quelquefois le nom de l'entrepreneur Thomasi, qui, en 1726, l'érigea aux frais du trésor pontifical.

En résumé, l'organisation de toutes ces écluses, espacées sur une longueur de 16 kilomètres environ du côté du Volano, de 20 kilomètres du côté du Reno, mettent au service de l'exploitation vingt courants qui permettent de mêler aux eaux salées de la lagune celles des deux rivières qui en suivent les bords, et de faire concourir ces deux rivières, pour la part qui leur revient, à l'ensemencement de cette lagune. Voyons maintenant quel rôle doivent jouer les eaux de l'Adriatique dans cette opération importante.

Entre l'embouchure du Volano et celle du Reno, à 9 kilomètres de la première et à 12 de la seconde, se trouve, avons-nous déjà dit, le port de Magnavacca, canal antique, de 44 mètres de large, qui remonte vers la lagune à travers l'isthme étroit qui la sépare de la mer. Ce canal, si peu profond, que des navires d'un port supérieur aux grandes barques de pêche ne peuvent y entrer, conduisait autrefois, après un trajet de 1,000 mètres, les eaux de l'Adriatique à des fossés irréguliers, tortueux, qui les amenaient dans Comacchio, ou dans la lagune elle-même, par des voies dont les atterrissements menaçaient de compromettre l'industrie, si on n'avait pris des mesures pour conjurer le péril.

Le cardinal Palotta, frappé des inconvénients d'un pareil état de choses, et voulant, dans sa sollicitude pour la colonie, porter remède à un mal qui s'aggravait sans cesse, forma le hardi projet, pendant sa légation de Ferrare, de 1631 à 1634, de prolonger le port de Magnavacca, non-seulement jusqu'à la ville de Comacchio, mais de le conduire, à travers toute la lagune, au delà même des limites de cette dernière, le creusant dans des langues de terre quand il s'en rencontrait, l'enfermant dans des digues artificielles quand la terre ferme faisait défaut, afin d'aller, sur la rive opposée, chercher, à 10,000 mètres du point de départ, un vaste bassin d'eau douce, le Mezzano, qu'il incorpora, en l'inondant d'eau salée, à l'appareil hydraulique dans lequel son œuvre concourait si puissamment à transformer cette mer intérieure. Ce canal, dont le tronc principal n'a pas moins, comme je viens de le dire, de 10,000 mètres de long sur 6 ou 7 de large, fournit, à droite et à gauche, sur tout son trajet, des branches principales qui vont se divisant et se subdivisant, sans jamais diminuer de calibre, porter les flots de l'Adriatique vers tous les points de la lagune qui ont paru les plus commodes pour le rôle qu'on leur assigne dans le jeu de l'immense machine.

C'est, en général, vers les principales îles dont cette lagune est parsemée que ces branches ont été dirigées, afin que l'embouchure de chacune d'elles pût y être encaissée dans l'une des tranchées rectilignes qui coupent ces îles de part en part, et où leurs extrémités, béantes au bout de ces tranchées, permissent d'articuler, chaque année, aux époques des pêches, un curieux appareil (*lavorieri*), à droite et à gauche duquel se trouvât assez de terre ferme pour y établir une caserne, un magasin pour les instruments d'exploitation, et, dans les grands quartiers, une chapelle.

Ces embouchures, béantes au bout des tranchées où on les a, pour ainsi dire, soudées, forment une centaine de bouches toujours prêtes à vomir dans la lagune les eaux de l'Adriatique, qui, à chaque reflux, traversent les ramifications du canal Palotta, comme le sang parcourt les artères d'un organisme à chaque pulsation du cœur.

Chacune des îles choisies pour l'établissement de ces *lavorieri* devient donc une espèce de métairie, ayant, comme je le dirai plus loin, son chef d'exploitation, ses valets de ferme, ses instruments de travail, sa maison d'habitation, ses magasins pour la récolte, car c'est là que le jeu de l'appareil la fait aboutir tout entière. Cette comparaison se présente si naturellement à l'esprit, que les habitants de Comacchio, frappés eux-mêmes de l'analogie de leur industrie avec l'art agricole, ont désigné, de tout temps, les bassins dont ces îles reçoivent les produits, sous le nom de champs (*campi*), comme s'il s'agissait de la culture de la terre; et, pour eux, la montée devient la semence de ces champs.

Aussi les *vallanti* ne se tiennent-ils pas pour des pêcheurs ordinaires. Dans l'estime qu'ils ont de la dignité de leur art, ils considèrent ce nom comme une qualification humiliante pour la profession qu'ils exercent. Si on le leur donne, on ne tarde pas à s'apercevoir que, malgré leur respectueux maintien, au fond, leur fierté s'en offense. Honorés de donner leurs soins à une industrie dont toutes les pratiques reposent sur des procédés ou des mécanismes dont ils sont les artisans, ou dont leurs ancêtres furent les inventeurs, ils ne permettent pas qu'on déchire ainsi leur blason. Je dis leur blason, car, parmi ces travailleurs, il est une famille qui porte sur son écu une *otela* d'or, sur fond d'azur, en mémoire du perfectionnement que l'un de ses aïeux introduisit dans l'art de la pêche.

Les travaux de canalisation et d'ajustement dont, il y a deux cent vingt ans, le prélat novateur dota l'industrie de Comacchio, furent le pas le plus décisif vers la transfiguration définitive de la lagune en un mécanisme entièrement soumis à la volonté de l'homme[1]. Ils

---

[1] Le souvenir de cette grande œuvre et de ce grand bienfait a été conservé dans la cathédrale par les soins de l'évêque Pandolfe, sur une table de marbre blanc, où on lit l'inscription suivante, que je transcris textuellement :

«Jo. Babtistæ S. R. E. presbitero card. Pallotto cum enim in Comaclensem urbem «singulari arderet amore, ipsam diuturnam cæreis ægestate fatigatam, copioso rei fru-«mentariæ provisa procreavit.

«Mox Caprasiæ portum connexis trabibus, et sico illirico solidatum, in ulterioris «maris sinum ad allicienda navigia, et densiores piscium phalanges in vallium campos «educendos produxit.

«Canalem insigni latitudine, et longitudine conspicuum utrinque aggere septum «construxit, et ut a mari naves marcimoniis onustæ intra pennates faucibus deduce-«rent ac remearent.

«Alique receptacula aquarum arundinibus coacta cancellis per medium vallium fe-«rendis navigiis, et civium desideriis accomodata composuit.

«Ex Pineto portu labentibus aquis ostium in valles pandit in quas copiosiores ca-«terva e mari pisces erumpunt.

«Urbis canales expurgatos lateritis margine aquarum opulenti salubritate, et formæ «consulens amplificavit.

«Super quibus ingentes pontes magnifice constructos in magnam antiquissimæ ci-«vitatis pulchritudinem imposuit.

«Qui tanquam triumphales arcus suæ beneficentiæ sistantur.

«Monialium condendo cœnobio situm, et pecuniam, atque loca in urbano collegio «ad Comaclensem adolescentiam excolendam decoravit.

livraient, en effet, à son omnipotence la masse des eaux, car, en abaissant à la fois toutes les écluses, celles des deux rivières comme celles du canal Palotta, cette lagune devenait une mer intérieure complétement indépendante; et, en les ouvrant, les flots de l'Adriatique venaient s'y mêler à ceux du Reno et du Volano, dans des proportions qu'on était désormais en mesure de régler. Mais, pour que cette omnipotence pût s'exercer aussi bien pour chaque point particulier de l'immense machine que sur l'ensemble, il fallait encore ajouter un perfectionnement de plus à ceux qu'on avait déjà réalisés, et c'est ici que commence une entreprise non moins considérable que la première, celle de l'endiguement.

Ce dernier perfectionnement eut pour but de diviser la lagune en un grand nombre de compartiments, et de faire que chacun de ces compartiments fût en communication directe avec un ou plusieurs rameaux de l'Adriatique, et, en même temps, avec les eaux douces de l'une ou de l'autre des deux rivières limitrophes. C'est-à-dire que chacun d'eux devint l'image raccourcie de la lagune elle-même; en sorte que les manœuvres d'exploitation se trouvant par là à la fois *réparties et concentrées*, l'action devint plus intense, dans ces loges restreintes, que si l'on avait été réduit à la nécessité d'opérer sur un espace immense, où l'on n'aurait jamais réussi à faire sentir partout également l'artifice du mécanisme.

On a donc, pour atteindre ce but, fait des levées de vase, que l'on a encaissées dans de doubles haies de roseaux ou de fascines, soutenues, de distance en distance, par de forts piquets. Cette vase, coulée, si je puis ainsi dire, dans ces espèces de moules à claire-voie, affermie par les débris de coquillages qui s'y trouvent mêlés en abondance, se dessèche au bout d'un certain temps et finit par former des cloisons solides, d'un ou deux mètres d'épaisseur, qui s'élèvent de 50 centimètres au-dessus du plus haut niveau des eaux,

« Assiduo in ovium augmenta decora emolumenta patrocinio Alphonsus Pandulfus, « Ferrariensis hujus Ecclesiæ antistes, tanto principi, ac patrono beneficentissimo grati, « et obsequientissimo animi ergo P. M.

« A. M. DC. XXXVIII. »

et deviennent, quand cela est utile, des voies de communication avec les autres quartiers de ce vaste champ d'exploitation.

Ces digues artificielles, dont l'ensemble représente une longueur de 40,000 mètres, ont été combinées de manière à relier entre elles les diverses îles à travers lesquelles s'ouvrent, dans la lagune, les rameaux du canal de l'Adriatique, puis ces îles aux langues de terre qui se détachent du rivage, et, à défaut de langues de terre, au rivage lui-même. Celles qu'on a dirigées vers les parties de ce rivage que longent le Reno et le Volano y ont été rattachées de façon à comprendre toujours, dans les bassins qu'elles concourent à circonscrire, une ou deux écluses destinées à y verser les eaux douces ou à en précipiter les eaux salées aux époques de l'année où le niveau des unes est plus élevé que celui des autres. Quant aux compartiments du centre, ils ne reçoivent ces eaux que par l'intermédiaire de ceux de la circonférence, au moyen de portes qu'on n'ouvre qu'à l'époque de l'ensemencement.

On compte, dans toute la lagune, environ quarante de ces bassins ou champs (*campi*). Le plus grand nombre et les plus importants appartiennent à l'État. Les autres sont des propriétés communales ou privées.

En résumé, après la triple modification introduite par la rupture des rives des deux rivières limitrophes et la construction des écluses destinées, tour à tour, à livrer passage à leurs eaux ou à opérer l'interruption de leur cours; après le creusement du canal Palotta et la soudure de l'extrémité de ses rameaux aux îles où ce canal conduit les flots de l'Adriatique; après les travaux d'endiguement qui divisent une lagune de trente mille hectares en quarante bassins, où le mécanisme hydraulique le plus simple attire le jeune poisson qui vient d'éclore dans le golfe, et le conduit ensuite au lieu de la récolte, on peut bien dire que ces travaux ont organisé sur le rivage un véritable appareil d'exploitation de la mer.

En présence de cette merveille anonyme, qu'on me permette cette expression, c'est moins la grandeur de l'œuvre qui étonne, que la raison supérieure et pratique qui en a réglé les travaux. Il n'y a pas un seul détail, dans ce singulier organisme, qui ne réponde à quelque susceptibilité de l'instinct des êtres qu'il s'agit d'inciter à se rendre, peu de temps après leur naissance, en un lieu déterminé, de contraindre à y rester jusqu'à l'âge adulte, de solliciter à en sortir, à des époques fixes, pour les diriger vers des embûches où ils viennent se livrer à la main de l'homme.

La manœuvre qui met à la fois en communication, par toutes les écluses ouvertes, les eaux de la lagune avec celles du canal Palotta et les deux rivières limitrophes, satisfait à la première de ces conditions : c'est l'opération de l'ensemencement.

Celle qui abaisse toutes ces écluses après l'entrée de la semence, ferme hermétiquement toutes les issues et retient la montée prisonnière, satisfait à la seconde condition : c'est l'opération préparatoire à l'élève du poisson.

Celle qui ouvre seulement les portes du canal Palotta, et livre passage aux courants salés qui attirent le poisson adulte vers les embouchures béantes des branches de ce canal où se trouvent les labyrinthes, répond à la troisième indication : c'est l'opération de la récolte.

Cet appareil hydraulique, unique dans le monde, met donc aux mains de ces obscurs pêcheurs un instrument de production dont la puissance serait illimitée, si, aux pratiques consacrées par le temps, ils ajoutaient, comme je leur en ai déjà donné le conseil, les ressources que l'application du procédé de fécondation artificielle peut fournir. Il n'y a pas sur la terre une seule contrée où se trouve un pareil laboratoire pour cette entreprise gigantesque.

En voyant ces hommes simples et doux se livrer à leurs travaux, j'éprouvais, dans ma vive sympathie pour la prospérité de leur ingénieuse industrie, une véritable joie à la pensée qu'il me serait peut-être donné d'appeler sur eux la faveur publique, lorsque, la veille de mon départ, au moment où, monté sur la gondole municipale, que le gonfalonier de la ville, M. Ducati, avait bien voulu mettre à ma disposition pour visiter les différents postes de la lagune où on m'initiait à toutes les pratiques, l'un des *vallanti* rompit les rangs et m'adressa ces paroles pleines d'une mélancolique résignation, dans un temps où la moindre doléance touche à la révolte : « Que Dieu vous accompagne, et qu'il fasse que vous soyez venu « parmi nous pour l'amélioration de notre sort. » C'est sous l'impression de ces paroles que j'écris ces lignes. Puissent-elles réaliser les espérances de celui qui les a prononcées!

III.

CONTRAT DE FERMAGE.

La portion des habitants de Spina qui, pour échapper à la malheureuse destinée de la patrie, prit refuge sur l'île de Comacchio, fut d'abord, de la part de ses voisins, l'objet d'une profonde pitié pour s'être choisi une demeure où elle ne pourrait rencontrer que la misère ; mais, lorsqu'on s'aperçut que son courage, supérieur à son infortune, avait fait naître l'abondance là où on la croyait condamnée à un éternel dénûment, la pitié se changea en convoitise, et la convoitise en tentatives de spoliation. L'instinct de la rapine déchaîna contre ce peuple sans défense ceux-là mêmes qui, la veille, le prenaient en commisération, et fit de tous ses voisins des ennemis ou des assaillants.

Ne pouvant donc se préserver des malheurs d'une invasion sans cesse renaissante, et contre laquelle l'alliance de Ravenne ne lui donnait pas un appui suffisant, cette colonie industrieuse, voyant le succès des armes d'Azzo d'Este, le proclama seigneur de Comacchio, vers la fin du xiiie siècle, en 1297 [1] ; confiant ainsi le soin de sa défense à la bravoure d'un prince redouté des étrangers, respecté des Ferrarais, qu'en sa qualité de vicaire du Saint-Siége il tenait sous

---

[1] Ferry, *Istor. dell' antica città di Comacchio*, 1701, Ferrara, p. 315.

sa dépendance. Mais, en retour de ce puissant protectorat, elle fit, au souverain de son choix, la concession de tous les bassins du pourtour de sa poissonneuse lagune, qui prirent le nom de *valli* du Prince, ne se réservant que ceux du centre, c'est-à-dire le Campo et le Fattibello, où la ville se trouve comprise.

L'intervention des ducs dans le gouvernement de la lagune ne fut pas seulement un bienfait pour l'industrie, elle devint, pour la population, une source de richesse. Leur royale munificence mit à la disposition des habitants de ce nouveau domaine les sommes d'argent nécessaires à une organisation plus régulière des *valli*, en même temps qu'elle leur laissait la jouissance de tous les produits de la pêche, afin que les profits qu'ils en retiraient pussent les encourager à y introduire tous les perfectionnements qu'ils jugeraient utiles, l'État ne se réservant qu'un simple tribut en nature, dont la contribution était plutôt le symbole que l'exercice réel de son droit. Grâce à cette généreuse impulsion, la lagune fut bientôt convertie en une mer fermée, où un membre de la famille des Guidi, élevant tout à coup l'art de la pêche au niveau de la plus ingénieuse industrie, substitua aux anciennes pratiques ce merveilleux labyrinthe que le Tasse célébra dans ses vers, et qui fut pour les ducs une occasion d'honorer le travail, en créant, dans la famille de l'inventeur, un titre héréditaire de noblesse, dont je prends plaisir à reproduire ici le blason.

Les récoltes de la lagune, progressivement accrues par les soins que ces encouragements firent donner à sa culture, devinrent peu à peu assez abondantes pour que, dès 1597, la maison d'Este, après avoir distribué à chacun sa large part dans les bénéfices, en retirât un revenu annuel de 55,000 *scudi* (297,000 francs). Les habitants de la colonie n'eurent donc qu'à s'applaudir d'avoir souscrit au pacte qui leur assurait un si bienveillant patronage.

Par cette habile convention, ils se mirent, en effet, à l'abri de tous les agresseurs, attendu que, pour arriver jusqu'à eux, il fallait désormais traverser le nouveau domaine seigneurial, dont les armes du duc interdisaient l'entrée. Mais ce pacte protecteur, en donnant la sécurité à la colonie, la mettait en état de servage; il attachait ses habitants à la glèbe de leur lagune aliénée, car, confinés sur une île dont le territoire suffisait à peine à leurs habitations, il ne leur restait plus, après cette abdication volontaire, d'autre ressource que celle de devenir les instruments d'exploitation des valli de la couronne, et d'y obtenir le droit au travail, dont le temps a fait un privilége héréditaire, qui ne s'éteint encore aujourd'hui dans les familles qu'à défaut de succession mâle.

C'est dans des conditions impliquant une si bizarre conséquence que le Saint-Siége trouva Comacchio, lorsque, à la fin du xvie siècle, le pape Clément VIII s'empara de Ferrare. Le souverain pontife fut donc obligé de tenir compte, dans son mode d'administration de la lagune, de ce développement historique, et voilà pourquoi l'on remarque, dans le contrat de fermage, ces clauses singulières qui paraissent des anomalies, mais qui, au fond, ne sont que le respect d'un droit social aussi exceptionnel que la contrée où un précédent féodal l'a créé.

Le gouvernement pontifical, ayant trouvé des inconvénients à exploiter lui-même les pêches de la lagune de Comacchio, délégua ses pouvoirs à des fermiers généraux, qui, moyennant une redevance et la garantie de tous les droits des habitants, firent de cette entreprise une spéculation commerciale. L'acte par lequel il constitue cette délégation est le même que celui de la location d'un immeuble quelconque; il commence par un état des lieux, que le tenancier s'engage à entretenir en bon père de famille et à rendre plutôt améliorés que détériorés. On dresse, après évaluation d'experts, un inventaire détaillé des écluses, des chaussées, des canaux, des maisons d'exploitation, des meubles que ces maisons renferment, des barques, des ustensiles de pêche, sans en excepter le bois de construction, le bois à brûler, le vinaigre, l'huile d'olive, les roseaux, etc. afin que, à l'expiration du bail, une contre-expertise de confrontation établisse la différence.

Si, par suite de quelque accident dont le gouvernement doit supporter le dommage, l'entrepreneur se trouve créancier de l'État, il peut, à défaut de remboursement, prolonger sa gestion jusqu'à ce que, en retenant sur le prix du loyer qui reste son gage, il soit complétement couvert de ses avances. Il a droit à dédommagement dans le cas d'augmentation d'impôts sur l'exportation du poisson salé, mariné, fumé, établie par les États limitrophes; dans les cas de débordement du Pô, de guerre, d'émeute, de pestilence, qui seraient un obstacle à ses débouchés.

La Chambre apostolique s'oblige à obtenir de l'Autriche une réduction, sur le pied antérieur, des droits qu'elle perçoit, et, en cas de non-succès, le Saint-Siége est redevable d'une bonification de la différence de l'ancien au nouveau tarif, pour toute la quantité de poisson exporté. Elle lui accorde aussi l'exemption du droit de douane ou d'octroi sur le vinaigre qu'il fait venir de Vasto pour les préparations de sa manufacture, et lui fournit, au prix de fabrique, le sel gris de Cervia.

A ces conditions, le fermier général se substitue à l'État dans l'administration souveraine de la lagune, en possession de laquelle il entre comme un haut baron du moyen âge recevant l'investiture de son fief. Mais il est obligé d'exploiter ce fief à l'aide d'un personnel dont le nombre, la hiérarchie, les fonctions, la solde, les rations, la part dans les bénéfices, sont réglés sur le principe héréditaire d'un droit au travail, dont la déchéance n'a lieu dans les familles qu'à défaut de succession mâle, ou pour cause d'indignité. Le nouveau gouverneur ne peut donc rien changer, ni au fond ni à la forme de ce droit social, quoique cependant son pouvoir soit une véritable dictature. Si, pour sa convenance, il juge à propos d'employer quelques ouvriers étrangers, ces ouvriers, le bail expiré, n'ont aucun titre à la considération de l'État, dont le devoir est de respecter les priviléges héréditaires de ses sujets. Leur admission provisoire ne saurait donc porter aucune atteinte aux droits légitimes des *fonctionnaires* qui sont au service caméral.

Le fermier général, outre les priviléges des cinq cents *fonctionnaires* attachés au service de l'exploitation, doit maintenir aussi ceux des familles de la ville qui sont investies du droit de fabrication, c'est-à-dire du droit de préparer du poisson pour le compte de l'administration, moyennant un bénéfice déterminé par le règlement et proportionné à la quantité que ce règlement leur accorde. Si, par défaut de succession mâle, le nombre de ces familles vient à diminuer, il propose de les remplacer par d'autres, en tenant compte, dans ses tableaux de présentation, des services rendus par les compétiteurs ou par leurs ancêtres.

Mais, pour que la tradition des bons procédés de fabrication ne se perde pas, il entretient lui-même une manufacture modèle, la plus considérable de toutes, à laquelle il ne doit cependant donner qu'une certaine extension, afin qu'il reste aux usines particulières une quantité suffisante de poisson pour occuper leur activité et remplir les prescriptions du règlement.

Les intérêts des orphelins, des veuves, des infirmes et des pauvres, n'étant jamais oubliés dans aucun des actes où le souverain pontife stipule pour ses sujets, le fermier général est tenu de consacrer, tous les ans, sur le revenu de la lagune, une somme de 700 scudi pour constituer des pensions aux uns, et deux valli spéciales sont livrées aux autres pour y exercer le droit de pêche, au temps et suivant des règles déterminées. S'il s'agit d'une veuve ou d'un impotent, la pension est viagère; si c'est un orphelin, elle dure jusqu'à l'âge de dix-huit ans; si c'est une orpheline, jusqu'à celui de vingt, et, en cas de mariage, elle touche deux annuités.

Enfin, aux diverses clauses de ce contrat bilatéral, vient se joindre celle de la redevance, qui se compose d'une certaine quantité des plus beaux poissons de la récolte, distribués en offrande aux membres de la Chambre apostolique, bienveillants protecteurs de l'industrie, et d'une contribution en argent, dont le chiffre s'élevait, en 1792, sous la gestion de Dom Massari de Ferrare, à 65,000 scudi romains (331,000 francs). Une clause du contrat, laissant à cet entrepreneur la faculté de payer son fermage en papier, lui donnait, chaque année, outre les bénéfices ordinaires de l'exploitation, un gain de 50,000 francs, qu'il percevait sur le *change*.

Aujourd'hui que la fertilité de la lagune a été affaiblie pour un certain temps, à cause des désastres survenus depuis le commencement du siècle, la redevance des fermiers généraux est provisoirement réduite à 18,000 scudi, dont 15,000 sont versés dans le trésor pontifical et 3,000 dans la caisse de la commune. C'est M. le prince Torlonia qui en est le dernier tenancier : il est représenté à Comacchio par M. Chersoni, homme intelligent et ferme, qui exerce le pouvoir en son nom. L'État ne se réserve que le droit d'inspection, afin de s'assurer que la foi des traités n'est pas violée, et qu'aucune innovation dans le mode d'exploitation ne s'introduit sans son consentement; car l'entrepreneur des pêches s'engage à se conformer, dans ce mode d'exploitation, aux usages établis.

IV.

GOUVERNEMENT DE LA LAGUNE.

Le gouvernement de la lagune appartient donc exclusivement au fermier général ou à son représentant, qui, en vertu des clauses de son contrat, exerce le pouvoir absolu, à la charge par lui de remplir toutes les obligations que ce contrat impose.

Parmi ces obligations, la plus importante est, sans contredit, celle qui fixe irrévocablement, pendant la durée entière du bail, les cadres du personnel, et lui prescrit de garder à sa solde les cinq cents hommes dont ce personnel se compose; véritable armée de travailleurs, soumise aux règles de la hiérarchie militaire, à la discipline de la caserne, au régime de l'obéissance passive.

Cette armée de travailleurs a été divisée, pour suffire aux divers besoins du service, en trois brigades distinctes :

1° La brigade d'exploitation de la lagune, dont le contingent est d'environ 300 hommes;

2° La brigade de police, dont le contingent est de 120 hommes;

3° La brigade administrative et manufacturière, dont le contingent est de 100 hommes environ.

BRIGADE D'EXPLOITATION.

Les 300 travailleurs qui composent la brigade d'exploitation sont préposés à l'entretien et à la construction des digues, à la manœuvre des écluses aux époques de l'ensemencement, à l'organisation des labyrinthes aux époques des pêches, au transbordement de la récolte dans les barques qui doivent la porter à la fabrique, ou à son entrepôt dans les *borgazzi*, espèces de réservoirs en osier où ils conservent le poisson vivant, en attendant que les marchands viennent l'acheter sur place.

Pour que toutes ces opérations marchent régulièrement, s'accomplissent partout sans confusion, et qu'il n'y ait pas un seul acte dont l'administration ne soit à l'instant informée, cette brigade a été subdivisée en autant de pelotons qu'il y a de métairies d'exploitation, c'est-à-dire en 33 *familles*, car c'est ainsi que l'on désigne le personnel attaché au service de chaque quartier.

Chacune de ces familles, qui se composent de 10 ou 12 travailleurs selon l'importance du quartier, est à demeure dans la *valle*, dont elle habite la caserne sous le régime de la discipline la plus sévère et de la vie en commun. Elle a pour chef un *caporione* (maître), qui exerce le pouvoir absolu sur son domaine, comme le fermier général dans la lagune tout entière, reçoit pour salaire 4 *scudi* 75 *baiocchi* par mois, 2 livres 1/2 de poisson par jour (*cibaria*), et, aux époques où la pêche manque, durant l'été, par exemple, un supplément de solde en compensation. Il a, en outre, comme, du reste, la plupart des employés de l'administration, un bénéfice sur le produit des pêches, qui, dans les bonnes années, s'élève, pour chacun des employés, jusqu'à 12 écus romains. Responsable de tout ce qui se passe dans la valle qu'il commande, c'est lui qui donne l'exemple de la bonne conduite morale, de la tenue du costume, de l'activité; il se montre le premier à l'œuvre, fait régner partout l'ordre et la discipline, conserve soigneusement les instruments de travail que l'administration confie à sa garde, en fait tous les samedis le recensement, en ordonne la réparation quand ils se dégradent, en propose la suppression lorsqu'il les juge hors de service. Si quelqu'un de ces ustensiles manque, il fait une enquête, et, si on ne découvre pas l'auteur de la soustraction frauduleuse, la famille est tenue de remplacer l'objet dérobé. Dans les cas où ses subordonnés sont indociles ou manquent à la discipline, il est obligé, pour ne pas enfreindre lui-même le règlement et encourir une punition, d'en faire son rapport impartial au chef de la division de la lagune dans laquelle sa valle se trouve comprise. Il est tenu, en outre, de se rendre, à des jours fixes, au siége de l'administration, pour donner une relation verbale des opérations qu'il dirige, et indiquer celles qu'il conviendrait d'entreprendre.

Le caporione, chef suprême de la valle, a sous ses ordres un *sotto-caporione* (contre-maître), qui reçoit ses instructions pour les transmettre à la famille, et un *scrivano* (secrétaire), tenant les registres des opérations. Ces deux fonctionnaires ont l'un et l'autre pour solde 4 scudi 70 baiocchi par mois, et, comme le caporione, 2 livres 1/2 de poisson par jour.

Les ordres du caporione, transmis par le sotto-caporione ou le scrivano, qui peuvent le remplacer au besoin, sont exécutés, sous les yeux de l'un ou de l'autre, par les vallanti, travailleurs dociles, à 4 scudi 40 baiocchi par mois, outre la part quotidienne de poisson qui leur revient.

Enfin, pour compléter la famille, il y a aussi, dans chaque valle, des *ragazzi* et des *sotto-ragazzi*, espèces de mousses ou d'apprentis, les premiers à 22 *paoli*, les seconds à 1 écu de gages par mois, et un *alunno*, qui est comme le serviteur ou le messager de la communauté. C'est lui qui approprie la maison, balaye les salles, va chercher les provisions à la ville, se charge de toutes les commissions qui intéressent l'administration.

Exilée dans la valle qu'elle exploite, chaque famille s'y trouve dans la nécessité de vaquer elle-même à tous les soins de sa vie matérielle. Les vallanti sont donc, à tour de rôle, de service à la cuisine, comme nos soldats dans celle de leur caserne. Ils mettent en commun la portion de poisson (*cibaria*) qui fait partie de leurs gages, y ajoutent les provisions que l'alunno rapporte de la ville, préparent le repas, auquel ils doivent tous prendre part, depuis le chef jusqu'au plus humble serviteur, mais où les droits de la hiérarchie sont aussi rigoureusement observés que dans les occasions les plus solennelles.

Le caporione occupe la place d'honneur à l'une des extrémités de la table commune, ayant le sotto-caporione et le scrivano à ses côtés, et, à la suite de ces deux fonctionnaires, les vallanti, les ragazzi, les sotto-ragazzi; puis, après la bénédiction d'usage, il exerce l'un des priviléges de son patriarcat en se servant le premier, et distribue ensuite à chacun sa portion, en respectant le droit de préséance avec autant de scrupule qu'il l'a fait pour son propre compte. L'anguille forme la base de ce repas. Ils apprêtent ce poisson de la manière la plus simple : après lui avoir ouvert le ventre de la tête à la queue pour enlever l'intestin et l'épine dorsale, ils lui font plusieurs entailles, la saupoudrent, la mettent sur le gril, la tournent et la retournent, jusqu'à ce que la cuisson en ait pénétré toutes les parties. La graisse qui en découle constitue seule l'assaisonnement, car on n'emploie jamais ni l'huile, ni le beurre. Comme Spallanzani, qui visita cette contrée vers la fin du siècle dernier, j'ai goûté ce poisson sur place, et j'ai trouvé sa chair non-seulement très-délicate, mais encore d'une digestion facile, ce qui provient sans doute de l'habitude dans laquelle sont ces pêcheurs de l'apprêter vivant, c'est-à-dire avant qu'il ait souffert de longs jeûnes ou séjourné longuement dans les barques où on l'entasse pour l'exportation. La polenta, gâteau de farine de maïs, figure aussi, en guise de pain, sur cette table frugale, à côté du vin du Bosco-Eliseo, le meilleur que l'on récolte dans la province de Ferrare, et qui complète le menu de ce régime salutaire.

Le repas terminé, les travailleurs se remettent à l'œuvre, et, quand vient le soir, les uns veillent assis dans de grandes chaises de paille à bras, les autres se couchent dans les lits assez durs du dortoir de la caserne.

Aucun des employés de la valle ne peut s'en absenter ni se rendre à Comacchio pendant la semaine, sous aucun prétexte, à moins qu'une circonstance impérieuse, dont le chef de la famille est seul juge, n'en fasse une nécessité. Dans ce cas, le caporione délivre un permis écrit, indiquant le jour, l'heure et le motif du départ, que l'employé autorisé est tenu d'aller présenter à l'administration centrale. On profite alors de ces occasions exceptionnelles pour charger cet employé de faire les provisions que l'alunno va chercher ordinairement à la ville tous les mercredis, et, dans ce cas, l'alunno reste à la valle, afin que le service n'y souffre pas d'une double absence. Selon l'usage, on accorde au suppléant temporaire une demi-journée de vacance, si la valle est proche, une journée tout entière, si elle est éloignée.

Celui qui est surpris en route pour Comacchio sans une autorisation écrite, ou à Comacchio même sans avoir présenté cette autorisation à l'administration, ou dont l'absence se prolonge au delà du terme qui lui a été accordé, est puni, la première fois, d'une suspension d'emploi, la seconde, d'une retenue d'un à six mois de gages, selon la gravité de l'infraction, et, à la troisième récidive, d'une expulsion définitive. Les mêmes peines sont applicables au chef de la famille qui, le sachant, n'informe pas l'administration de la désertion temporaire d'un subordonné qui aurait quitté la valle sans permission.

Cependant, pour que les travailleurs cantonnés dans ces valli n'y soient pas condamnés à un éternel exil, l'administration leur concède le droit de venir, à tour de rôle, tous les quinze jours, passer le samedi et le dimanche au sein de leurs familles, pourvu que la répartition des congés soit faite de manière à laisser dans la valle la moitié des employés de service. Les chefs règlent cette répartition chaque vendredi soir, délivrent les congés, et, le lendemain matin, la moitié de la brigade d'exploitation se met en marche pour la ville, où les mères, les sœurs, les filles, les épouses, les attendent. Toutefois, ils ne rentrent à leur domicile qu'après avoir présenté à l'administration centrale leur carte de libre circulation.

Ceux qui viennent des valli les plus proches ne sont tenus d'y retourner que le lundi matin de très-bonne heure; mais ceux qui arrivent des valli plus éloignées, comme celles de Cona, de Venighi, de Rillo, de Spavola, d'Isola, de Fattibello, sont obligés de s'y rendre le dimanche soir après le salut, parce que, s'ils ne partaient que le lundi, ils ne seraient à leur poste qu'à une heure avancée de la journée, ce qui pourrait nuire à la régularité du service.

Les chefs de chaque valle ont le soin de déposer, tous les samedis, à l'administration centrale, un relevé exact du nombre d'hommes en permission et de ceux qui sont restés au travail; en sorte que cette administration se trouve ainsi au courant de tous les mouvements du personnel et en mesure de faire observer les règles établies sur cette partie de la discipline, de découvrir toutes les supercheries qu'on pourrait imaginer pour les enfreindre; car les heures de rentrée à la caserne lui sont aussi bien notifiées que celles du départ.

Pendant l'absence des vallanti qui sont en congé, ceux qui restent aux valli y travaillent jusqu'à midi, nettoient les barques, plient les cordages, mettent les manteaux de garde en bon ordre, font, en un mot, tout ce qui peut être utile à l'économie de l'exploitation. Le dimanche, s'il n'y a pas d'oratoire dans le quartier où ils demeurent, ils vont à celui du voisinage, y assistent à l'office divin, et retournent immédiatement après à leur poste, car le règlement leur inflige une punition s'ils y manquent.

QUARTIERS GÉNÉRAUX DE LA LAGUNE.

Le personnel de chaque valle, constitué comme je viens de le dire, soumis à l'autorité d'un patriarcat qui dispose à son gré des serviteurs qu'on lui donne, forme un corps dont tous les membres concourent à mettre en jeu le rouage spécial confié à ses soins; mais ce rouage n'étant qu'une partie intégrante d'un organisme plus complexe, il fallait, pour assurer la fonction de l'ensemble, que ce rouage fût enchaîné à tous les autres, de manière à aboutir à un moteur commun. C'est pour cela que toutes les valli dont la lagune se compose ont été groupées en cinq quartiers généraux : le Caldirolo, le Paisolo, le Guagnino, le San-Carlo, le Pega, qui sont la résidence de cinq officiers supérieurs ayant une autorité plus haute, et qui émane directement du pouvoir central dont ils sont les agents.

Ces officiers supérieurs, qui ont de 10 à 12 scudi d'appointements par mois, portent le nom de *fattori* (directeurs); ils sont, par rapport à la division qu'ils commandent, ce qu'est le caporione par rapport à la valle qu'il dirige. Tous les caporioni de leur département deviennent, par conséquent, les intermédiaires à l'aide desquels leur pouvoir s'exerce sur chaque famille, en fait concourir tous les membres aux manœuvres générales. Ils veillent à l'économie de tout le matériel, à l'observation de la discipline et du bon ordre dans les différents postes, reçoivent les rapports des officiers subalternes, conservent les remblais, font la provision de roseaux et de piquets nécessaires pour la construction des labyrinthes, à l'organisation desquels ils président, chaque année, sous la direction des ingénieurs, et, de concert avec ces derniers, font ouvrir les écluses au moment de la montée et à l'époque des pêches.

La supériorité de leur grade et les rapports fréquents que les besoins du service les obligent d'avoir avec l'administration centrale leur donnent le privilége de venir à la ville, sans autorisation préalable, toutes les fois qu'ils le jugent utile aux besoins de l'exploitation, et, de plus que tous les autres employés, les jours de fête obligatoire. Mais, en dehors de ces circonstances particulières, ils ne peuvent, à l'exception des samedis et des dimanches, quitter les quartiers généraux où, en signe de leur suprématie, ils habitent un appartement particulier et même une maison distincte. Ils ont sous leurs ordres un *sotto-fattore* (sous-directeur), qui les remplace en cas d'absence et jouit d'une solde et de droits analogues. Tous les soirs ils font au fermier général un rapport écrit sur les opérations de la journée, et reçoivent ses ordres pour celles du lendemain.

Jusque-là le pouvoir, en s'élevant du chef de la famille (caporione) aux directeurs (fattori), a bien été en se concentrant, mais il est resté divisé cependant entre les mains de cinq personnes dont les résidences sont éloignées les unes des autres; l'unité n'existe par conséquent pas encore, il s'agit donc de la constituer.

Un conseil supérieur, formé par les ingénieurs de la lagune, les *fattori*, les *sotto-fattori*, les surveillants, se réunit tous les dimanches au siége de l'administration, sous la présidence du fermier général ou de son représentant; là sont discutées toutes les affaires qui concernent le gouvernement de la lagune, les travaux à entreprendre pour l'accroissement de ses produits, les mauvaises pratiques à réformer, les désordres à réprimer.

Le conseil entendu, le fermier général, qui a pris part à ses délibérations, guidé par l'expérience d'un état-major qui est la représentation intelligente de tous les travailleurs, exerce alors son pouvoir absolu. Sa volonté, portée par ses officiers d'ordonnance, qui, la veille, faisaient partie de son conseil, s'irradie, en suivant la voie hiérarchique, dans tous les quartiers de la lagune, comme à travers un fil électrique qui en mettrait les divers rouages en mouvement, et, au premier appel, chacun se trouve à son poste pour exécuter ses ordres.

BRIGADE DE POLICE.

Les 120 gardiens (*guardiani*) préposés à la surveillance de la lagune ont une organisation à peu près analogue à celle des douaniers de nos côtes maritimes : ils font des rondes de jour et de nuit, sous le commandement général d'un inspecteur qui reçoit directement les ordres de l'administration centrale, les transmet aux 5 *capitoni* et aux 7 *sotto-capitoni* dont il est le chef, espèces de sergents et de caporaux qui dirigent chacun une des douze escouades dont ce bataillon se compose.

Ces gardiens ont donc un service distinct de celui de l'exploitation des *champs*. Ils se bornent, et ce n'est pas pour eux une tâche facile, à défendre la lagune contre les tentatives des maraudeurs ou les abus de confiance dont les employés eux-mêmes pourraient se rendre coupables. Leur surveillance permanente et active ne réussit cependant que d'une manière incomplète à préserver la récolte. La police qu'ils exercent s'étend à une si grande surface, que l'administration se tient pour satisfaite quand ses pertes annuelles ne s'élèvent pas au delà de la moitié de ses produits.

Cette brigade a une demeure à part, qu'on nomme *appostamento*. La solde des employés qui la composent est, selon le grade, de 5, 6 ou 6 écus 1/2 par mois.

BRIGADE ADMINISTRATIVE ET MANUFACTURIÈRE.

Le personnel des bureaux, chargé de toutes les affaires de l'administration de la lagune et des transactions commerciales, compte 25 employés : 1 directeur, 1 secrétaire général, 1 secrétaire adjoint, 1 teneur de livres, 6 adjoints à ce teneur de livres, 2 adjoints de commerce, 2 aspirants, 4 copistes expéditionnaires, 1 archiviste, 1 caissier, 1 sous-caissier, 3 inspecteurs de fabrication. Ces employés ont leur résidence à Comacchio, dans l'un des bâtiments de la manufacture.

Les 3 inspecteurs de fabrication qui font partie de ce personnel administratif dirigent toutes les opérations qui se rattachent à la préparation du poisson, à sa conservation, à son exportation. Ils ont sous leurs ordres un certain nombre d'ouvriers chargés des manipulations de ce vaste laboratoire où, contrairement à ce qui a lieu dans la lagune, les femmes sont admises à prendre part aux travaux ; mais, comme les procédés qu'on y met en pratique doivent faire l'objet d'un chapitre spécial, j'en parlerai plus loin avec tous les détails que leur importance réclame.

V.

ENSEMENCEMENT DE LA LAGUNE.

Le 2 février de chaque année, les vallanti sont dirigés vers tous les points de la lagune où se trouvent des écluses. Les uns vont sur les rives du Volano, les autres sur celles du Reno, et d'autres enfin sur le trajet du canal Palotta. Là, sous la direction des ingénieurs, et après avoir préalablement placé des filets destinés à retenir les poissons adultes qui tenteraient de s'évader, ils ouvrent ces écluses et laissent tous les passages libres jusqu'à la fin d'avril.

Grâce à cette manœuvre, les eaux de la lagune, dont les pluies d'hiver ont élevé le niveau au-dessus de celles de l'Adriatique, déterminent, en s'écoulant par les tranchées qui les mettent en communication avec celles du Reno, du Volano, du canal Palotta, des courants que l'on peut modérer ou activer à volonté. Or, comme c'est précisément à cette époque que les jeunes poissons nouvellement éclos quittent spontanément la mer pour s'engager dans les canaux dont leur instinct précoce les porte constamment à remonter le cours, il s'ensuit que, incités par cet instinct, ils affluent dans la lagune, guidés par les nombreux courants qui en descendent. Ils s'accumulent donc, trois mois durant, dans tous les champs d'exploitation, comme les grains dont on jonche la terre au temps des semailles.

Cette première opération, de la bonne direction de laquelle dépend la fertilité des eaux et la fortune de l'industrie, a une trop grande importance pour qu'on ne l'entoure pas de toutes les précautions qui peuvent en assurer le succès. Aussi l'administration et l'État rivalisent-ils de zèle, l'une pour lui donner ses soins les plus minutieux, l'autre pour lui garantir une efficace protection. Une législation prévoyante, qui fait honneur à la sagesse du gouvernement pontifical, interdit, sous les peines les plus sévères, sur toute la portion du littoral qui correspond à la lagune, l'usage des filets traînants à petites mailles, avec lesquels, en tout autre temps, on a coutume de pêcher jusqu'aux bords du rivage; tandis que, au moment de la montée, les filets à larges mailles ne sont tolérés eux-mêmes qu'à une certaine distance de la côte.

La mise en vigueur de ce règlement salutaire, à l'exécution duquel la vigilance de l'administration de la lagune est intéressée à tenir la main, préserve la *montée* du jeune poisson de toutes les perturbations qui, en troublant le libre développement de ses instincts, pourraient la détourner de sa marche, l'empêcher de s'engager dans les embouchures vers lesquelles ces mêmes instincts la dirigent.

Quand la tête de colonne de ces longues traînées de semence en a pris le chemin, tout le reste continue à suivre, à moins qu'un incident imprévu ne vienne rompre cette chaîne sans fin. Il faut donc redoubler d'attention au moment où elle arrive au niveau des écluses ouvertes, afin que rien n'y fasse obstacle à son passage. Des vallanti, préposés à la garde de chacune de ces écluses, sont chargés de ce soin; ils éloignent toutes les barques, et, si les besoins du service exigent qu'on en laisse circuler quelques-unes, c'est par des canaux spéciaux, pratiqués à cet usage à côté de ceux d'ensemencement, qu'ils les dirigent.

Ils ont cependant, en ce qui concerne les anguilles, un moyen de reconnaître, sans troubler sa marche, si la montée en est abondante ou clair-semée. Ce moyen de reconnaissance consiste à former, avec des branches de menu bois, des fascines qu'ils descendent, à l'aide de pieux, au fond des canaux d'ensemencement, où elles restent jour et nuit. Le vallante de garde les retire de temps en temps, les secoue contre terre, fait ainsi tomber toutes les jeunes anguilles qui sont prises entre les branches, et, selon que le nombre en est plus ou moins grand, il juge de l'abondance ou de la médiocrité des semailles.

On a recours à cet artifice, comme je viens de le dire, en ce qui concerne la montée d'anguille, parce qu'elle rase toujours le fond et ne se montre point à la surface, du moins pendant le jour, tandis que les jeunes du muge, de la sole, de la dorade, etc. c'est-à-dire de toutes les autres espèces dont les migrations ont lieu à la même époque, se font voir à fleur d'eau, ou à peu de profondeur, et qu'on peut, à leur égard, juger par les yeux de la quantité dont les eaux sont chargées. Cependant, vers le soir, quand vient l'obscurité, les jeunes anguilles elles-mêmes s'élèvent aussi vers la surface, comme le savent, en France, les habitants des bords de l'Orne, qui, au temps de ces apparitions nocturnes, en écument la rivière, et se livrent ainsi au plaisir de la pêche aux flambeaux. Si, à Comacchio, les vallanti de garde avaient recours au même procédé, il leur serait facile de se faire une idée du véritable état des choses, mais une semblable opération pourrait porter le trouble dans les rangs de ces légions en mouvement, et ils s'en abstiennent.

Le mélange d'une certaine proportion d'eau douce avec les flots salés de la lagune est une opération qui concourt à en augmenter la fertilité, par le double motif qu'il y introduit de la semence, et que son action, favorable au développement du jeune poisson, donne à sa chair un meilleur goût. Mais, dans les crues excessives, quand la fonte des neiges des Apennins, ou des pluies diluviennes, menacent de l'inondation, l'excès de ce mélange peut devenir une cause de désastre. Il dépose alors, sur le fond gras des bassins, dans lequel les anguilles aiment tant à s'enfouir, et où, comme toutes les autres espèces, elles trouvent une nourriture abondante, un limon malsain, qui porte quelquefois, pendant plusieurs années, un préjudice sensible à la récolte.

Pour remédier à ce grave inconvénient, qui, heureusement, n'afflige la contrée qu'en de rares occasions, on n'aurait qu'à introduire dans la lagune, en quantité proportionnelle, les eaux de l'Adriatique, afin de maintenir ainsi un certain équilibre; mais le port de Magnavacca et le canal Palotta n'ont pas une suffisante profondeur pour permettre à l'industrie de lutter ainsi avec les éléments. Le résultat cependant ne serait pas difficile à obtenir. Ce n'est, en définitive, qu'une question d'argent, qui mérite bien qu'on en fasse l'objet d'une étude sérieuse; car on réussirait ainsi à donner à cet appareil, unique dans le monde, toute la perfection dont il est susceptible.

Quoi qu'il en soit, après trois ou quatre mois de durée, le phénomène de la montée cesse. L'Adriatique ne fournissant plus alors de semence à la lagune, il serait à craindre, si on continuait trop longtemps à laisser les passages libres, que les jeunes poissons ne désertassent, avant l'époque normale des pêches, à travers les mailles des filets d'attente, les lieux où ils grandissent.

Pour prévenir ces migrations préjudiciables à l'industrie, on abaisse donc toutes les écluses, et, vers la fin d'avril, la lagune se trouve de nouveau convertie en un bassin hermétiquement clos, qui retient la montée prisonnière dans chacun des compartiments où, pêle-mêle, se sont répartis les jeunes de toutes les espèces.

Ces troupeaux aquatiques, séquestrés désormais dans les limites des champs particuliers dont on ferme aussi les portes de communication, sont contraints de les habiter jusqu'au moment où le fermier général juge à propos de les mettre en vente. Ils y vivent, chaque espèce selon son penchant, cherchant leur pâture au milieu des conditions qui leur sont imposées.

Les soles, ordinairement couchées sur la vase, y font la chasse aux vers et aux insectes dont elles se nourrissent; les muges, voyageurs intrépides, vont et viennent en tous sens comme des curieux en perpétuelle exploration, donnant aussi la chasse aux animaux plus faibles qu'eux, mais dévorant surtout les plantes marines ou les matières organiques qui les couvrent. J'ai vu ces êtres singuliers, quand ils se sentent pris dans les grands compartiments des labyrinthes, monter à la surface, sortir leur tête volumineuse de l'eau, tracer un sillon bruyant, et, dans leur détresse, suivre tous les mouvements des vallanti qui marchent sur la rive, comme s'ils en attendaient leur délivrance. J'ai compris, en assistant à ce spectacle étrange, comment les nomenclateurs des piscines de Lucullus, d'Hortensius, de Pollion, avaient pu réussir à dresser ces espèces de manière à les faire obéir à la voix :

> Nomenculator mugilem citat notum,
> Et adesse jussi prodeunt senes mulli.
>
> (Mart. X, xxx.)

L'acquadelle[1], poisson nain qui n'atteint pas la taille du goujon, mais qui forme, dans ces bassins, des bancs innombrables, y semble la victime prédestinée de cette population carnassière. Les anguilles, surtout, lui livrent des assauts cruels. Elles se rassemblent, pour lui donner la chasse, dans les endroits où il y a des chutes d'eau, et où ces petits poissons se plaisent; s'élancent à leur poursuite, fondent sur leur proie, et s'entrelacent de manière à former de volumineux pelotons. La passion qui les domine alors est poussée si loin, qu'elles n'ont même plus souci des dangers qui peuvent les menacer; ni le bruit des barques qui passent et repassent sur leur tête, ni l'approche des filets, ne les détournent de leur but. Elles persévèrent jusqu'à complète satisfaction de leur appétit féroce; puis, quand elles sont repues, elles vont s'enfouir dans la vase, où elles gisent tant que la faim ne les pousse plus à sortir de leurs retraites.

Chacune de ces retraites, qu'elles creusent en se glissant sous la fange, est un canal à deux ouvertures, à l'une des extrémités duquel

---

[1] L'acquadelle est une espèce du genre Athérine (*Atherina*, Lin.). Elle se multiplie en si grande abondance dans la lagune de Comacchio, qu'indépendamment de la quantité que l'on prépare pour le commerce, on en consomme encore des masses prodigieuses pour les engrais. J'ai vu de grandes barques entièrement pleines de fretin de cette espèce transporter cet engrais animal vers le territoire de Ferrare.

on voit la tête, et à l'autre la queue de l'animal. Un léger soulèvement du sol en indique quelquefois la place, en sorte que, pour en retirer l'anguille qui s'y cache, on n'a qu'à traverser la tumeur au moyen d'un trident, exercice auquel les vallanti se livrent avec un succès constant : c'est de ce gîte qu'elle guette les proies vivantes sur lesquelles elle s'élance à mesure qu'elles passent à sa portée. Si on la force à déloger, elle s'éloigne de quelques pas seulement, puis disparaît de nouveau dans la fange, où elle se creuse une autre demeure. Quand la température s'élève ou s'abaisse d'une manière sensible et incommode pour elle, son instinct la porte à se mettre à l'abri de ces variations de l'atmosphère en s'enfonçant davantage dans le sol, soit avec la tête, soit avec la queue, dont elle se sert également pour se frayer un chemin, choisissant les parties de ce sol où la terre est assez tendre pour lui permettre de descendre plus profondément.

Il faut que les bassins de la lagune soient, pour les anguilles et les autres espèces qui l'habitent, un lieu de délices, puisqu'elles y entrent peu de temps après leur naissance, et qu'elles ne cherchent réellement à en sortir qu'à l'âge adulte. L'instinct de la reproduction les incite alors à retourner à la mer, d'où elles sont venues, et, comme, à cette époque de leur vie, elles ont déjà une assez grande taille pour être comestibles, on profite de cet instinct pour en faire la récolte. Mais, jusque-là, elles se trouvent si bien dans cette lagune, que, sauf quelques exceptions, elles persévèrent à y rester, même dans les cas où les communications avec l'Adriatique ou avec le Pô sont rétablies. Spallanzani rapporte qu'à une époque de grande crue, le fleuve, ayant grossi plus qu'à l'ordinaire, surmonta les digues, de manière que les bassins ne formaient plus ensemble qu'un seul lac. On craignit qu'à l'exemple de tous les autres poissons les anguilles ne se fussent évadées pour suivre le torrent de ce fleuve débordé; mais l'événement ne justifia pas ces craintes, la récolte fut aussi abondante que celles des années précédentes.

Si l'on consulte les pêcheurs de Comacchio pour savoir avec précision combien de temps mettent les anguilles à prendre tout leur accroissement, on trouve que leur expérience ne fournit, sur ce point, aucune donnée certaine. Les uns veulent que ce soit cinq ans, les autres six, huit ou dix, mais sans qu'aucun d'eux ait jamais fait un essai pour arriver à une détermination rigoureuse.

En 1848, lorsque j'ai appelé l'attention publique sur les bénéfices qu'il y aurait, en France, à utiliser la *montée* dont les embouchures de la plupart de nos fleuves abondent, et à la faire transporter, par des moyens éprouvés, dans nos étangs, dans nos lacs ou dans nos marécages de la Sologne, j'ai publié une série de recherches dont les résultats ont été vérifiés, depuis, par un grand nombre de propriétaires. Ces résultats, qui ont donné naissance à quelques industries privées, démontrent qu'il suffit de quatre ou cinq années pour que de jeunes anguilles de 7 millimètres de long, mises dans des bassins où on leur donne une nourriture suffisante, y acquièrent un poids de quatre, cinq ou six livres (accroissement inespéré quand on réfléchit qu'on peut en accumuler un si grand nombre dans un espace restreint), ce qui conduit à cette conséquence, qu'une livre de *montée*, composée de dix-huit cents jeunes, peut, au bout du laps de temps dont je viens de parler, produire 3,000 kilogrammes de chair. Les récoltes de la lagune de Comacchio attestent que ce calcul n'est point exagéré : or, au prix où, dans l'état actuel des choses, ce poisson se vend sur nos marchés, 3,000 kilogrammes ne représentent pas moins d'une somme de 10 à 12,000 francs. On peut juger par là des bénéfices qu'on doit attendre d'une pareille industrie.

Dans les valli de la lagune, comme dans les bureaux de l'administration, on a coutume de donner aux anguilles des noms différents, selon leur taille. Prenant pour des caractères spécifiques ce qui n'est, au fond, qu'une variété de couleur ou de corpulence, on appelle *miglioramenti*, celles de cinq à six livres; *roche*, celles de quatre livres; *anguillaci*, celles de trois livres; anguilles communes et *priscetti*, celles qui n'ont pas encore atteint tout leur développement, mais dont le poids, pour les premières au moins, s'élève cependant à une livre. Ces noms, qui ont une véritable utilité dans les transactions commerciales, attendu qu'ils expriment la valeur mercantile de chaque catégorie, ne sauraient être pris en considération par la science, car les variétés qu'ils désignent ne forment, en réalité, qu'une seule et même espèce.

Si les pêcheurs de Comacchio ne sont pas en mesure de fournir des renseignements précis sur le temps que mettent les anguilles à prendre tout leur accroissement, il n'en est pas de même en ce qui concerne les muges, qui, après les anguilles, sont les poissons dont ils font la plus grande récolte. Cette appréciation est devenue facile depuis que l'un des ingénieurs, M. Baroni, a eu l'heureuse idée de creuser un vivier spécial, disposé en labyrinthe, offrant, sur son trajet, des puits plus ou moins profonds, où les poissons descendent pour se mettre à l'abri des fortes gelées ou des chaleurs excessives. Ce vivier est destiné à recevoir les éclosions tardives que les vallanti vont glaner, si je puis ainsi dire, au bord de l'Adriatique, ou aux embouchures des fleuves, lorsque les écluses sont refermées, et que l'ensemencement naturel de la lagune est terminé; aussi a-t-on l'habitude de désigner cette *montée* tardive sous le nom de semence artificielle (*semine artificiale*), par opposition à celle qui est introduite par la voie ordinaire. Ils se servent, pour la recueillir, de petits filets en canevas ou en étamine, dont les mailles sont assez serrées pour retenir des poissons qui n'ont pas plus d'un centimètre de long et de deux millimètres d'épaisseur, poissons qu'ils apportent dans ce vivier spécial, où on les laisse une année entière. Il est donc possible, pendant cette période, de suivre leur accroissement successif, de les mesurer, de les peser jour par jour, en quelque sorte, semaine par semaine, mois par mois. M. Chersoni, représentant du prince Torlonia, m'ayant permis d'en prendre une série complète, que je conserve dans ma collection, je me trouve, grâce à sa courtoisie, en mesure de donner, sur ce point, les renseignements les plus exacts et les plus circonstanciés. Ils seront la preuve que cette espèce est l'une de celles dont l'élève peut fournir les plus grands produits, car non-seulement elle pullule à l'infini, mais son développement est assez rapide pour qu'elle devienne l'objet d'une récolte annuelle. Voici le tableau des dimensions qu'elle prend dans les douze premiers mois de son existence :

	1 mois.		2 mois.		3 mois.		5 mois.		6 mois.		7 mois.		9 mois.		10 mois		12 mois		OBSERVATIONS.
	c.	m.	c.	m.	c.	m.	c.	m.	c.	m.	c.	m.	c.	m.	c.	m.	c.	m.	
Longueur totale : de l'extrémité du museau à celle de la queue....	3	0	5	0	8	5	13	8	16	5	19	0	21	0	24	0	26	5	Ces chiffres expriment une moyenne résultant de mesures prises sur plusieurs sujets.
Circonférence prise dans la plus grande épaisseur	1	3	2	0	4	2	7	0	8	0	9	5	11	0	12	0	13	5	

Quand le muge a atteint l'âge d'un an, il pèse alors, en moyenne, de 130 à 150 grammes, c'est-à-dire qu'il n'en faut pas plus de quatre pour une livre, tandis qu'il en fallait 6,000 environ à l'époque où il était à l'état de *montée*. Par conséquent, une livre de *montée* de muge, introduite dans la lagune de Comacchio, s'y transforme, dans l'espace de douze mois, en autant de livres de substance alimentaire que le nombre 4 est contenu de fois dans le nombre 6,000, ce qui donne, somme toute, 750 kilogrammes.

L'agriculture n'a rien qui, avec si peu de frais d'exploitation, puisse lui fournir de pareilles récoltes. Elle obtient ses produits à grands frais ; ceux de la pisciculture, au contraire, se développent sans qu'il soit nécessaire d'avoir recours à ces moyens dispendieux qui absorbent la plus grande partie du revenu.

52   INDUSTRIE

Fig. 1. Vue d'une valle et de son labyrinthe où lavoriero; — a, canal Palotta; — b, tranchée qui le fait communiquer avec la lagune; — c, canal pour le passage des barques; — e, écluses qui le ferment; — d, 1ᵉʳ compartiment du labyrinthe; — e, bassin ou campo; — f, antichambre du 1ᵉʳ compartiment; — g, chambre du 1ᵉʳ compartiment; — h, 2ᵉ compartiment; — i, chambre du 2ᵉ compartiment; — j, plancher; — k, 3ᵉ compartiment; — l, l, l, chambres ou oteli du 3ᵉ compartiment; — m, boryazzi; — n, barque avec ses instruments de pêche; — o, poste de vedlanti; — p, magasin pour les instruments et les matériaux des labyrinthes.

VI.

RÉCOLTE DE LA LAGUNE.

ORGANISATION DES LABYRINTHES.

L'administration possède, sur les bords de la lagune, des terres où on cultive des roseaux (*arundo phragmites*) pour l'une des opérations les plus importantes de l'exploitation, celle de la pêche, dont on renouvelle tous les ans les appareils. Si ces roseaux, que l'on conserve dans les magasins des valli, en attendant le moment où il convient de les mettre en œuvre, ne sont pas assez abondants pour suffire aux besoins du service, on en fait venir des contrées environnantes.

Lorsque arrive le moment de les employer, une activité nouvelle se déploie sur tous les points de la lagune, et chaque valle s'y transforme en un double atelier de vannerie et de charpenterie. Les vallanti, les ragazzi, les sotto-ragazzi, y sont occupés, les uns, à tresser des nattes ou des claies destinées à former les parois des labyrinthes où le jeu des eaux salées doit attirer le poisson; les autres, à dresser les piquets qui doivent soutenir ces cloisons perméables.

Chacune de ces claies a environ 4 pieds de long et 7 pieds de haut; mais, en les ajustant et les reliant étroitement entre elles, on peut en faire des bandes aussi étendues qu'on le désire; en les superposant comme les feuillets d'un livre, on les rend aussi épaisses que l'exige le but qu'on se propose. Elles sont toutes garnies, sur l'une de leurs faces, de deux traverses parallèles en bois, qui s'étendent d'une extrémité à l'autre; et, verticalement, de deux forts piquets qui dépassent leur bord inférieur de manière à pouvoir être fichés en terre.

Quand on a fabriqué un nombre suffisant de ces pièces, on commence alors à les mettre en œuvre, c'est-à-dire à organiser les labyrinthes, dont la construction, quoique fort simple, exige cependant assez de soins pour qu'elle soit confiée aux vallanti les plus expérimentés, et quelquefois même à un architecte. On ajuste donc bout à bout plusieurs de ces claies, et on en forme ainsi des bandes ou des palissades plus ou moins longues selon les besoins; puis, prenant deux de ces palissades, on les descend verticalement dans chacune des tranchées rectilignes où débouchent les ramifications du canal Palotta. On applique ensuite l'extrémité antérieure de l'une de ces palissades contre la rive gauche, et celle de l'autre contre la rive droite de la tranchée.

Ces deux cloisons verticales étant ainsi appuyées en avant et écartées l'une de l'autre autant que le permet la largeur du canal, on ramène leur extrémité postérieure dans l'axe de ce même canal, où on les met en contact sans les appliquer fortement l'une contre l'autre. En sorte que ces deux palissades, ainsi disposées, forment un angle rentrant dont l'ouverture regarde le champ d'exploitation, et dont le sommet est dirigé vers le courant qui vient de l'Adriatique.

Les choses se trouvant en cet état, et sans rien changer à la disposition dont je viens de parler, on enfonce dans le sol les piquets dont les palissades sont armées, jusqu'à ce que le bord inférieur de ces palissades appuie assez fortement sur la vase pour que rien ne puisse passer en dessous. Or, comme les embouchures des canaux où l'on organise ces appareils sont ménagées de façon à n'avoir pas plus de trois ou quatre pieds de profondeur, il s'ensuit que les claies implantées, qui en ont six ou sept de hauteur, dépassent le niveau des eaux de deux pieds au moins, et quelquefois de trois. Au point de rencontre de ces deux cloisons, est généralement adaptée une chambre semi-circulaire ou en forme de cœur, à sommet entr'ouvert, et dont les parois, formées également de roseaux, sont soutenues extérieurement par des piquets comme celles du labyrinthe tout entier. Enfin deux autres compartiments, établis sur le même plan et avec les mêmes matériaux, terminés chacun par un appendice cordiforme à paroi continue, font suite à cette première enceinte et complètent l'ingénieux système de pêcherie.

Si donc, maintenant, un poisson, parti d'un bassin quelconque de la lagune, s'engageait dans une des embouchures du canal Palotta pour se diriger vers l'Adriatique, il serait forcément conduit jusqu'à l'extrémité de l'angle aigu où les deux cloisons se touchent sans être adhérentes l'une à l'autre. Là, s'il faisait un effort pour passer outre, ces deux cloisons, cédant légèrement à son impulsion, s'écarteraient pour se rapprocher ensuite dès qu'il aurait franchi l'espace qu'elles circonscrivent, refermant ainsi l'issue à travers laquelle il lui serait impossible de revenir. Cependant il resterait libre de gagner la mer, s'il ne trouvait devant lui d'autres loges qui le retiennent captif.

Il rencontre, en effet, derrière l'angle entre-bâillé qu'il vient de franchir, la chambre en forme de cœur, adaptée par sa base à cet angle aigu qui fait saillie dans sa cavité; chambre dont la pointe, entre-bâillée, comme je l'ai dit, permet bien au prisonnier de s'avancer vers les compartiments plus éloignés, mais ne lui laisse aucune chance d'évasion.

Le poisson ne peut donc s'échapper de la première enceinte que pour tomber dans une seconde, et, de celle-ci, dans la deuxième chambre du labyrinthe. Parvenu là, non-seulement il ne peut plus rebrousser chemin, mais, n'y trouvant pas d'extrémité entre-bâillée, puisque les parois en sont continues, il y reste définitivement captif, si c'est un muge, une sole, un loup, une dorade, car ces animaux ne sauraient écarter les mailles du tissu pour le traverser; si, au contraire, c'est une anguille, elle insinue la tête ou la queue entre les roseaux, et, à l'aide des efforts vigoureux dont elle est capable, elle glisse à travers les parois de l'enceinte, laissant derrière elle tous ceux de ses compagnons qui ne sont pas conformés pour se livrer à un pareil exercice. Ces efforts n'aboutissent cependant pas à la liberté; car elle tombe dans un troisième espace triangulaire, vestibule de sa prison définitive, où, après avoir erré plus ou moins longtemps, sans jamais réussir à traverser des parois dont l'épaisseur et la consistance ont été calculées ici pour résister à toutes ses entreprises, elle ne trouve plus que trois issues, semblables à celles qui ont été ménagées ailleurs, et qui sont aux trois sommets de l'espace triangulaire où toutes ses tentatives d'évasion échouent. Ne rencontrant donc pas d'autre voie praticable, elle finit, de guerre lasse, par prendre les seules qui soient ouvertes. Mais, derrière chacune de ces trois issues, une dernière chambre, à parois aussi infranchissables que celle de l'espace triangulaire qu'elle quitte, la livre sans retour aux mains de l'industrie.

Ces ingénieux rouages, que les courants de l'Adriatique doivent mettre seuls en action, ne se bornent donc plus à attirer les poissons de la lagune dans les labyrinthes, ils opèrent encore le triage des espèces, comme les mécanismes de certaines manufactures opèrent la séparation des matières qui sont l'objet de leur exploitation. L'art de la pêche s'élève donc ici jusqu'à la hauteur d'une industrie qui repose sur des principes dont l'application conduit à des résultats prévus d'avance et toujours identiques. Cette industrie marque les places où la récolte doit se rendre, et chaque espèce arrive au compartiment qu'elle lui assigne. Elle n'a qu'à ouvrir une écluse pour opérer cette merveille, qui, trois mois durant, lui apporte, chaque année, tous les fruits mûrs de la lagune.

OUVERTURE DES PÊCHES.

Le jour où cette opération commence est, pour la ville de Comacchio, l'événement le plus important de sa vie intérieure, puisqu'il lui apporte ou l'abondance ou la misère. Elle en célèbre chaque année le retour par une solennité religieuse, comme le font d'autres États pour la session des assemblées qui président à leur destinée politique. Les vallanti, prosternés dans les oratoires de leurs valli, appellent les faveurs du ciel sur leurs travaux, en adressant des prières à saint Gratien, patron de la colonie; puis, quand le prêtre officiant a béni les champs d'exploitation, ils vont ouvrir toutes les écluses du canal Palotta, pour que les eaux de l'Adriatique puissent pénétrer librement dans les bassins de la lagune, dont toutes les issues sont maintenant garnies de labyrinthes.

Aussitôt que ces écluses sont ouvertes, les flots de la mer, dont, à chaque flux, le cours était arrêté par des barrières qui n'existent plus, se précipitent sans obstacle à travers les parois perméables des labyrinthes. Ils arrivent ainsi, sous forme de courants plus ou moins rapides, dans des bassins où l'évaporation, accélérée par les chaleurs de l'été, a diminué le niveau des eaux, en même temps qu'elle en a augmenté la salure.

Ces courants d'eau fraîche, se faisant sentir partout à la fois, à cause de la multiplicité des bouches qui les vomissent, éveillent partout l'instinct de l'émigration, auquel les poissons obéissent d'autant plus volontiers, que ces courants les sollicitent à quitter un milieu dont l'excès de salure les importune, et leur en promettent un autre où se trouvent des conditions meilleures. Ils remontent donc ces courants qui les guident vers l'Adriatique; mais, comme c'est à travers les parois perméables des labyrinthes qu'ils leur arrivent, ils ne peuvent continuer à les suivre qu'à la condition de s'engager dans les défilés de ces labyrinthes. Ils en parcourent tous les détours jusqu'aux derniers compartiments, et ils s'y accumulent quelquefois en si grand nombre, qu'il ne reste, pour ainsi dire, plus d'eau dans les chambres qu'ils remplissent.

Les motifs qui ont porté à placer les labyrinthes aux embouchures des canaux à travers lesquels on peut, à volonté, faire passer des courants salés, sont donc rigoureusement déduits d'une connaissance approfondie des mœurs des poissons.

Cependant, malgré l'influence déterminante de cet ingénieux mécanisme, tous les temps ne sont pas également favorables au succès de l'opération. Les nuits sombres et pluvieuses, durant lesquelles les vents glacés du nord soufflent avec violence et soulèvent les flots de la mer et ceux de la lagune, sont les plus propices. Les habitants de la colonie les attendent, comme les agriculteurs le soleil radieux qui doit mûrir les fruits de la terre. Ils prennent sans doute ces bouleversements de la nature pour une manifestation de la souveraine harmonie, puisqu'ils les désignent sous le nom d'ordre (*ordine*), et, quand la tempête fait voler en éclats les toits de leurs demeures, ils s'écrient avec satisfaction, *ordine! ordine!* comme d'autres diraient, la belle journée! ce qui les a fait appeler par l'Arioste : « *Gente desiosa che il mar si turbi e sieno i venti atroci.* »

La nuit venue, tous les membres de la famille, chefs et vallanti, sont à leur poste autour des labyrinthes, y veillent dans le plus profond silence pour ne pas donner l'alarme aux troupeaux aquatiques qui s'engagent dans les routes insidieuses que leurs soins ont préparées. Ils attendent que les chambres se remplissent, et, dès qu'ils s'aperçoivent de l'encombrement, ils se hâtent de les dégager à mesure; car si, par suite de cet encombrement, les anguilles venaient à y éprouver une trop grande gêne, elles pourraient se mettre en tumulte et briser les parois des chambres où elles sont captives.

Leur extraction s'opère au moyen d'une bourse emmanchée, qui

Fig. 2. Borgazzo.

sert à les transborder dans les *borgazzi*, espèces de corbeilles d'osier à mailles serrées, en forme de globe, un peu comprimées dans le sens de la hauteur, s'ouvrant par une bouche circulaire à petit diamètre, à laquelle s'adapte un couvercle qu'on assure par un cadenas. On introduit dans cette ouverture un entonnoir en forte toile, de 4 pieds de long (*saccone*), par lequel on verse les anguilles, puis l'on ferme les couvercles, et toutes les corbeilles pleines, attachées à un câble soutenu par des poteaux, sont maintenues immergées, afin que le poisson puisse s'y conserver vivant jusqu'au moment de la vente, ou jusqu'à celui de sa translation à la manufacture.

Bonaveri raconte que, pendant la nuit du 4 octobre 1697, par un orage des plus impétueux, on pêcha dans la lagune plus de 1,000 borgazzi de poisson, et, dans une seule valle, 200 borgazzi d'anguilles. Or, chaque corbeille pleine renfermant 40 *pesi*, et le pesi se composant de 8 kilogrammes 63 grammes, il s'ensuit que, dans la seule nuit dont parle Bonaveri, la valle qu'il signale a donné 64,504 kilogrammes et la lagune entière près de 322,520 kilog.

Pendant l'automne de 1792, Spallanzani a vu prendre, en une seule nuit d'octobre, dans le bassin de Caldirolo, qui a 60 milles de circonférence, 800 *rubi* pesant[1], ce qui, ajoute le grand naturaliste, est encore peu en comparaison d'une pêche de 2,500 rubi et d'une autre de 1,200 rubi, qui se firent, quelques années auparavant, dans le même bassin et dans le même espace de temps.

Lorsque ces pêches surabondantes ont lieu, et que la récolte d'une seule valle s'élève, en une nuit, jusqu'à 3,000 pesi, le canon en donne le signal à la ville, afin que ses habitants reçoivent la bonne nouvelle au milieu de leur sommeil. Ils sont ainsi prévenus d'avance que la part proportionnelle dont certains priviléges leur garantissent les bénéfices sera moins restreinte que dans les années communes.

C'est aussi une coutume et presque une solennité à laquelle les étrangers, les femmes de distinction, la famille du fermier général et l'évêque lui-même, ne dédaignent pas de prendre part, c'est une coutume, dis-je, dans ces heureuses occasions, d'aller visiter, en signe de réjouissance, la valle privilégiée qui a été le théâtre de ces pêches extraordinaires. Le caporione y fait les honneurs de son domaine en étalant aux yeux de tous les richesses d'une moisson dont les vallanti transforment les fruits en un copieux festin. Le brouet d'anguille, si estimé des Grecs, un peu dépoétisé peut-être par le chou vulgaire qu'on y mêle, figure en première ligne sur la table de la valle hospitalière. On le prépare en faisant bouillir les tronçons des plus grosses anguilles dans l'eau salée du canal Palotta, et, pen-

[1] Le *rubi* équivaut au *pesi* (8 kil. 63 gram.).

dant une vive ébullition, on y jette des choux à peine découpés. Ce brouet servi, viennent ensuite, également bouillis, les muges, les plies, les dorades, etc. et puis de nouveau les *miglioramenti*, et toutes les espèces de la valle, grillées ou rôties à la broche. Le vin du Bosco-Eliseo prête son charme à cette fête de l'abondance [1].

Si, au moment où les vallanti sont occupés à débarrasser les labyrinthes du poisson qui s'y accumule et continue à y affluer à mesure qu'on l'enlève, si, dis-je, le temps s'éclaircit tout à coup et que la lune paraisse à l'horizon, les anguilles s'arrêtent aussitôt, suspendent leur marche jusqu'à la nuit suivante, et attendent le retour de l'obscurité pour se remettre en route. Cette répugnance à se mettre en voyage toutes les fois que cette planète brille, tandis que les autres espèces n'en poursuivent pas moins leur chemin, a inspiré aux vallanti l'idée d'user d'un artifice destiné à diminuer les embarras que leur suscite un trop rapide encombrement. Il peut arriver, en effet, qu'après en avoir pêché une certaine quantité, ils n'en veuillent pas davantage pour le moment. Ils se bornent alors à se faire accompagner d'une lumière ou bien à allumer des feux sur les deux rives, et ces animaux s'arrêtent : puis, quand les chambres sont vidées, ils éteignent les feux, et la migration continue jusqu'au lendemain. Quand vient le jour, il y en a encore quelquefois dans les labyrinthes, malgré la récolte de la nuit, une telle quantité, qu'à midi les ouvriers n'ont pas fini de les extraire.

Quant aux autres espèces, la contexture spéciale des labyrinthes les retenant dans les chambres antérieures, c'est là qu'on va les prendre à loisir ; car elles ne sont pas, comme les anguilles, capables de briser les parois des loges qui les renferment. Malgré leur encombrement dans un aussi étroit espace, elles ne souffrent pas cependant, attendu que l'eau y est sans cesse renouvelée par le mouvement de la marée. Il y a un cas pourtant où elles peuvent y mourir : c'est lorsque leur affluence est assez grande pour qu'elles s'accumulent au point de dépasser le niveau du liquide, et de se trouver à sec au-dessus de la surface de ce dernier.

[1] Bonaveri, *Op. cit.* p. 236.

Cette récolte dure trois ou quatre mois de l'année, depuis août jusqu'en décembre, et l'on peut déjà, par la quantité de poisson qu'on prend dans la pêche d'une seule nuit, se faire une idée de ce que doit être le produit de la saison tout entière. Ce produit, d'après les documents fournis à Spallanzani par le fermier général Massari, qui exploitait la lagune à l'époque où ce naturaliste visita Comacchio, fut,

En 1781, de............ 97,441 pesi (785,666 kil.).
En 1782, de............ 110,996   (894,960 kil.).
En 1783, de............ 78,589   (633,664 kil.).
En 1784, de............ 88,173   (710,938 kil.).
En 1785, de............ 67,568   (544,800 kil.).

De 1798 à 1813, dans l'espace de seize ans, la lagune a produit, d'après les relevés conservés à la mairie ou dans les bureaux de l'administration, 1,894,222 pesi, c'est-à-dire, chaque année, en moyenne, près de 120,000 pesi (967,560 kil.).

De 1813 jusqu'en 1825, elle a fourni de 90,000 à 100,000 pesi (de 725,670 à 806,300 kil.). Mais, en 1825, un désastre survint, et la mortalité du poisson fut si considérable, comme je l'expliquerai plus loin, que le produit de la pêche descendit à 40,000 pesi, et se maintint à ce chiffre pendant huit années consécutives.

A partir de 1833, et malgré trois accidents successifs qui ont fait périr plus de 600,000 pesi (4,837,800 kil.) de poisson, la production remonte vers son niveau, mais elle n'a encore atteint, à l'heure qu'il est, que le chiffre de 60,000 pesi (483,780 kil.).

En prenant les chiffres officiels des pêches de la lagune, on n'a encore que ceux de la moitié de sa production réelle. En effet, tout le monde sait, à Comacchio, que, vu l'impossibilité d'exercer, sur un périmètre de 140 milles, une surveillance suffisante, et, malgré le soin que prend l'administration de préposer une brigade de 120 hommes à cette garde, on dérobe, tous les ans, une quantité de poisson égale à celle que l'on récolte. Le produit réel est donc au moins le double du produit officiel. Quand donc ce produit est de 120,000 pesi pour le fermier général, on peut estimer le produit réel à 240,000 ou 250,000 pesi (de 1,935,120 à 2,015,750 kil.).

On pourrait croire que ce chiffre est exagéré, si l'on n'avait la preuve directe, et, pour ainsi dire, expérimentale, que la lagune peut nourrir une quantité de poisson de beaucoup supérieure à celle que je viens d'indiquer; car, en un seul jour, la mortalité en a quelquefois amené à la surface un poids de beaucoup plus considérable. Il n'y a pas bien longtemps que les habitants de la colonie ont été les témoins d'un de ces désastres, à la suite duquel on fut obligé d'enterrer plus de 300,000 pesi de poisson (2,963,400 kilog.). Le gonfalonier de la ville, M. Ducati, qui a assisté à ces étranges funérailles, m'a donné lui-même cette appréciation dans l'une des salles du palais municipal, où il avait bien voulu réunir ses employés pour m'aider au dépouillement des dossiers des archives.

Si l'on suppose maintenant que, dans une pareille lagune, la fécondation artificielle vienne, par une heureuse innovation, ajouter ses produits à ceux que l'industrie actuelle y introduit, on aura réalisé, par la pensée, l'une des plus grandes entreprises que le génie de l'homme puisse tenter sur la nature vivante. Ce serait un spectacle attachant que celui de voir ces obscurs pêcheurs recevoir ce procédé des mains de la science, pour en faire les premières applications à leur admirable piscine.

MORTALITÉ DU POISSON.

Les causes de ces désastres sont tantôt la véhémence de la chaleur, tantôt la rigueur excessive du froid, les bassins de la lagune se trouvant d'autant plus accessibles à l'une ou à l'autre de ces influences qu'ils n'ont que quelques pieds de profondeur. Les anguilles elles-mêmes, dans ces moments de crise, ont beau s'enfoncer dans la vase pour échapper au péril qui les menace, le malaise qu'elles y éprouvent les oblige bientôt à quitter ces retraites où elles ne trouvent plus un abri suffisant, et on les voit, à leur tour, venir sous la glace mêler leurs cadavres à ceux des autres espèces qui n'avaient pas eu comme elles la ressource de se réfugier dans la fange.

Dans le siècle dernier, on connaissait un accident de cette nature qui avait occasionné une perte de 200,000 pesi (1,612,600 kil.). Il y eut même alors un des bassins qui fut complétement dépeuplé.

Le désastre de 1850 a fait périr une quantité de poisson à peu près égale à celle dont je viens de parler; mais la cause qui a produit ces tristes résultats n'amena pas d'aussi funestes conséquences que celles d'un excès de température dont il existe un exemple qui donna lieu à un procès-verbal, signé des directeurs et des chefs des bassins : on ne lira pas sans intérêt les curieux détails qui s'y rapportent.

C'est en 1789 que cette catastrophe affligea la contrée. Dès le mois de février, au moment où l'on ouvre les écluses pour l'ensemencement de la lagune, les eaux du Reno et du Volano étaient déjà si basses, qu'on fut obligé de fermer les clefs, dont l'ouverture devenait inutile. Cette sécheresse prématurée inspira des inquiétudes, qui allèrent s'aggravant à mesure que les chaleurs du printemps commencèrent à se faire sentir, et menacèrent de tarir les bassins, épuisés par une évaporation croissante.

Craignant donc d'y voir périr tous les poissons, on vint à leur secours en employant des moyens proportionnés à la grandeur du danger; mais ce fut inutilement, car, vers la fin de juillet, on voyait près des digues des milliers d'anguilles qui essayaient de se dérober à l'intolérable salure de ces eaux brûlantes. Ne pouvant plus en supporter le séjour, et la chaleur devenant de plus en plus véhémente, tous les poissons, haletants, souffrants, s'assemblaient en foule autour du rivage, sur le fond mis à nu duquel le sel cristallisé formait une croûte épaisse dans une étendue de 300 ou 400 mètres. Les plantes aquatiques, pourries sur leurs tiges, ajoutaient encore à la corruption de ces fonds infects.

Ce spectacle, dont on n'avait jamais eu jusque-là d'exemple, détermina le fermier général Massari à faire percer les digues en plusieurs endroits, afin que ces malheureux animaux pussent gagner le petit nombre de bassins où l'eau, venant directement de la mer, devait être plus supportable; mais, malgré cette opération, exécutée à grands frais, et qui n'a pas duré moins d'un mois tout entier, on perdit encore 30,000 pesi d'anguilles (296,340 kil.), sans compter une multitude de poissons des autres espèces qui habitent la lagune. En 1825, dans une occasion semblable, la mortalité fut bien plus grande encore : elle dépassa 300,000 pesi, et les habitants de la colonie, pour se préserver de la peste, fléau qui avait déjà décimé la population en 1671, furent obligés de creuser d'immenses fosses où ils ensevelirent ces monceaux de chair et les brûlèrent dans de la chaux vive.

VII.

MANUFACTURE
POUR LA PRÉPARATION DU POISSON.

Dans chacune des îles consacrées à l'exploitation de la lagune, on a eu le soin de creuser, à côté des labyrinthes, en terre ferme, un petit canal de navigation par lequel les barques passent sans gêner les opérations de la pêche. Les deux portes mobiles qui en garnissent les extrémités s'ouvrent quand ces barques arrivent, et se referment dès que les points où ces portes sont articulées ont été franchis. Les *batelli* des vallanti peuvent donc glisser sur les eaux les plus basses de ce vaste domaine, et s'engager dans les plus petits méandres sans jamais laisser derrière eux aucune issue ouverte. Il n'y a, par conséquent, pas un seul point d'où on ne soit en mesure de ramener, par ces voies latérales, le produit de la récolte vers le canal Palotta, et, au moyen de ce dernier, dans la ville de Comacchio. Là, un appendice de ce canal les conduit sous une darse, petit port couvert, qui fait partie de la manufacture.

Ce petit port couvert, qui doit recevoir successivement toute la portion de la récolte destinée à subir une préparation dans les ateliers de l'administration, est formé par un bassin quadrangulaire, revêtu d'une bonne maçonnerie, et d'une profondeur égale à celle du canal d'où lui vient l'eau de la mer. Il est muni, à son point de communication avec ce canal, d'une herse solide, s'élevant du fond

Fig. 3. Manufacture pour la préparation des poissons. On voit de gauche à droite, sur le premier plan, des ouvrières dégarnissant les broches, arrangeant les anguilles rôties dans des *zangoli*, et des ouvriers occupés au barillage et à la salaison acétique ; sur le deuxième plan, les cheminées garnies de broches, l'*inspiciatore*, les *chiapparase*, et des ouvriers élevant un *basto* ; dans le fond, en dehors de la manufacture, le *tagliatore*.

de l'eau jusqu'à hauteur d'homme au-dessus du rez-de-chaussée, comme celles qui défendaient l'entrée des forteresses du moyen âge; précaution dont l'expérience a démontré l'urgence, car, à l'époque où cette porte ne descendait pas jusqu'au fond, d'habiles plongeurs se glissaient par-dessous et revenaient chargés de butin.

Autour de la darse et de son débarcadère, se trouvent la cuisine, qui communique avec ce débarcadère; le cellier, qui renferme des tonneaux remplis d'huile d'olive et de vinaigre de Vasto; un magasin pour les barils et autres vases destinés à recevoir le poisson préparé; une pièce pour les manipulations; un vaste chantier pour le bois à brûler, dont on consomme 200 chars. Ce chantier ne se compose que de chêne, de noyer, de frêne, de mûrier, c'est-à-dire de toutes les espèces qui développent par la combustion une forte chaleur. On en fait, chaque année, la provision en terre ferme.

C'est dans les ateliers de cette vaste manufacture, et dans les succursales qui sont le privilége d'un certain nombre de familles de la ville, que se prépare le poisson destiné à l'exportation.

On fait, à Comacchio, deux espèces de commerces de poisson : le commerce du poisson frais, le commerce du poisson préparé.

Le commerce du poisson préparé a donné naissance à une industrie dont les procédés se rapportent à trois méthodes générales de conservation, pratiquées concurremment dans les mêmes laboratoires, mais dont chacune forme une branche spéciale de travail, et, pour ainsi dire, une classe particulière de manipulations. Je vais faire connaître successivement ces diverses méthodes.

PREMIÈRE MÉTHODE DE CONSERVATION.

CUISSON ET SALAISON ACÉTIQUE.

LES CHEMINÉES.

La cuisine, centre d'activité de la manufacture, est une vaste pièce, garnie de plusieurs cheminées semblables à celles qu'on rencontre dans les édifices du moyen âge, et où l'on mettait des troncs d'arbres à brûler. De vastes fourneaux, adossés à une autre paroi de ce laboratoire, y laissent encore assez de place libre pour les opérations qui précèdent la cuisson ou lui succèdent immédiatement.

L'embouchure des cheminées a ordinairement cinq pieds de haut et une largeur à peu près égale : leur profondeur, déterminée par la saillie de leurs ailes, est de deux pieds environ, ces ailes s'avançant d'autant dans le laboratoire.

Chacune de ces ailes est armée, sur toute sa hauteur, d'une plaque en fer portant une rangée de six à sept crochets, destinés à recevoir un nombre égal de broches disposées parallèlement les unes au-dessus des autres, comme les barreaux transverses d'une fenêtre.

Une grille en fer, élevée de quelques pouces au-dessus du sol, supporte le bois, afin d'en rendre la combustion plus active.

Sur le devant de ces cheminées, il y a, au-dessous des broches, un canal transversal, incliné de ses deux extrémités vers le milieu, où il forme une fossette. Ce canal et cette fossette, construits en briques et revêtus d'un ciment formé de chaux et de briques pilées, sert de récipient à la graisse qui, pendant la cuisson, transsude des anguilles rôties, et que l'on conserve pour d'autres manipulations.

ANGUILLES À LA BROCHE.

Avant d'être exposées à l'action du feu, les anguilles subissent, sur le débarcadère de la darse qui communique avec la cuisine ou dans la cuisine elle-même, une première opération. Un ouvrier (*tagliatore*), assis devant un billot, une petite hache à la main, les saisit une à une dans une corbeille placée à sa gauche; coupe et met de côté, avec une adresse surprenante, la tête et la queue, qui sont le profit des pauvres; fait du tronc, selon la grosseur des individus, un ou deux tronçons égaux, qu'il jette dans une corbeille vide qui est à sa droite. Chaque tronçon reçoit en même temps une légère entaille destinée à faciliter la besogne d'autres ouvriers (*inspiedatori*), qui, avec une vitesse égale, enfilent tous ces tronçons de manière à en charger les broches.

Fig. 4. Broche garnie d'anguilles.

Les *miglioramenti* et les *morelli*, qui viennent des valli supérieures, sont les seules qui subissent la décapitation et les sections dont je viens de parler. C'est à leur grosseur et à la difficulté qu'il y aurait à les tordre qu'elles doivent de n'être pas embrochées vivantes ; mais celles d'une taille moindre, qui viennent des valli inférieures, sont vouées à ce supplice, après avoir subi une ou deux entailles, qui en rendent la torsion plus facile. On les replie ensuite en zigzag, et les ouvriers chargés de cette opération les traversent en trois ou quatre endroits, avec une dextérité qui étonne tous ceux qui en sont les témoins.

Cette coutume de faire cuire les anguilles à la broche, soit entières, soit coupées par tronçons, remonte aux anciens Romains, comme le prouvent deux peintures trouvées à Pompéi, sur le pilier extérieur d'une hôtellerie découverte près des thermes. Les figures qui y servaient d'enseigne représentent, l'une, une anguille entière, repliée sur elle-même et embrochée, l'autre, trois tronçons enfilés à la même broche.

SURVEILLANCE DES BROCHES.

Les broches, chargées comme je viens de le dire, passent aux mains des femmes attachées au service des cheminées, qui les posent sur les crochets des armures dont les ailes de ces cheminées sont garnies.

Ces femmes, au nombre de trois pour chaque cheminée, ont des fonctions diverses : l'une règle le feu, le maintient toujours à un égal degré d'intensité, retire du foyer les cendres, qu'elle met en réserve pour d'autres usages, et sépare les braises qui excèdent la consommation des fourneaux, demeurant responsable des unes et des autres ; la seconde veille aux broches et préside à la cuisson des anguilles ; la troisième décharge ces broches, emporte les anguilles rôties qu'elle en retire, et les dépose dans des corbeilles où on les égoutte avant de les mariner.

L'art de gouverner les broches est la plus importante de toutes les opérations de la manufacture; il rend efficaces toutes les manipulations subséquentes, ou les fait échouer, suivant qu'il est habilement ou maladroitement exercé. Il consiste à descendre successivement, et en temps opportun, chacune des broches d'un échelon à l'autre, depuis le premier jusqu'au dernier.

La femme qui est chargée de cette difficile manœuvre doit donc, sans jamais perdre de vue les rangs supérieurs, veiller sur la broche la plus inférieure, exposée aux plus fortes atteintes du feu, et la tourner plus fréquemment que les autres. Il y a un degré de rissolé et de cuisson qu'il faut obtenir, et qu'il ne faut pas dépasser. Ce degré est celui qu'on donne aux poissons quand on les apprête pour un repas.

A mesure que le rang inférieur arrive au degré de cuisson qui convient au but qu'on se propose, on retire la broche qui le porte, les rangs supérieurs descendent alors tous d'un cran, et l'on continue ce manége, en ayant le soin de remplir les vides, tant que la lagune fournit des éléments à la manufacture.

Les anguilles amenées sous la darse passent donc successivement de la barque aux mains de l'ouvrier qui les taille, des mains de cet ouvrier à celui qui les embroche, des mains de ce dernier à celles des femmes qui les rôtissent, des cheminées au séchoir, du séchoir aux barils, des barils à la salaison acétique.

La graisse qui tombe des broches pendant la cuisson s'accumule dans la fossette située au-dessous, et en est retirée par la troisième femme, qui la met en réserve dans des vases particuliers. Cette graisse, mêlée à l'huile d'olive, sert à la friture des espèces qui n'ont pas une assez grande taille pour être préparées comme les *miglioramenti* et les *morelli;* elle est également employée à l'éclairage des ateliers et à plusieurs autres usages. C'est ainsi que, par une économie bien entendue, rien ne se perd dans l'ordonnance de ce laboratoire modèle.

LES FOURNEAUX.

Tandis que les femmes sont exclusivement attachées au service des cheminées, les hommes président à celui des fourneaux, dont les opérations exigent une plus grande force.

Ces fourneaux sont proportionnés à de grandes poêles circulaires qui n'ont pas moins de deux pieds et demi de diamètre et de vingt-cinq centimètres de profondeur. Les muges, les dorades, les soles, les petites anguilles, les acquadelles, et, en général, toutes les espèces qui ne peuvent être mises à la broche, y sont frites dans un mélange formé avec la graisse des grosses anguilles rôties et une certaine quantité d'huile d'olive apportée par mer d'Ancône ou de Lermo, sur des barques venues de ces contrées.

La profondeur de ces poêles gigantesques, tenues en ébullition par les braises extraites des cheminées, indique d'avance que ces espèces doivent être complétement immergées dans le liquide où s'en opère la cuisson. Elles n'y sont point mises vivantes, comme les grosses anguilles à la broche. On leur fait subir, au contraire, quelques préparations préliminaires, qui consistent à les étendre sur des claies en roseaux supportées par des chevalets, à les exposer à l'air pendant quelque temps, même à l'époque des fortes chaleurs. Ce n'est point pour les dessécher qu'on les traite ainsi, mais simplement pour les essuyer de toute humidité, et obtenir de la sorte une économie d'huile et une meilleure conservation.

Les acquadelles font seules exception à cette règle. On les enduit, toutes fraîches, d'une couche de farine de froment pour les agglutiner ensemble par groupes réguliers qui facilitent leur arrangement dans les barils où on les expédie. Voici les détails de cette manipulation.

Dans une salle adjacente à la cuisine, on voit une longue table couverte de farine et d'acquadelles, et autour de cette table des femmes, la plupart jeunes filles dans la fleur de l'âge et de la beauté, animant le travail par leurs contes joyeux. Elles tournent et retournent ces petits poissons dans cette farine, les tenant par la queue, assemblés en bouquets, dont tous les individus s'attachent ensemble au moyen de la pâte trempée de leur humidité. On appelle ces bouquets d'acquadelles *chioppe*, et les femmes employées à les faire, *chiopparise;* expressions pittoresques, empruntées au patois de la colonie, et que je ne puis traduire que par le mot prosaïque d'*assembleuses*.

D'autres femmes regarnissent la table de farine et d'acquadelles à mesure que les premières provisions s'épuisent, ramassent les bouquets déjà formés (*chioppe*) dans des corbeilles, les apportent aux fourneaux, allant ainsi alternativement de la table à la cuisine et de la cuisine à la table.

BARILLAGE ET SALAISON ACÉTIQUE.

Après avoir retiré les anguilles des broches, et, au moyen d'une écumoire, les poissons frits des poêles, on les laisse égoutter et refroidir dans des corbeilles à claire-voie; puis on les arrange méthodiquement dans des barils de formes diverses, favorables à leur conservation et à leur transport.

L'administration emploie une quantité si prodigieuse de ces vases, qu'elle occupe à les construire un grand nombre d'ouvriers spéciaux (*battocchiari*), dont la bruyante industrie contraste avec le silence et la tranquillité qui règnent ordinairement dans la ville. Des patrons, venus des côtes de la Dalmatie, leur apportent sur leurs barques les petites planches de sapin dont ils font les douves. Les cerceaux sont faits avec des perches de saule dépouillées d'écorce, qu'on va chercher dans le Ferrarais et la Romagne.

Fig. 5. Grand zangolo.

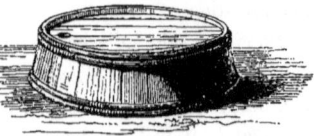

Fig. 6. Petit zangolo.

Ces barils sont de deux sortes : les plus grands, qui ont la forme des tonneaux ordinaires, renferment 6 pesi au moins, 8 pesi au plus, de poisson mariné; les autres, beaucoup plus petits, connus sous le nom de *zangoli*, sont des espèces de cuves en forme de cône tronqué, à deux fonds circulaires, dont le supérieur est plus grand que l'inférieur.

En déplaçant les cercles de ces barils et de ces zangoli, on enlève leur fond supérieur, qui fait fonction de couvercle; c'est le plus large pour les zangoli, et, pour les barils, celui où l'on a eu la précaution de pratiquer une ouverture qu'on ferme avec un bouchon dès que toutes les opérations sont terminées.

Les couvercles enlevés, on dispose les tronçons d'anguilles ou les poissons entiers dans ces vases, avec la même régularité que les harengs dans ceux où on les conserve, en ayant le soin de les serrer les uns contre les autres, et d'en faire monter les couches assez haut pour que la pression du couvercle les tasse encore davantage; puis on les arrose d'un mélange particulier de sel et de vinaigre dont je vais dire les proportions, mélange qu'on verse en assez grande quantité pour que l'imbibition atteigne le fond avant la fermeture du couvercle.

Le vinaigre qui entre dans la composition de ce liquide conservateur doit être des plus énergiques. Celui des terrains du Ferrarais étant trop faible, des barques de Comacchio vont chercher dans les Pouilles ceux d'Ortona et de Vasto, qui se font remarquer par leur agréable parfum.

Au lieu de sel blanc, on se sert de sel gris et terreux, parce qu'on lui suppose la propriété de modérer la trop mordante acidité du vinaigre, ou peut-être parce qu'il est moins cher. On croit aussi que la couche terreuse qu'en se fondant il dépose sur les poissons préparés contribue à les préserver de la putréfaction. Le gouvernement, s'étant réservé, par une clause du contrat, le droit d'approvisionner l'administration, lui envoie ce sel de ses salines de Cervia.

Pour 6 pesi, 18 livres ferraraises (57 kil. 99 gr.) de vinaigre, on met 18 livres (6 kil. 21 gr.) de sel gris, s'il s'agit de faire un mélange destiné à mariner du gros poisson; mais, si c'est pour du poisson plus petit, on n'emploie que 17 livres de sel et un vinaigre un peu moins fort.

Ce mélange s'opère dans un cuvier placé sur un piédestal, afin qu'on puisse plus commodément le tirer à l'aide d'un robinet; mais on le puise aussi avec un vase, ce qui rend les manipulations plus rapides. On agite ensuite le liquide au moyen d'une espèce de rame ou de palette, pour que la dissolution du sel s'opère, et, quand on s'aperçoit qu'elle est accomplie, on arrose, comme je le disais plus haut, les poissons cuits dont les barils ou les zangoli défoncés sont remplis, et le tonnelier cercle de nouveau ces barils et ces zangoli après avoir remis les couvercles.

Cette opération faite, et les vases restant debout, on verse sur les couvercles, qui sont surmontés tout autour par le rebord des douves, une couche du mélange que ce rebord retient. Ce liquide, pénétrant peu à peu par le trou dont les couvercles sont percés, est remplacé à mesure que la chair du poisson contenu dans les barils l'absorbe, jusqu'à ce que la saturation soit telle, que ces barils n'en puissent plus admettre; on ferme ensuite le trou avec un bouchon, qu'on y enfonce tout entier, et l'on procède à une dernière opération (*fondare*), qui consiste à obstruer toutes les fissures avec des lanières de roseaux, afin de s'opposer à l'évaporation du liquide conservateur ou à l'introduction de l'air.

Avant d'expédier, on marque les barils et les zangoli des lettres M, si ce sont des *miglioramenti* ou *morelli* (tronçons d'anguilles rôties); AR, si ce sont des *arrosti* (anguilles entières); B, si ce sont des *buratelli*; A, des *acquadelles*.

LE CARPIONE ET LA GELATINA.

En outre des préparations en grand et pour le commerce, on fait, avec plus de recherche et presque exclusivement pour des cadeaux, d'autres préparations dites au *carpione* et à la *gelatina*.

Le carpione se distingue de la dissolution ordinaire par l'addition de quelques feuilles de sauge, de petites branches de romarin et d'un peu de safran, ce qui donne au poisson un aspect, un goût, un parfum plus agréables.

La gelatina est une liqueur coagulable, comme son nom l'indique, d'un usage plus rare encore que le carpione; les poissons de premier choix sont les seuls qu'on immerge dans cette espèce de crème ou de *consommé*.

Les espèces préparées avec l'une ou l'autre de ces liqueurs sont mises dans des *zangolini*, vases en forme de cône tronqué, à base circulaire comme les zangoli, ou à base elliptique, laquelle s'adapte mieux à la forme de certains poissons, de la sole par exemple.

DEUXIÈME MÉTHODE DE CONSERVATION.

SALAISON SIMPLE.

Cette méthode a donné naissance au procédé du *basto*, qu'on applique aux anguilles et aux muges, les autres espèces n'étant pas assez abondantes pour en former des meules.

La pièce consacrée à l'application de ce procédé, pavée en briques bien jointes, offre un espace quadrangulaire exhaussé et incliné de façon à avoir un écoulement vers une fosse d'un mètre de profondeur, revêtue de ciment comme celles qui, dans la cuisine, reçoivent la graisse des broches; c'est sur cet exhaussement qu'on prépare le basto.

Pour construire ce basto, on commence par recouvrir le pavé de l'espace quadrangulaire sur lequel on l'élève d'une couche de sel, qui est toujours du sel gris et terreux; on pose ensuite sur cette couche de sel une première couche d'anguilles étendues de toute leur longueur, disposées par rangées parallèles, et étroitement serrées les unes contre les autres.

Cette première couche donne au basto la forme, qui est toujours quadrangulaire comme la portion exhaussée du pavé sur laquelle on l'établit; ses dimensions varient suivant la quantité de poisson dont on dispose; on la recouvre d'une couche de sel, sur laquelle on place une seconde couche d'anguilles, dont les rangs croisent les rangs de la couche précédente, et, ainsi de suite, l'on alterne les couches de sel, les couches d'anguilles, en croisant toujours les rangs d'un étage à l'autre, de manière à en former une meule semblable à celles de nos chantiers de bois.

Quand cette meule de chair a atteint toute la hauteur qu'elle doit avoir, on la couvre d'une dernière couche de sel, et on la couronne d'un plancher alourdi par des poids dont la pression serre de plus en plus les rangs et empêche la pénétration de l'air.

Le sel, dissous par l'humidité des anguilles, les pénètre entièrement, déposant à leur surface, à mesure qu'elles l'absorbent, l'enduit terreux qui, dit-on, en les garantissant de l'action du monde extérieur, est un préservatif de plus contre les chances de putréfaction. L'excès d'humeur salée qui transpire du basto coule en suivant le plan incliné sur lequel ce basto s'élève, se dirige vers la fosse qui règne sous le bord de sa partie la plus déclive, et s'y accumule pour d'autres manipulations.

Lorsque les anguilles sont suffisamment pénétrées et saturées de sel, ce qui, selon la grosseur, exige un temps de douze à quinze jours, on dit que le basto est mûr, et on le démonte pour encaisser les anguilles dans les barils ou les zangoli, comme on le fait pour les poissons cuits, mais sans y mêler aucun liquide.

On applique aux muges un procédé tout à fait analogue à celui que je viens de décrire pour la salaison simple des anguilles, mais avec des modifications qui méritent d'être signalées.

On commence d'abord par en retirer toutes les entrailles, puis on les arrange, par couches alternatives de sel et de poisson, dans des corbeilles où on les comprime, comme les anguilles du basto, au moyen de poids superposés; l'humeur salée que les muges n'absorbent pas s'écoule à travers les mailles de ces corbeilles.

C'est surtout aux époques des grandes mortalités qu'on a recours à ce procédé. Lorsque, en effet, par suite de chaleurs excessives ou de froids rigoureux, les poissons de la lagune montent à la surface des eaux, on se hâte de les recueillir par masses avant qu'ils périssent, et, pour n'en pas perdre des monceaux, on leur fait subir cette préparation, parce qu'elle est plus expéditive et moins dispendieuse que les autres.

TROISIÈME MÉTHODE DE PRÉPARATION.

DESSICCATION.

Cette troisième et dernière méthode s'applique à toutes les espèces de la lagune, miglioramenti, anguilles communes, muges, soles, plies, dorades, acquadelles, etc. etc. elle commence toujours par une opération que l'on désigne sous le nom de *salamoja*.

SALAMOJA.

La salaison qui doit être suivie de dessiccation se fait par immersion dans la *salamoja*, *salamova* ou *mova*, qui n'est autre chose que la liqueur écoulée du basto et des corbeilles où l'on sale les muges, et conservée dans le récipient disposé pour la recevoir; liqueur qu'on peut remplacer au besoin par une dissolution très-concentrée de sel, mais qui, dans ce dernier cas, n'a pas un pouvoir égal de conservation.

On immerge donc les poissons dans un bassin rempli de cette liqueur concentrée, dont la quantité doit être suffisante pour les recouvrir complétement, on les laisse ensuite dans ce bain pendant un espace de temps qui varie de huit à douze jours pour les grandes espèces, de quatre à six pour les espèces moyennes.

Pour les acquadelles, la durée de l'immersion est de cinq à six heures seulement, après lesquelles on les met à sécher au soleil. Ainsi desséchées, elles deviennent un aliment pour le peuple, qui les apprête d'une façon fort simple : il les rôtit d'abord sur la pierre du foyer, et en achève ensuite la cuisson sous les cendres chaudes. Les muges, les soles, les dorades, etc. deviennent si durs par la dessiccation, que, pour les manger après cette préparation, on est obligé de les amollir par une longue macération. On les plonge pour cela, pendant une nuit entière, dans de l'eau douce et tiède, ils y dégorgent une partie du sel absorbé, et sont ensuite susceptibles de la cuisson ordinaire.

Les miglioramenti et les anguilles communes peuvent aussi être soumises à cette préparation, mais on est obligé de les mettre vivantes dans le bain, car ici, comme à la broche, cette espèce est vouée au supplice d'une longue et douloureuse agonie. C'est pitié de les voir buvant et rejetant cette liqueur brûlante, s'épuisant en efforts inutiles pour se dérober par la fuite à sa cuisante âcreté, et, dans leur impuissance, se tordre à la surface comme pour se suspendre au-dessus de ce gouffre, où la durée de leur souffrance est la condition même du succès de l'opération. L'industrie ne peut, en effet, se soustraire à cette cruelle nécessité sans s'exposer à perdre le fruit de son travail.

Si l'immersion n'avait lieu qu'après la mort, les entrailles de ces animaux, n'absorbant pas assez de sel, se corromprainent pendant que les chairs extérieures conserveraient une apparence trompeuse; on serait donc exposé, si l'on renonçait aux usages établis, à voir sur les tables de superbes anguilles qui, une fois ouvertes, exhaleraient une odeur fétide; aussi l'immersion après la mort est-elle considérée par les marchands comme une fraude dont ils se garantissent en ouvrant et en flairant la bouche des miglioramenti qu'ils achètent.

La durée de l'immersion est d'autant plus courte, que la salamoja est plus concentrée; mais une excessive concentration devient nuisible, en causant une mort trop prompte, qui empêche que l'absorption pénètre jusqu'aux entrailles.

La connaissance que donne une longue pratique, et l'essai qu'on fait chaque fois en goûtant les poissons, indiquent le moment où il convient de les retirer du bain. Pour les miglioramenti, il faut naturellement, à cause de leur grosseur, une immersion plus longue que pour les anguilles communes ; mais dix, douze ou quinze jours suffisent pour celles de la plus grande taille.

Après qu'on les a sorties du bain, ordinairement on les *embouche* (*imboccare*), c'est-à-dire qu'on introduit, avec une baguette en bois, du sel en poudre dans les intestins ; opération préventive qui ne serait peut-être pas toujours indispensable, mais qui assure le succès. Puis on les lave à l'eau tiède, on les attache deux par deux, et on les suspend à de longues perches sous le plafond de la cuisine, ou d'une chambre à feu quelconque.

En séchant ainsi, les miglioramenti et les anguilles ordinaires prennent une couleur bronzée qui les fait appeler *fumées*, nom qui, par extension, s'applique à tous les poissons préparés par dessiccation, quoique la fumée n'entre pour rien dans cette opération, pas plus que dans la dessiccation faite au grand air et au soleil.

L'air chaud d'une chambre à feu remplace avec avantage le grand air et le soleil, parce que sa température, à peu près constante, produit une dessiccation plus régulière, plus sûre. Mais, celle-ci obtenue, on n'est pas pour cela à bout de soins. Il faut encore conserver les poissons aussi bien à l'abri d'une atmosphère trop chaude et trop sèche, que d'une atmosphère trop humide. La siccité excessive les durcit ; la trop forte chaleur les fait rancir ; l'humidité, dissolvant le sel, favorise davantage la rancissure. Il est donc essentiel de les mettre en magasin dans un lieu où ils soient à l'abri de tous ces inconvénients. C'est pour cela qu'on les enveloppe de paille ou qu'on les renferme dans des caisses, qui, le moment venu, servent aussi à leur exportation.

La dessiccation est le complément ordinaire de l'immersion dans la salamoja ; complément indispensable toutes les fois que ce mode de salaison doit suffire à une conservation durable ; mais, dans les cas où les anguilles ne sont pas destinées à être transportées au loin, alors, après les avoir lavées à l'eau tiède et sans les faire sécher entièrement, on les arrange avec art dans des zangolini. Le ventre, qui, par sa blancheur, offre un aspect plus agréable à la vue que le dos noirâtre, est présenté en dessus. On les replie en spirale et on saupoudre chaque couche de sel blanc.

Cette préparation de luxe, qui fait exception à la règle et rentre dans le procédé de salaison simple, ne suffisant pas, je le répète, aux besoins d'une longue conservation, n'est réservée que pour les cadeaux, et pour les circonstances où le poisson est livré promptement à la consommation.

RÉSUMÉ.

J'ai passé en revue la série des manipulations en usage à Comacchio pour la conservation des poissons comestibles. Chacune de ces manipulations se rapporte à un procédé spécial, et chaque procédé à une méthode générique.

Les trois méthodes distinctes dans lesquelles rentrent tous ces procédés divers se résument dans ces trois noms, *mariné, salé, fumé*, qui caractérisent les pratiques d'une industrie qui transforme les poissons frais et corruptibles en aliments durables.

On voit d'un coup d'œil pourquoi ces trois méthodes de conservation se font, pour ainsi dire, concurrence entre elles dans les laboratoires d'une même manufacture; pourquoi les procédés se remplacent et se succèdent. La raison en est dans une économie bien entendue, qui sait mettre à profit tous les résidus de la fabrique, afin d'obtenir, à peu de frais, dans l'unité d'industrie, une grande variété de produits, et d'assortir ces produits aux besoins du commerce, au goût des consommateurs.

VIII.

COMMERCE, EXPORTATION.

Bonaveri, qui écrivait à la fin du xviie siècle et au commencement du xviiie, ne dit rien de l'exportation, si ce n'est que, de son temps, le commerce du poisson frais se faisait avec les villes de la Lombardie, de la Romagne, de la Marche, et surtout avec Venise. Le marché de cette dernière ville était approvisionné par un entrepreneur dit *partitante*, qui venait tous les ans faire le *parte*, c'est-à-dire le contrat de vente, qui était le *contrat par excellence*.

Il est donc probable, puisque l'historien fait à peine mention des débouchés du poisson préparé, que l'exportation en avait lieu aussi, comme celle du poisson frais, par l'intermédiaire de Venise, qui était encore alors, non-seulement pour toute l'Italie, mais pour une grande partie de l'Europe, l'entrepôt général du commerce et surtout du commerce maritime. Il n'en est plus de même aujourd'hui, et, déjà depuis longtemps, l'industrie de Comacchio a conquis son indépendance. Elle écoule ses produits elle-même, expédie directement ses marchandises dans toutes les contrées où ses relations s'étendent. Le personnel administratif de ses bureaux est organisé sur une assez large échelle pour suffire à toutes ses transactions. Il n'y a donc plus d'intermédiaire entre elle et le consommateur, qui reste libre de recevoir de première main les produits de sa manufacture. Elle se charge même de faire parvenir à destination, sur un point quelconque du littoral de l'Adriatique, au moyen de viviers flottants qu'on fabrique dans ses ateliers, les anguilles vivantes.

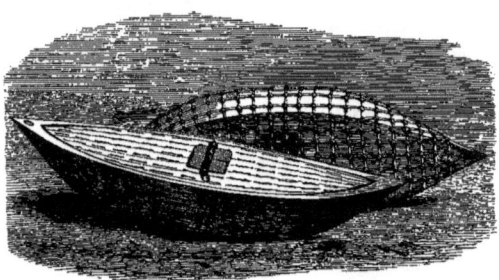

Fig. 7. Barques ou viviers (*burchi*). L'une d'elles est pourvue du filet de corde dont on enveloppe toutes celles qui doivent faire un long trajet par mer.

Ces viviers mobiles sont d'immenses caisses, en forme de barques closes, appelées *marottes* ou *burchi*, percées de trous ou de petites meurtrières qui les rendent perméables à l'eau. Une cloison transversale les partage, à l'intérieur, en deux chambres, s'ouvrant chacune par un guichet pratiqué sur le couvercle et fermé par un cadenas. La construction de ces caisses flottantes est combinée de telle façon que, lorsqu'on les charge, leur pont affleure presque la surface de l'eau. Celles qui ont 40 pieds de long et 12 de large peuvent emporter 1,200 pesi d'anguilles vivantes, que l'on conduit, en les remorquant, soit à travers l'Adriatique, soit à travers les fleuves qui s'y rendent, soit enfin à travers les canaux qui prolongent ces fleuves dans des directions diverses.

Les marchands étrangers qui viennent eux-mêmes faire leurs approvisionnements à Comacchio y amènent ordinairement des marottes qui leur appartiennent. Leurs viviers sont alors, après les formalités requises pour en obtenir l'autorisation, conduits jusqu'aux valli, dont le canal Palotta leur ouvre le chemin. Là commence l'opération de la vente, dont je vais dire les curieux détails.

VENTE DU POISSON FRAIS.

Il est formellement défendu à tous les employés des valli, depuis le dernier des mousses jusqu'aux fattori, de livrer du poisson, sous aucun prétexte, et sans un ordre de l'administration centrale, à moins que ce ne soit pour la consommation du personnel. Quand donc les marchands se présentent, ils sont tenus d'aller d'abord à Comacchio se munir d'un bulletin imprimé, signé du fermier général ou de son représentant, bulletin qui est à la fois un ordre de livraison et une première inscription de la quantité de marchandise demandée. Munis de ce bulletin, les acheteurs se dirigent vers la valle qui leur est désignée, et, sur l'exhibition de l'ordre dont ils sont porteurs, on fait droit à leur demande.

La cérémonie de la vente, qu'on me permette cette expression, est mêlée d'une foule de pratiques imaginées pour sauvegarder les intérêts de l'administration, et préserver ses employés de toutes les tentations de fraude auxquelles la cupidité des marchands ou leur propre initiative pourrait les faire succomber. L'ordre de vente doit d'abord, et avant tout, être attaché au rôle, afin qu'on soit toujours en mesure de le représenter. Le poisson est pesé à la vue de tout le monde, et les pesées sont appelées à plusieurs reprises à haute et intelligible voix par le chef de la valle chargé de ce soin, répétées par le scrivano, qui les proclame à son tour en les inscrivant sur son registre. Pour plus de sécurité, ces opérations ne se font jamais avant le lever ni après le coucher du soleil, les portes des valli se trouvant fermées alors, et les clefs en étant remises entre les mains du caporione.

Ces premières formalités remplies, une autre série de précautions commence. Le scrivano prend alors un bulletin imprimé à triple compartiment, et dans chacun de ces compartiments il détaille, tant en lettres qu'en chiffres, l'heure, le jour, le mois, l'année de la livraison, et le poids réel du poisson vendu; le tout écrit nettement, lisiblement, sans la moindre rature. Quant aux équivoques, s'il y en a, elles doivent être partout soulignées et non effacées. Le scrivano détache ensuite de la feuille le compartiment qu'on appelle souche, et qui doit rester à la valle. Les deux autres, désignés sous les noms de bulletins de sortie et de circulation, sont remis intacts à l'acheteur qui, muni de ces pièces, emporte sa marchandise jusqu'à la frontière de la lagune. Là il rencontre un des douze *dazioli*, vérificateurs de bulletins, ou un des douaniers de garde. Il lui présente son double bulletin, au dos duquel ce vérificateur appose sa signature, après en avoir constaté la régularité; puis il détache le bulletin de circulation qu'il conserve, ne laissant au marchand que le bulletin de sortie, le seul qui lui soit nécessaire pour justifier, en tous lieux, de la légitime possession de sa marchandise.

Tous les samedis les chefs de valle apportent à l'administration, avec les ordres de vente envoyés par le fermier général, les bulletins de vente recueillis pendant la semaine. Les dazioli y déposent les bulletins de circulation qui ont été retenus à la frontière : tous ces bulletins sont remis à un vérificateur, qui examine, sur l'heure, si les ordres de vente concordent avec les souches, et les souches avec les bulletins de circulation. Cette vérification terminée, il en fait son rapport au fermier général, qui avise s'il y a quelque contravention.

Le bulletin de sortie, que l'acheteur conserve jusqu'à sa destination, doit être exhibé par lui, à la première réquisition, aux agents de la force publique, qui ont le droit d'en vérifier la régularité, de s'assurer si la quantité de poisson emportée ne dépasse pas celle qui est inscrite. En cas de contravention, on arrête le délinquant, on saisit sa marchandise ainsi que ses moyens de transport, et on le livre aux tribunaux ordinaires, qui lui appliquent les lois spéciales qui protégent la lagune.

Son procès instruit, s'il est reconnu coupable, on le condamne à une amende de dix écus romains pour chaque peso d'anguilles passé en contrebande, et à la vente de tous les objets saisis. Le produit de cette vente est ensuite partagé en trois parts égales : l'une revient à l'agent de la force publique qui a fait l'arrestation, l'autre, à l'administration de la lagune; la troisième, au juge qui a prononcé l'arrêt.

On pèse les anguilles vivantes dans une espèce particulière de borgazzo, qui porte le nom de *corbella*. Cette corbella diffère des borgazzi ordinaires par une capacité moindre, et par sa forme, qui, au lieu d'être sphéroïdale, est à peu près cylindrique; elle en diffère aussi par l'embouchure, dont le diamètre égale presque celui de la corbella elle-même.

Après la pesée, on fait descendre ces corbelle pleines de poissons le long des poutrelles jusqu'aux barques dans lesquelles on les vide, et l'on répète l'opération autant de fois que cela est nécessaire pour compléter le poids inscrit dans l'ordre de vente émané de l'administration centrale.

Ce poids atteint, le marchand, même en offrant de la payer sur place et aux yeux de tous, n'en obtiendrait pas une livre de plus, à moins qu'un nouveau bulletin de l'administration n'en intimât l'ordre.

Si, avec l'autorisation d'emporter des anguilles vivantes, le marchand a obtenu de l'administration celle d'acheter d'autres poissons frais, mais morts, comme le muge, la sole, la dorade, etc. ce n'est pas dans son vivier flottant qu'il leur donne place. La barque qui doit lui servir à remorquer ce vivier les reçoit, et il les y arrange dans des conditions différentes.

Sur le pont de ce remorqueur il fait disposer des caisses plates quadrangulaires; dans ces caisses il met une couche de glace; sur cette glace, une couche de poissons alignés par rangs successifs, toutes les têtes étant dans le même sens; sur cette couche de poissons il dépose une seconde couche de glace, et, sur cette seconde couche de glace, une seconde couche de poissons; ainsi de suite, jusqu'à ce que la caisse n'en puisse plus contenir : alors, il la fait descendre à fond de cale, et prépare ensuite, de la même manière, toutes celles qui doivent faire partie de son convoi.

Mais, comme ce moyen de conservation n'a qu'une durée très-limitée, les poissons ainsi disposés ne sont pas conduits jusqu'au lieu de destination des anguilles, à moins que, par rencontre, ce lieu ne soit pas très-éloigné. Le marchand les revend donc en route, soit en remontant les fleuves, soit en touchant à quelque point du littoral; puis il continue son chemin vers la contrée où il dirige son principal convoi.

Dans un certain nombre de localités, comme à Naples, par exemple, où j'ai eu l'occasion de m'en assurer, quand les anguilles arrivent, au lieu de les livrer immédiatement à la consommation, on les emmagasine dans de vastes bassins, construits à cette intention au fond de quelque cave ou dans un souterrain, et on les y conserve jusqu'au carême, qui est l'époque de la plus grande cherté de ce genre d'aliment.

Quant au poisson cuit, mariné, salé, fumé, comme il se conserve pour ainsi dire indéfiniment, on peut le transporter aussi loin qu'on le désire. La ville de Comacchio en fait le commerce avec diverses parties de l'Italie, telles que la Lombardie, la Vénétie, le Piémont, la Toscane, Parme, Plaisance, les États Pontificaux, Naples, Trieste, et, en outre, avec quelques contrées de l'Allemagne et de la Russie. Vienne, Prague, Varsovie, consomment à elles seules plus de mille barils par an d'anguilles marinées.

Le baril d'anguilles, de 8 pesi ferrarais ($69^{kil},04$), pris à Comacchio, en fabrique, coûte :

1re qualité........ 18 écus romains (97^f 20)
2e id............. 16   id.   (86 40)
3e id............. 14   id.   (75 60)
4e id.`....... 12 et 13   id.   (64 80 à 70^f 20).

INDUSTRIE

DU LAC FUSARO.

INDUSTRIE DU LAC FUSARO.

BANCS ARTIFICIELS D'HUITRES.

Au fond du golfe de Baïa, entre le rivage et les ruines de la ville de Cumes, on voit encore, dans l'intérieur des terres, les restes de deux anciens lacs, le Lucrin et l'Averne, communiquant jadis ensemble par un étroit canal, dont l'un, le Lucrin, donnait accès aux flots de la mer à travers l'ouverture d'une digue sur laquelle passait la voie Herculéenne; bassins tranquilles, qu'un soulèvement de ce sol volcanisé a presque complétement comblés, et où, comme disaient les poëtes, la mer semblait venir se reposer. Une couronne de collines, hérissées de bois sauvages projetant leur ombre sur les eaux, en avait fait une retraite inaccessible, que la superstition consacra aux dieux des enfers, et où Virgile conduit Énée. Mais, vers le septième siècle, quand Agrippa les eut dépouillées de cette végétation gigantesque, et que fut creusée la route souterraine (grotte de la Sibylle) qui conduisait du lac Averne à la ville de Cumes, le mythe dévoilé disparut devant les travaux de la civilisation. Une forêt de splendides villas, bâties et ornées avec les dépouilles du monde, prit la place de ces sombres bocages. Rome entière se donna rendez-vous dans ce lieu de délices, où l'attiraient un ciel si doux et une mer d'azur. Les sources chaudes, sulfureuses, alumineuses, salines, nitreuses, qui coulaient du sommet de ces montagnes, devinrent le prétexte de ces émigrations de patriciens, que l'ennui chassait de leurs demeures.

L'industrie épuisa ses ressources pour accumuler autour d'eux toutes les jouissances que recherchait leur mollesse, et, parmi ceux qui se vouèrent à cette entreprise, Sergius Orata, homme riche, élégant, d'un commerce agréable, et qui jouissait d'un grand crédit, imagina d'organiser des parcs d'huîtres, et de mettre ce mollusque en renom. Il fit venir ces huîtres de Brindes, et persuada à tout le monde que celles qu'il élevait dans le Lucrin y contractaient une saveur qui les rendait plus estimables que celles de l'Averne, ou même que celles des contrées les plus célèbres.

Son opinion prévalut avec une telle rapidité, que, pour suffire à la consommation, il finit par occuper presque tout le pourtour du lac Lucrin de constructions destinées à les loger; s'emparant ainsi du domaine public avec si peu de ménagement, qu'on fut obligé de lui intenter un procès pour le déposséder de son usurpation. Au moment où lui survint cette mésaventure, et pour exprimer le degré de perfection où il avait amené cette industrie, on disait de lui, par allusion aux bains suspendus dont il fut aussi l'inventeur, que, si on l'empêchait d'élever des huîtres dans le lac Lucrin, *il saurait bien en faire pousser sur les toits*. Sergius, en effet, ne s'était pas borné à organiser des parcs d'huîtres : il avait créé une nouvelle industrie, dont les pratiques sont encore appliquées à quelques milles du lieu où il l'avait exercée. C'est, du moins, ce que j'espère démontrer un peu plus loin.

Entre le lac Lucrin, les ruines de Cumes et le cap Misène, se trouve un autre étang salé, d'une lieue de circonférence environ, d'un à deux mètres de profondeur dans la plus grande étendue, au fond boueux, volcanique, noirâtre, l'Achéron de Virgile enfin, qui porte aujourd'hui le nom de *Fusaro*. Dans tout son pourtour, et sans qu'il soit possible de dire à quelle époque cette industrie a pris naissance, on voit, de distance en distance, des espaces, le plus ordinairement circulaires, occupés par des pierres qu'on y a transportées. Ces pierres simulent des espèces de rochers que l'on a recouverts

Fig. 1. Vue générale du lac Fusaro (*Acheron* des anciens) montrant çà et là des pieux rangés circulairement autour de bancs artificiels ; des îles simples et doubles d'autres pieux, à l'aide desquels on suspend les fagots, et, à l'une de ses extrémités, des labyrinthes, en face desquels est un canal de deux mètres et demi à trois mètres de large, sur un mètre et demi de profondeur, creusé en partie dans les flancs d'un promontoire, et mettant le lac en communication avec la mer. Un petit lac, que l'on croit être l'ancien *Cocyte*, communique avec ce canal. Dans un parc en réserve sont provisoirement déposées les huîtres destinées à la vente ; il touche au pavillon royal, résidence ordinaire du personnel chargé de la surveillance et de la récolte.

d'huîtres de Tarente, de manière à transformer chacun d'eux en un banc artificiel. Il y a quarante ans environ, les émanations sulfureuses du cratère occupé par les eaux du Fusaro ayant pris une trop grande intensité, les huîtres de tous ces bancs artificiels périrent, et, pour les remplacer, on fut obligé d'en faire venir de nouvelles.

Autour de chacun de ces rochers factices, qui ont en général deux ou trois mètres de diamètre, on a planté des pieux, assez rapprochés les uns des autres, de façon à circonvenir l'espace au centre duquel se trouvent les huîtres. Ces pieux s'élèvent un peu

Fig. 2. Banc artificiel entouré de ses pieux.

au-dessus de la surface de l'eau, afin qu'on puisse facilement les saisir avec les mains, et les enlever quand cela devient utile. Il y en a d'autres aussi qui, distribués par longues files, sont reliés par

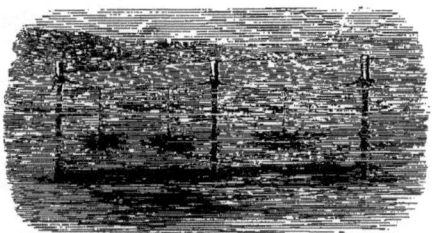

Fig. 3. Pieux placés en ligne droite et reliés par une corde qui supporte les fagots propres à recevoir les jeunes huîtres.

une corde à laquelle on suspend des fagots de menu bois, destinés à multiplier les pièces mobiles qui attendent la récolte.

A la saison du frai, qui a lieu ordinairement de juin à la fin de septembre, les huîtres effectuent leur ponte; mais elles n'abandonnent pas leurs œufs comme le font un grand nombre d'animaux marins. Elles les gardent en incubation dans les plis de leur manteau, entre les lames branchiales. Ils y restent plongés dans une matière muqueuse, nécessaire à leur évolution, matière au sein de laquelle s'achève leur développement embryonnaire.

Ainsi liée, la masse que forment ces œufs ressemble, par sa consistance et sa couleur, à de la crème épaisse; aussi, nomme-t-on, par analogie, *huîtres laiteuses*, celles dont le manteau renferme du frai. Mais la teinte blanchâtre, si caractéristique des œufs fraîchement pondus, prend peu à peu, à mesure que l'évolution se poursuit, une nuance d'un jaunâtre clair, puis d'un jaunâtre plus obscur, et finit par dégénérer en gris brun, ou en gris violet très-prononcé. La masse totale, qui a perdu en même temps de sa fluidité, probablement par suite de la résorption progressive de la substance muqueuse qui enveloppait les œufs, offre alors l'aspect d'une boue compacte. Cet état annonce que le développement touche à son terme, et devient l'indice de la prochaine expulsion des embryons, et de leur existence indépendante; car, déjà, ils vivent très-bien hors de la protection que leur fournissaient les organes maternels[1].

---

[1] Il serait intéressant, surtout au point de vue de l'industrie, de savoir si des embryons arrivés à cette période de développement, et jetés dans un parc ou dans un coin de mer approprié d'avance, survivraient à cette ponte prématurée et provoquée, se fixeraient et continueraient à se développer. Une expérience, incomplète il est vrai, mais que je me propose de poursuivre, semblerait démontrer que leur organisation est alors assez parfaite pour leur permettre de vivre avant terme, et, si je puis ainsi dire, hors du milieu où leur évolution s'accomplissait : ainsi, de jeunes huîtres, extraites du manteau d'une huître mère et déposées dans une petite coupe remplie d'eau de mer, conservaient encore toute leur activité à la fin du quatrième jour; vingt-quatre heures plus tard quelques-unes étaient privées de mouvement; le sixième jour toutes étaient sans vie. A la vérité, l'eau du vase n'avait pas été renouvelée, et avait fini par acquérir une température très-élevée et un plus fort degré de salure, ce qui, très-probablement, a dû hâter leur mort. Je suis porté à croire que, faite dans d'autres conditions, et en ayant le soin de changer chaque jour le liquide du récipient, cette expérience donnera des résultats dont on pourra peut-être faire l'application à l'industrie.

Fig. 4.

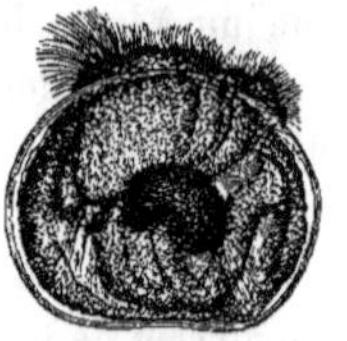

Fig. 5.

Fig. 6.

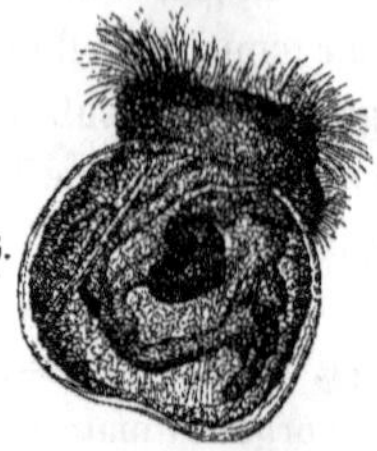

Fig. 7.

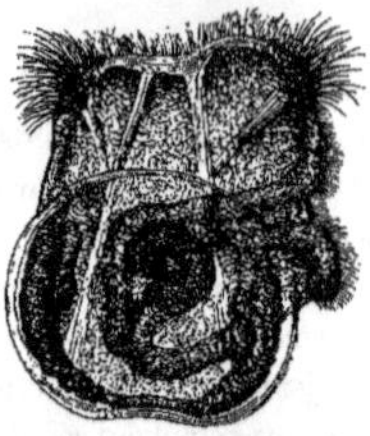

Huîtres venant de sortir du manteau de la femelle, grossies cent quarante fois environ. Les fig. 4, 6, 7 sont vues par un de leurs côtés. Dans les trois dernières, le bourrelet pourvu de ses cils natatoires et des muscles qui le meuvent est extérieur aux valves et proémine au-dessus de la bouche, qui, elle-même, est ciliée.

INDUSTRIE

Bientôt, en effet, la mère rejette les jeunes éclos dans son sein. Ils en sortent munis d'un appareil transitoire de natation, qui leur permet de se répandre au loin et d'aller à la recherche d'un corps solide où ils puissent s'attacher. Cet appareil, découvert par M. le docteur Davaine, et décrit dans le remarquable travail qu'il a entrepris et exécuté sous les auspices de M. Rayer, mon confrère à l'Académie des sciences, est formé par une sorte de bourrelet cilié, pourvu de muscles puissants, à l'aide desquels l'animal peut, à volonté, le faire sortir hors des valves ou l'y faire rentrer. Lorsque la jeune huître est parvenue à se fixer, ce bourrelet, qui lui est désormais inutile, tombe, ou, ce qui est plus constant, s'atrophie sur place et disparaît peu à peu.

Le nombre des jeunes qui sont ainsi expulsés, à chaque portée, du manteau d'une seule mère, ne s'élève pas à moins d'un à deux millions; en sorte que, aux époques où tous les individus adultes qui composent un banc laissent échapper leur progéniture, cette poussière vivante s'en exhale comme un épais nuage, qui s'éloigne du foyer dont il émane, et que les mouvements de l'eau dispersent, ne laissant sur la souche qu'une imperceptible partie de ce qu'elle a produit. Tout le reste s'égare, et, si ces animalcules, qui errent alors çà et là par myriades au gré des flots, ne rencontrent pas des corps solides où ils puissent se fixer, leur perte est certaine; car ceux qui ne sont pas devenus la proie des animaux inférieurs qui se nourrissent d'infusoires finissent par tomber dans un milieu impropre à leur développement ultérieur, et souvent par être engloutis dans la vase.

Ce serait donc rendre un grand service à l'industrie que de lui fournir un moyen d'éviter ces pertes immenses, et de fixer presque toute la récolte. Les pratiques du lac Fusaro, si l'on sait en étendre l'application, lui donneront ce bénéfice. Ces pieux et ces fagots dont on y entoure tous les bancs artificiels ont précisément pour but d'arrêter au passage cette poussière propagatrice, et de lui présenter des surfaces où elle puisse s'attacher, comme un essaim d'abeilles aux arbustes qu'il rencontre au sortir de la ruche.

Elle s'y fixe, en effet, et y grandit assez rapidement pour qu'au bout de deux ou trois ans chacun des corpuscules vivants dont elle se compose devienne comestible.

Les faits dont m'ont rendu témoin les pêcheurs chargés de l'exploitation du lac Fusaro confirment ce que j'avance ici. Des piquets de renouvellement, fichés autour des bancs artificiels depuis trente mois environ, ont été retirés devant moi chargés d'huîtres auxquelles on pouvait assigner, malgré les nombreuses variations de taille, trois époques distinctes. Les plus grandes, provenant du premier frai qui s'était fixé sur ces pieux, avaient de 6 à 9 centimètres de diamètre, et pouvaient, la plupart, être livrées au commerce; les moyennes, dont le diamètre était de 4 à 5 centimètres, n'avaient que seize ou dix-huit mois, et étaient le produit d'une deuxième saison; les plus petites offraient, les unes, le module d'une pièce de 2 francs, les autres, celui d'une pièce de 50 centimes; d'autres, enfin, avaient la largeur d'une grosse lentille, c'est-à-dire de 6 à 8 millimètres. Dans cette troisième catégorie, l'âge des premières, d'après le témoignage des pêcheurs, était à peu près de six mois; celui des secondes, de trois; les dernières n'auraient eu qu'un mois ou quarante jours d'existence. Or l'accroissement de celles-ci paraîtra assez rapide, si l'on veut considérer qu'au moment de leur expulsion elles n'avaient qu'un cinquième de millimètre de diamètre[1].

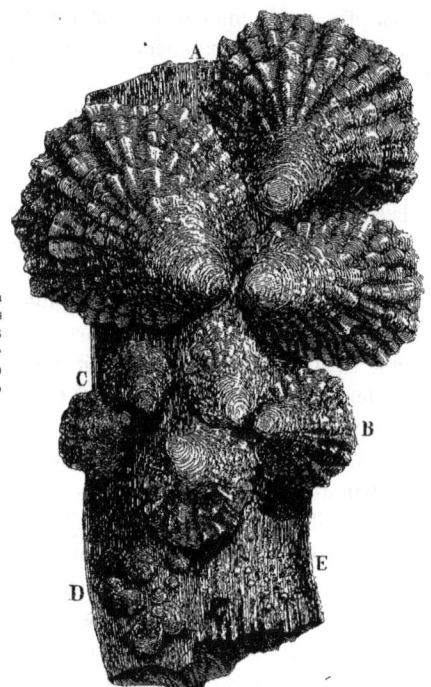

Fig. 8. Groupe d'huîtres fixées à un morceau de bois; *A*, huîtres de 12 à 14 mois; *B*, huîtres de 5 à 6 mois; *C*, huîtres de 3 à 4 mois; *D*, huîtres de 1 à 2 mois; *E*, huîtres de 15 à 20 jours.

Lorsque la saison des pêches est venue, on retire les pieux et les fagots dont on enlève successivement toutes les huîtres réputées *marchandes*, et, après avoir cueilli les fruits de ces grappes artificielles, on remet l'appareil en place, pour attendre qu'une nouvelle génération amène une seconde récolte. D'autres fois, sans toucher aux pieux, on se borne à en détacher les huîtres au moyen d'un

[1] D'après M. Dureau de la Malle (Acad. des sc. 19 avril 1852). de jeunes huîtres déposées dans les parcs établis à Cancale prendraient un accroissement très-rapide. Il ne leur faudrait qu'un an et demi pour atteindre la taille de 9 centimètres. tandis qu'il leur en faudrait cinq sur le banc de Diélette.

crochet à plusieurs branches. La source d'où ces générations émanent reste donc permanente, se perpétuant et se renouvelant sans cesse par l'addition annuelle de l'infime minorité qui ne déserte pas le lieu de sa naissance.

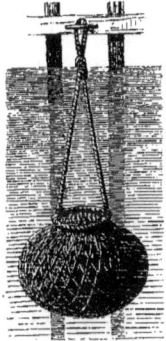

Fig. 9. Panier propre à la conservation des huîtres destinées à la vente.

Le produit de la pêche, renfermé et entassé dans des paniers en osier de forme sphérique et à larges mailles, est provisoirement déposé, en attendant la vente, dans une réserve ou parc établi dans le lac même, à côté du pavillon royal, et construit avec des pilotis qui supportent un plancher à claire-voie, armé de crochets auxquels on suspend les paniers.

J'ai dit, au commencement de ce travail, que l'industrie du lac Fusaro était connue des anciens, et que, probablement, Sergius Orata en était l'inventeur : voici deux monuments historiques qui tendent à prouver qu'elle remonte peut-être au siècle d'Auguste, ou, comme Pline

Fig. 10. Réserve ou parc de dépôt, établi en pleine eau, précédé d'un hangar destiné à recevoir les instruments d'exploitation. L'enceinte de perches du côté droit a été en partie supprimée pour montrer la disposition du plancher, et les paniers d'huîtres qui y sont suspendus.

l'avance, au temps de l'orateur Crassus, avant la guerre des Marses. Ces monuments consistent en deux vases funéraires en verre, découverts, l'un dans la Pouille (fig. 12), l'autre dans les environs de Rome (fig. 11, 11 *a*). Leur forme est celle d'une bouteille antique, à ventre large, à goulot allongé; et leur paroi extérieure est couverte de dessins de perspective, dans lesquels, malgré leur représentation grossière, on reconnaît des viviers attenant à des édifices, et communiquant avec la mer par des arcades. Du reste, si l'on pouvait conserver des doutes sur leur destination et leur position topographique, l'inscription qui les accompagne les ferait évanouir. On lit, en effet, sur le vase de la Pouille, illustré par Sestini[1] : STAGNUM PALATIUM (nom que portait quelquefois la villa que possédait Néron sur les bords du Lucrin), et plus bas : OSTREA-RIA. L'autre vase, que l'on conserve à Rome dans le musée Borgiano, aujourd'hui de la Propagande, et dont M. G. B. de Rossi a donné une excellente interprétation[2], porte les mots suivants, écrits au-dessus des objets dessinés : STAGNUM NERONIS, OSTREARIA, STAGNUM, SYLVA, BAIA, ce qui indique manifestement que la perspective figurée a été tirée des édifices et des lieux de la fameuse plage de Baïa et de Pouzzoles.

Ce qui frappe, à la vue des viviers représentés sur ces vases funéraires, c'est la disposition des pieux enchevêtrés en sens divers, disposés en cercles, pieux qui n'étaient évidement là que pour recevoir et garder la progéniture des huîtres.

L'industrie du Fusaro n'est donc qu'une pratique imaginée par les anciens Romains, continuée par leurs descendants, et qui fut pour Sergius Orata, *luxuriorum magister*, comme l'appelait Cicéron[3], la source d'un immense bénéfice; car, au dire de Pline, ce n'est pas seulement pour son plaisir, mais pour l'amour du lucre, qu'il se livra à cette entreprise : *Ostrearum vivarium primus omnium Ser-*

---

[1] *Illustrazioni di un vaso antico di vetro, trovato presso Popularia*, Fiorenze, 1812.
[2] *Topographia delle Spiagge di Baia, graffita sopra due vasi di vetro;* Bullet. arch. Napolitano. — Nova series, anno primo, Neapoli, 1853, p. 133, tab. IX.
[3] *De fin.* l. II.

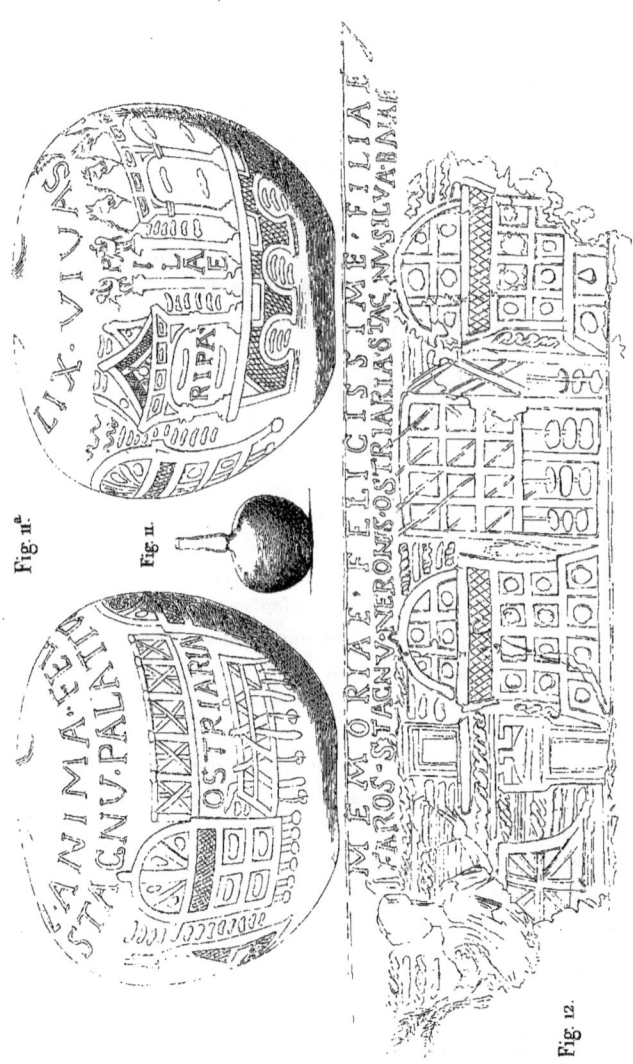

Fig. 11ᵃ. Fig. 11. Fig. 12.

gius Orata invenit in Bajano, ætate L. Crassi oratoris, ante Marsicum bellum : nec gulæ causa, sed avaritiæ, magna vectigalia tali ex ingenio suo percipiens[1].

Cette curieuse industrie, dont j'ai pu étudier avec soin toutes les pratiques, grâce à l'obligeant concours de M. Bonnuci, inspecteur général des monuments de la Couronne, qui a bien voulu m'accompagner partout pendant mon exploration du golfe, donne à la liste civile, malgré son application restreinte, 32,000 francs de revenu; mais elle serait bien autrement lucrative, si, des mains désintéressées du prince, la propriété du lac passait dans celles de la spéculation. Importée dans les étangs salés de notre littoral, l'industrie du Fusaro serait donc une véritable richesse pour nos populations; étendue, en la modifiant, à l'exploitation des bancs naturels qui existent au sein des mers, elle prendrait les proportions d'une entreprise d'utilité générale. Je vais dire comment.

En comparant les pratiques du lac Fusaro avec le mode d'exploitation des bancs naturels qui existent au sein des mers, il n'est pas difficile de s'apercevoir que, si ce mode d'exploitation n'est pas supprimé, la source de production en sera bientôt infailliblement tarie. La spéculation, en effet, sans prendre aucun soin des générations nouvelles, qu'il serait pourtant si lucratif de retenir et de conserver, ne se préoccupe que de perfectionner les instruments dont elle use pour arracher, des couches superficielles de leurs gisements, les huîtres qu'elle porte sur nos marchés. Son génie ne s'applique donc qu'à rendre les moyens de destruction plus efficaces; car ces couches sont précisément celles où croissent les jeunes qui, en naissant, n'ont point abandonné la souche. Or, puisqu'elle attaque avec une égale puissance de destruction ce qui est ancien et ce qui est nouveau, il s'ensuit qu'un gisement quelconque est fatalement destiné à disparaître, par cela seul qu'il est exploité; tandis qu'on pourrait en retirer des récoltes

---

[1] *Hist. nat.* l. IX, c. LIV.

incomparablement plus abondantes, sans jamais toucher à la souche qui les produit, c'est-à-dire à ce qui fait aujourd'hui l'unique ressource de l'industrie.

Pour atteindre un résultat si important, il suffirait d'appliquer, en y introduisant toutes les modifications commandées par le milieu où il faudrait opérer, les procédés employés avec tant de succès dans le Fusaro. On pourrait donc faire construire des charpentes, alourdies par des pierres enchâssées à leur base, formées de pièces nombreuses, hérissées de pieux solidement attachés, armées de crampons, etc. Puis, à l'époque du frai, on descendrait ces appareils au fond de la mer, pour les poser, soit sur les gisements d'huîtres, soit autour d'eux : ils y seraient laissés jusqu'à ce que la semence reproductrice en eût recouvert les diverses pièces, et des câbles, indiqués à la surface par une bouée, permettraient de les retirer quand on le jugerait convenable.

Ces espèces de bancs mobiles pourraient être transportés dans des localités où l'expérience aurait démontré que les huîtres grandissent promptement, prennent une saveur estimée ; ou pourraient être dirigés vers quelque lagune où on les aurait toujours sous la main, comme dans un laboratoire.

Déjà M. Carbonel, frappé du dépérissement de l'industrie, a essayé d'appeler l'attention du Gouvernement sur la nécessité de créer, sur notre littoral, des bancs nouveaux. Cet utile projet mérite certainement d'être pris en considération, mais la question de la permanence de ce repeuplement ne sera définitivement résolue que par l'adoption d'un mode d'exploitation analogue à celui qu'on pratique, de temps immémorial, dans le golfe de Naples, et qu'en faisant concourir les étangs salés, tels que le bassin d'Arcachon et les lagunes de la Méditerranée, à la production.

Mais cette entreprise d'utilité publique ne saurait être accomplie que par la prévoyante initiative des Gouvernements. A eux seuls incombe le devoir de veiller à la conservation et au développement de cette source d'alimentation ; car le domaine des mers est une propriété sociale.

C'est bien ainsi que l'Administration de la marine française semble comprendre la question, lorsqu'elle prend un si grand soin d'interdire l'exploitation des bancs naturels pendant la saison du frai, et de contraindre les pêcheurs à rejeter à la mer les jeunes huîtres qui n'ont pas les dimensions réglementaires; mesure pleine de sagesse, qui a déjà produit les plus heureux résultats. Mais là ne doit pas se borner son intervention. Il faut que ses ingénieurs hydrauliques dressent une carte topographique des fonds qui sont à l'abri des envasements, et que ses vaisseaux, chargés du mollusque comestible qu'on a tant d'intérêt à multiplier, aillent le semer sur ces fonds appropriés. Cependant, avant de les peupler, on ne saurait trop les purger de l'invasion des moules, dont la présence peut être un obstacle difficile à surmonter.

Les huîtres de l'Océan seront ainsi, quand on aura choisi les lits qui leur conviennent, transportées à peu de frais dans les eaux de la Méditerranée, et des eaux de la Méditerranée dans celles des étangs salés qui en bordent les rivages. L'Administration de la marine a dans les mains tous les instruments nécessaires pour entreprendre cette grande opération et la réaliser sans entraves, au bénéfice des populations reconnaissantes. Je n'hésite donc pas à lui conseiller d'entrer hardiment dans cette voie, et je sais d'avance qu'en lui donnant ce conseil je lui signale un but qui est dans la pensée des hommes intelligents chargés de cette partie du service [1].

Il est à regretter seulement que les gardes maritimes dont l'Administration dispose ne soient ni assez nombreux, ni assez rétribués pour qu'on puisse compter sur une surveillance efficace. C'est là encore une question sur laquelle je me permets d'appeler la bienveillante attention de M. le ministre de la marine. Son active sollicitude pour les intérêts de ces modestes serviteurs, et son

---

[1] Depuis la publication de la première édition de cet ouvrage, des huîtrières artificielles ont été créées, sur ma proposition, dans la baie de Saint-Brieuc, par les soins de l'administration de la marine. (Voir, à l'appendice, les deux rapports adressés à ce sujet à l'Empereur.)

désir d'utiliser leur zèle lui inspireront la pensée d'améliorer leur condition.

Une question assez importante trouve naturellement ici sa place : c'est celle de savoir si les procédés actuellement en usage pour l'élève de nos poissons d'eau douce peuvent être appliqués à l'*ostréoculture*; en d'autres termes, les huîtres sont-elles susceptibles d'être propagées par les fécondations artificielles? M. de Quatrefages l'a supposé, et il conseille à l'industrie d'avoir recours à ce procédé, qu'il n'a point expérimenté, mais dont il préjuge l'efficacité par les recherches anatomiques qu'il a faites sur la structure des organes générateurs de ces mollusques. Je cite textuellement la note que ce naturaliste a publiée sur ce sujet, afin que tous les éléments de la question dont je m'occupe se trouvent réunis sous les yeux du lecteur.

« On admet généralement, dit-il, que les sexes sont réunis chez les huîtres. Des observations que j'ai faites, il y a quelques années, m'ont porté à embrasser l'opinion contraire. Des recherches plus récentes, dues à M. Blanchard, ont confirmé ces premiers résultats, et je crois qu'on devra regarder ces mollusques comme ayant les sexes séparés. L'expérience m'a appris que, chez les mollusques qui présentent cette condition, les fécondations artificielles réussissaient très-aisément. Dès lors, on pourrait appliquer ce procédé à l'élève des huîtres aussi bien qu'à celui des poissons. Dans le cas même où les sexes seraient réunis, je crois que le procédé, pour être peut-être un peu moins facile, serait également applicable, et je suis convaincu que l'industrie trouverait ici, dans cette application de la physiologie, une nouvelle source de profits.

« Plusieurs des bancs d'huîtres dont l'exploitation est le gagne-pain des populations pêcheuses de la Manche sont tellement appauvris qu'on a dû les abandonner. Livrés à eux-mêmes, la repopulation en est toujours très-lente; parfois même un banc trop complétement épuisé disparaît pour toujours. Or, du moment que l'on connaît les localités favorables au développement des huîtres, il serait facile, en employant les fécondations artificielles, d'obtenir une repopulation prompte; car quelques faits que j'ai eu l'occasion d'observer m'ont appris que les huîtres, une fois fixées, augmentent rapidement de volume.

« Pour semer les huîtres sur un banc épuisé, il faudrait porter les œufs fécondés jusque sur le fond même, afin d'éviter les pertes que causeraient inévitablement les courants et les vagues. Dans ce but, je crois qu'on devrait opérer la fécondation dans des vases renfermant une assez grande quantité d'eau. Puis, à l'aide de pompes, dont les tuyaux seraient enfoncés à une profondeur suffisante, on répandrait les œufs sur tous les points que l'on saurait avoir été autrefois les plus riches. On comprend, en effet, que les fécondations artificielles permettant de repeupler à volonté ces espèces de champs à huîtres, il serait inutile d'ensemencer un banc entier ayant parfois plus d'une lieue de longueur.

« Indépendamment de ces bancs naturels qu'on pourrait ainsi entretenir et cultiver, je crois que l'élève des huîtres, dans des étangs et dans des réservoirs artificiels, deviendrait facile par l'emploi des fécondations artificielles. Toutefois des essais, des études même, sont ici nécessaires pour indiquer les meilleurs procédés à suivre; je rappellerai seulement ici, et à titre de document, que l'huître ne paraît pas redouter la présence d'une certaine quantité d'eau douce. Ainsi, on trouve ces mollusques en assez grande quantité dans la Rance, par exemple, à une hauteur telle, que, lors des plus basses eaux, elles doivent se trouver baignées par de l'eau douce presque pure [1]. » Telles sont les opinions émises par M. de Quatrefages.

Les recherches les plus minutieuses, entreprises sur la génération des huîtres, démontrent que, chez tous les individus, sans exception, il se rencontre, dans le même organe, et s'y développant à côté les uns des autres, des spermatozoïdes et des œufs. Les capsules où se forment les premiers y arrivent d'abord à ma-

---

[1] *Comptes rendus de l'Académie des sciences*, séance du 26 février 1849.

turité, et l'on voit les corpuscules mobiles, destinés à opérer la fécondation, se dégager de leur sein quand les ovules qu'ils doivent vivifier commencent à poindre. Ces mollusques sont donc hermaphrodites, puisqu'ils réunissent, dans un seul et même organe, les attributs du sexe mâle et les attributs du sexe femelle; c'est un fait désormais incontestable.

Si donc les huîtres sont hermaphrodites, la fécondation doit s'opérer dans le sein même de l'animal, c'est-à-dire, soit dans l'ovaire, ce qui est le plus probable, soit dans les canaux qui, de cet ovaire où ils prennent naissance, conduisent les œufs dans les plis du manteau où ils doivent éclore. L'expérience prouve, en effet, que les choses se passent ainsi. Quand la portée est parvenue dans le lieu de l'incubation, les œufs qui la composent présentent tous les signes de développement qui impliquent une fécondation préalable. L'imprégnation est donc un phénomène interne, accompli avant la ponte, je pourrais même dire avant que les œufs se soient détachés de l'ovaire.

Pour en donner la preuve, il me suffira de rappeler que, chez l'huître, le testicule et l'ovaire sont un seul et même organe; que, dans cet organe, les molécules fécondantes arrivent à maturité et s'évanouissent assez longtemps avant que les ovules rompent les capsules ovariennes qui les renferment. Or, si ces molécules fécondantes disparaissent avant la chute des œufs, il faut bien que leur action sur ces derniers soit antérieure à cette chute : c'est donc pendant que ces œufs sont encore dans le tissu de l'ovaire que l'imprégnation s'accomplit. Ils restent longtemps encore ensevelis dans le tissu de cet organe après que cette influence s'est exercée, y grandissent notablement, et ne s'en dégagent que lorsqu'ils y ont pris un volume suffisant pour rompre les parois des capsules qu'ils distendent.

Cette fécondation ovarienne, de beaucoup antérieure à l'époque de la chute des œufs qu'elle vivifie, est un fait qui ne doit pas surprendre. On en trouve de frappants exemples chez les oiseaux en général, et chez les gallinacés en particulier. Tous les physiologistes savent aujourd'hui qu'une même copulation féconde cinq, six, ou sept œufs à la fois, dans l'ovaire d'une poule; que, parmi ces œufs fécondés à la même heure, il y en a qui n'ont pas encore le cinquième du volume qui leur est nécessaire pour déchirer leur capsule, et tomber dans l'oviducte; qu'ils mettent jusqu'à quinze jours pour acquérir ce volume, sans que cette fécondation *latente* se traduise en eux par aucun signe appréciable.

Dans de pareilles conditions, la fécondation artificielle, telle qu'on la pratique chez les poissons, serait impossible; car, pour se procurer les œufs, il faudrait les extraire avec violence du sein de l'ovaire déchiré, et les sortir ainsi des conditions normales. Chez les huîtres, l'impossibilité est bien plus évidente encore; les œufs et les spermatozoïdes naissant dans le tissu du même organe, on ne pourrait en extraire ces deux éléments et les séparer l'un de l'autre, de manière à les réunir ensuite dans un récipient. D'ailleurs, dans l'hypothèse même où cette opération réussirait, il resterait ensuite à placer les œufs fécondés artificiellement dans un milieu convenable : et où trouverait-on ce milieu particulier ailleurs que dans le manteau de la femelle?

Ainsi donc, soit que l'on considère la question au point de vue de l'opération elle-même, soit qu'on l'envisage sous le rapport du milieu nécessaire au développement et à l'éclosion, on arrive à cette conséquence, que, chez les huîtres, les procédés naturels sont les seuls praticables et qu'on doive conseiller à l'industrie. Nous allons voir, en traitant de l'élève des huîtres de Marennes, quel parti les éleveurs de cette localité pourront tirer de l'emploi des procédés mis en usage au lac Fusaro.

INDUSTRIE

DE MARENNES.

INDUSTRIE DE MARENNES.

HUITRES VERTES.

Les réservoirs où les éleveurs de l'arrondissement de Marennes déposent les huîtres, pour les faire verdir, portent le nom de *claires*. Ce sont comme autant de champs inondés, établis çà et là sur les deux rives de l'anse de la Seudre, répandus sur plusieurs lieues de plage, et formant un immense domaine, où s'exerce une curieuse et lucrative industrie, dont l'État favorise le développement par des concessions faites aux marins inscrits qui veulent se livrer à ce genre de culture.

Ces claires diffèrent des viviers et des parcs ordinaires en ce qu'elles ne sont pas submergées, comme ces derniers, à chaque marée, mais seulement aux époques des syzygies ou grandes malines, c'est-à-dire aux nouvelles et pleines lunes, quand les flots sont poussés plus avant dans les terres que pendant les autres phases : une submersion trop souvent répétée serait un obstacle au but qu'on se propose. Elles ne sont, par conséquent, point situées sur les bords immédiats du rivage, ainsi que, par erreur, certains auteurs l'ont supposé.

Celles qui se trouvent aux distances les plus favorables *boivent* deux ou trois jours avant et autant après les grandes marées : cela dépend de leur degré d'éloignement. De cette manière, l'eau ne s'y renouvelle jamais entièrement, ou, si ce complet renouvellement a lieu, ce n'est qu'à d'assez grands intervalles. Ces intervalles cependant ne sauraient, sans de graves inconvénients pour l'industrie, dépasser les limites marquées par les époques des syzygies; car l'expérience prouve qu'une claire qui n'est rafraîchie que la veille, le jour et le lendemain de ces crues périodiques, a moins de vertu que celle que la mer visite plus longtemps; mais l'une et l'autre sont douées, quoique à des degrés différents, du pouvoir de bonification et de *viridité*.

Les claires sont des espaces qui n'ont ni régularité dans le plan, ni uniformité dans les dimensions. Leur grandeur varie cependant, en moyenne, de 250 à 300 mètres carrés de superficie. Elles sont bordées d'une levée en terre, appelée *chantier*, haute et épaisse d'environ un mètre, formant une digue sur laquelle les *amareilleurs* circulent pour exercer la surveillance, ou pour se livrer aux manœuvres de l'exploitation; digue qui offre assez de solidité pour résister à la pression quand ces bassins sont remplis. Une écluse, articulée à une tranchée pratiquée à la paroi de cette digue, permet de régler à volonté l'entrée et la sortie de l'eau de la mer, de la maintenir, pendant l'intervalle des grandes malines, au niveau qui convient aux besoins de l'industrie, de l'écouler entièrement quand il faut nettoyer le réservoir pour en parer le fond et y mettre les huîtres à verdir.

Dans une claire bien ordonnée, on ménage aussi, au bas de la digue, et dans tout son pourtour intérieur, un fossé destiné à recevoir les vases amenées par les flots sur le plateau central que ce fossé circonscrit, et à préserver ainsi les jeunes élèves de ce limon malsain. Le plateau lui-même, pour que tout concoure au but qu'on se propose, est légèrement incliné du centre vers ses bords, afin que, par une douce pente, les matières nuisibles puissent glisser vers leur récipient; mais un pareil perfectionnement n'est pas absolument nécessaire, et un grand nombre d'éleveurs se dispensent d'y avoir recours.

Lorsque ces travaux de construction sont terminés, on profite de la première grande maline pour remplir le réservoir où, quand les flots se retirent, l'écluse permet désormais de retenir les eaux captives. Le séjour prolongé de ces eaux dans cette espèce d'appareil hydraulique pénètre la terre d'un dépôt salé qui lui donne des qualités analogues à celles des fonds marins, et la purge de tous les produits nuisibles qu'avant sa submersion elle pouvait renfermer; puis, quand vient le moment où l'on juge que ce fond doit être mis en exploitation, on vide la claire, afin de laisser, selon l'expression des amareilleurs, *parer le sol*.

Cette préparation, qui peut se faire à toutes les époques de l'année, n'a lieu, le plus ordinairement, qu'en mars, avril et juin. Elle consiste à sécher la claire, afin de l'aplanir comme une allée de jardin, ou comme une aire destinée à battre le grain; tous les corps étrangers, toutes les herbes mortes ou croissantes, en sont enlevés avec le plus grand soin, pour que, sur ce glacis durci par les rayons du soleil, rien ne devienne un obstacle au libre développement et à l'acclimatation du mollusque comestible qu'on veut y élever.

Au bout de deux ou trois mois, le sol est paré, c'est-à-dire qu'il a pris toute la consistance nécessaire pour que les huîtres ne s'y enfoncent pas. On avise donc alors au moyen d'en peupler la surface, en suivant, dans cette opération, les règles établies par une expérience séculaire; règles qui sont susceptibles de perfectionnements considérables, dont l'introduction élèvera la production à un niveau bien supérieur, en même temps qu'elle abaissera le prix de la marchandise. Voyons d'abord quelle est la source où, dans l'état actuel des choses, on puise le coquillage que l'on sème sur ces champs d'exploitation; nous dirons ensuite comment on procède à son arrangement.

Vers le mois de septembre de chaque année, lorsque la saison du frai est passée, et que l'ouverture de la pêche donne à chacun le droit de faire sa provision d'huîtres sur les bancs de la contrée, toute la population de l'arrondissement de Marennes s'y porte : hommes, femmes, enfants, rivalisent d'activité pour prendre part à la récolte. On les voit, à mer basse, accourir vers les gisements qui découvrent, en détacher les huîtres que les règlements n'interdisent pas d'en extraire, les mettre ensuite en magasin dans des viviers spéciaux, où ils les conservent jusqu'au moment de la vente, ou jusqu'à celui de leur distribution dans les claires. A mer haute, les bancs profonds sont incessamment fouillés par des embarcations qui en détachent les huîtres au moyen de la drague, espèce de râteau en fer, garni d'un filet qui recueille tout ce qu'amène l'instrument. Mais ce genre d'industrie exigeant un matériel dispendieux, il n'y a qu'un certain nombre de personnes qui puissent s'y livrer.

A mesure qu'on retire les huîtres de la mer, on les emmagasine provisoirement, comme je viens de le dire, dans des viviers d'entrepôt, placés immédiatement sur le bord du rivage, et qui diffèrent des claires en ce qu'ils sont recouverts à chaque marée, c'est-à-dire deux fois par jour. Là, ces huîtres vivent comme sur les bancs naturels, s'y conservent blanches et continuent même à y grandir. Les plus grosses, celles qui ont déjà atteint l'âge adulte quand on les y dépose, sont ordinairement destinées à la consommation des contrées environnantes, où les femmes des pêcheurs vont les vendre. Les plus jeunes sont réservées pour l'éducation dans les claires; mais, en l'état actuel des choses, les bancs naturels du voisinage ne suffisant pas aux besoins de cette industrie, un tiers environ des élèves qu'on introduit dans ces réservoirs vient des côtes de la Bretagne, de la Normandie et de la Vendée. Elles sont apportées par des navires sur lesquels on les charge en *vrac*, et où elles peuvent rester ainsi pendant huit ou dix jours, sans qu'elles s'altèrent. Mais, lorsque le voyage se prolonge au delà de ce terme, on est obligé de les mettre à l'eau pour les *faire boire;* puis on les emballe de nouveau, et, d'étape en étape, on les conduit ainsi jusqu'à destination.

Ces huîtres étrangères n'acquièrent jamais l'excellent goût de celles qui sont prises dans la localité. On a beau les faire séjourner longtemps dans les claires, l'amélioration qu'elles y éprouvent en verdissant n'efface jamais complétement les traces de leur nature primitive. Elles restent plus dures, malgré les qualités nouvelles que leur donne l'industrie, et conservent une certaine âpreté que savent distinguer les vrais amateurs. Il en est de même des huîtres indigènes adultes. Lorsqu'elles sont parvenues à cette époque de leur existence, la coloration n'est plus pour elles, si je puis ainsi dire, qu'une fausse estampille, à l'aide de laquelle la spéculation leur donne une valeur mercantile plus élevée, compromettant ainsi par cette fraude, malheureusement trop commune, l'avenir de l'industrie. Il ne suffit pas, pour que ces mollusques acquièrent le goût exquis, la saveur particulière qui les distingue, il ne suffit pas qu'ils contractent la *viridité;* il faut que ces qualités leur soient imprimées, pendant le jeune âge, par l'influence continue de l'éducation dans les claires. C'est là, en effet, la seule garantie de leur valeur réelle.

Aussi les éleveurs de Marennes qui tiennent à satisfaire leurs clients, et à conserver la bonne renommée de leurs produits, n'admettent-ils que de jeunes huîtres dans leurs réservoirs, afin que l'action des agents qui les bonifient, s'exerçant sur elles à mesure qu'elles se développent, puisse devenir constitutionnelle. Ils choisissent donc, parmi celles de leurs viviers d'entrepôt, les plus jeunes que les règlements leur aient permis de détacher des bancs naturels de la contrée, c'est-à-dire celles de douze à dix-huit mois, et qui ont alors de cinq à sept centimètres de largeur. Les amareilleurs en opèrent le triage, donnant la préférence aux mieux conformées, séparant les unes des autres celles qui adhèrent ensemble, les débarrassant de tous les corps étrangers, et faisant, pour ainsi dire, leur toilette avant de les admettre à ce régime nouveau.

Quand ce triage est terminé, on les répand avec des pelles

sur le fond des claires préparées d'avance pour les recevoir, en ayant soin de les espacer ensuite à la main, de manière à ce que, même en grandissant, elles n'empiètent pas les unes sur les autres, et que, par leur contact mutuel, elles ne soient point un obstacle au libre mouvement de leurs valves, au développement et à la conservation de leurs formes régulières. L'éleveur, en un mot, imite ici ce que fait l'agriculteur lorsqu'il repique ses plants. Il en loge cinq mille environ par *journal* de claire, c'est-à-dire par espace de trente-trois ares. La jeune colonie, installée dans ce nouveau séjour, y prospère sous une nappe d'eau que l'on maintient à une hauteur permanente de dix-huit à trente centimètres, qui ne s'épure ou ne se renouvelle qu'aux grandes malines, et dont le niveau s'élève seulement à ces époques, pour redescendre ensuite à son premier état après chacune de ces submersions périodiques. Le calme et le repos dont jouissent, dans ces bassins tranquilles, les élèves qu'on y dépose, y sont donc ménagés d'une manière suffisante pour que l'industrie n'ait plus, après l'installation, qu'à se préoccuper des causes accidentelles qui peuvent amener quelque perturbation, et c'est là ce qui va devenir l'objet de sa constante sollicitude.

Lorsque les grandes malines commencent ou déclinent, les amareilleurs surveillent avec la plus grande attention le mouvement des eaux. Ils s'assurent qu'elles entrent et sortent librement, réparent les chantiers que les flots entament, et ne négligent rien pour entretenir le jeu régulier de l'appareil hydraulique que chaque claire représente. S'ils ne prenaient, en effet, le plus grand soin de conserver l'intégrité de ces réservoirs, des fissures pourraient donner lieu à des filtrations qui diminueraient tellement la masse du liquide, qu'il finirait par n'en plus rester assez pour préserver la récolte de deux influences également redoutables : celle des grandes chaleurs, et celle des froids rigoureux. Leur vigilance doit donc redoubler à toutes les époques où les excès de température sont présumables. Pour en conjurer les effets, ils ferment complétement l'ouverture de l'écluse, afin que, à la première grande marée, la claire reste pleine; et, grâce à cette mesure de prévoyance, les huîtres se trouvent placées à une profondeur où les causes de mortalité auxquelles on cherche à les soustraire ne peuvent plus aussi facilement les atteindre. Les éleveurs qui, sous ce rapport, ne sont pas assez vigilants, ne tardent pas à être victimes de leur incurie. En 1820, les précautions dont je parle n'ayant pas été prises à temps, les froids des premiers jours de janvier devinrent si subitement intenses, que l'eau de ces claires et les huîtres elles-mêmes, que ne protégeait pas une suffisante épaisseur de liquide, furent congelées, sans qu'il fût possible de remédier à ce désastre. La récolte entière périt en un jour.

Si les flots de la mer ne charriaient pas une matière limoneuse, dont la stagnation des eaux favorise le dépôt dans les claires, il n'y aurait plus, comme je l'ai déjà dit, qu'à laisser les huîtres en repos sur ce fond privilégié, où une nourriture abondante leur arrive. Elles s'y perfectionneraient sous l'influence du milieu ambiant, deviendraient rapidement *grasses*, grandes et vertes, sans qu'il y eût aucun autre soin à en prendre; mais, avec le temps, la vase, progressivement accumulée, menaçant de les envahir, serait infailliblement pour elles, si on ne se hâtait de les y soustraire, un poison mortel, et d'autant plus funeste, qu'il attaque tous les individus à la fois.

L'industrie réussit à les délivrer de ces sédiments malfaisants en transbordant toute la population d'une claire en travail dans une claire reposée, et en renouvelant l'opération toutes les fois que cela est nécessaire, jusqu'à maturité de la récolte. Elle est donc obligée, pour suffire à tous les besoins de l'exploitation, d'avoir à sa disposition un plus grand nombre de réservoirs qu'il ne lui en faut pour loger les huîtres qu'elle perfectionne. Il y a, dans les environs de Marennes, des spéculateurs qui possèdent jusqu'à vingt ou trente de ces réservoirs, dont huit ou dix sont toujours en repos, afin qu'ils puissent les utiliser à mesure que le déménagement d'une claire envasée les oblige à mettre en culture une claire vacante. C'est à l'aide de ce roulement, plusieurs fois répété, qu'ils préservent leurs élèves, et leur donnent, au bout d'un certain temps, des qualités que ne possèdent point, au même degré, ceux qui ont reçu des soins moins prolongés.

Le besoin de relever les claires se fait surtout sentir aux malines d'équinoxe, qui sont les plus fortes et les plus nuisibles par les grandes quantités de vase qu'elles amènent; mais ces époques ne sont pas les seules où le transbordement devienne nécessaire. Il peut arriver que les dépôts terreux obligent de l'opérer en tout autre temps. En général on ne le pratique qu'une fois par an. Les éleveurs qui n'ont pas à leur disposition un nombre suffisant de claires se bornent à nettoyer leurs huîtres, et à les replacer ensuite sur le même plateau, exerçant ainsi leur industrie dans les conditions les plus défavorables, mais l'exerçant cependant d'une manière efficace.

Il faut deux ans de séjour dans les claires pour qu'une huître âgée de douze à quinze mois au moment où on l'y dépose atteigne une grandeur convenable : il en faut trois et même quatre pour lui donner le degré de perfection qui caractérise les meilleurs produits de Marennes. Mais la plupart de celles qui sortent de cette espèce de manufacture sont, malheureusement pour l'industrie et pour la consommation, loin d'avoir ces qualités exquises. Placées adultes dans les réservoirs, elles verdissent en quelques jours, et la spéculation, abusant d'une propriété qui augmente la valeur mercantile de ses produits, les porte sur le marché, sans avoir pris la peine de leur donner les soins qu'exige une éducation prolongée. Elle évite ainsi tous les frais de manipulation et peut, sur un même plateau, faire chaque année plusieurs récoltes. C'est ce qui enrichit les éleveurs.

Les huîtres de Marennes ne verdissent pas en été, soit parce que, pendant cette saison, les claires perdent la propriété de leur transmettre cette couleur, soit parce que ces huîtres, devenues *laiteuses*, sont alors réfractaires à cette influence. Celles qui en avaient antérieurement éprouvé les effets pâlissent peu à peu à mesure que la fonction de l'ovaire s'exerce, et finissent, quand vient l'époque du frai, par perdre entièrement leur teinte; d'un autre côté, celles qu'on dépose blanches à cette époque de l'année restent blanches. Ce n'est qu'à partir du mois d'août qu'elles se relèvent de cette déchéance temporaire, qui n'a aucun inconvénient pour l'industrie, attendu que la coloration reparaît immédiatement après la ponte.

Cette coloration n'est pas générale : elle se montre particulièrement sur l'appareil respiratoire, c'est-à-dire sur les quatre feuillets branchiaux. La face interne de la première paire de palpes labiaux, la face externe de la seconde, et le canal intestinal, dans la portion qui entoure extérieurement le grand muscle d'attache, en offrent aussi des traces visibles. Aucun autre organe n'en est affecté. Le foie présente, il est vrai, une teinte verdâtre plus ou moins intense; mais cette teinte n'est nullement semblable à celle des branchies et des palpes labiaux.

La matière verte qui envahit ainsi le parenchyme des appareils qu'elle affecte de préférence, se fixe sur le contenu des cellules qui forment les tissus de ces appareils, à peu près comme cela a lieu pour la substance qui colore en jaune le vitellus de l'œuf des oiseaux, ou le *corpus luteum* de l'ovaire des mammifères. L'analyse chimique porte à croire que cette matière serait distincte de toutes les substances vertes, animales ou végétales, étudiées jusqu'à ce jour, car les mêmes réactifs ne l'influencent pas d'une manière identique [1].

[1] Je donne ici le résultat des expériences qu'à ma prière M. Berthelot a eu l'obligeance de faire, pour tenter de déterminer quelle pourrait être la nature de la matière qui colore les branchies des huîtres de Marennes.

Ces organes on été traités successivement :

1° Par l'eau, qui est devenue visqueuse sans se colorer, ni diminuer la coloration des branchies;

2° Par l'éther, dont l'action sur la matière colorante a été également nulle;

3° Par l'acide acétique cristallisable, qui a dissous des traces d'une substance jaunâtre et dénuée d'action sur le prussiate jaune de potasse, pendant qu'il a augmenté considérablement la coloration des branchies;

4° Par la potasse froide, qui a atténué la coloration exaltée par l'acide acétique, mais sans la faire disparaître.

Par cette série de traitements, les branchies ont perdu en partie la coloration qu'elles

Les auteurs ne sont pas d'accord sur l'origine de ce principe colorant. Les uns prétendent que c'est le sol lui-même qui le contient; d'autres, que c'est un animalcule (*Vibrio ostrearius*) ou certaines algues qui le donnent; d'autres enfin l'attribuent à une sorte d'ictère, ou à une maladie du foie, dont la sécrétion surabondante teindrait en vert le parenchyme de l'appareil respiratoire des animaux influencés par le régime auquel on les soumet dans les claires.

De ces trois opinions, celle qui attribue à la nature du sol le pouvoir de verdir semblerait la plus conforme au véritable état des choses. C'est, du moins, ce que tendent à établir, d'une part, l'analyse comparative des terres prises dans les claires qui verdissent et dans celles qui n'ont pas cette propriété[1], et, de l'autre,

présentaient, et se sont désagrégées en flocons visqueux, au sein desquels s'est concentrée la matière colorante.

5° La matière verte traitée par l'acide sulfureux en dissolution ne s'est pas décolorée; au contraire, elle s'est foncée comme par l'acide acétique;

6° Traitée par l'eau de chlore, elle s'est entièrement décolorée;

7° Chauffée au rouge et incinérée, puis traitée par une goutte d'acide chlorhydrique dilué, elle a précipité en bleu le prussiate de potasse, ce qui indique la présence d'une proportion sensible de fer dans les tissus incinérés.

On pourrait, avec assez de vraisemblance, regarder ce fer comme l'un des éléments essentiels de la matière colorante, bien que cette matière n'ait pu être isolée.

En résumé, la matière colorante des huîtres de Marennes ne ressemble ni à celle du sang, ni à celle de la bile, ni à la plupart des matières colorantes végétales ou animales. La matière colorante du sang contient, il est vrai, du fer; mais les propriétés de cette matière, aussi bien que sa couleur, sont fort différentes.

[1] La terre des claires qui ne verdissent pas les huîtres et celle des bassins qui leur transmettent cette qualité offrent des différences notables, quant aux proportions des principes qui entrent dans leur composition. L'une et l'autre, à la vérité, d'après l'analyse qu'a bien voulu m'en faire aussi M. Berthelot, indépendamment des éléments ordinaires des terres, sont également colorées par du sulfure de fer, renferment des matières animales et végétales en décomposition, et sont imprégnées d'une eau contenant du chlorure de sodium et un peu de chlorure de magnésium; mais dans les premières ces principes sont bien moins prononcés que dans les secondes; le sulfure de fer y est moins abondant, et présente des teintes moins intenses; les matières animales et végétales y prédominent moins; le chlorure de sodium s'y trouve en quantité plus faible, et les sels de magnésie, à l'état de traces seulement. Ces différences, si peu

les expériences de la commission de pisciculture de La Rochelle [1].
Ces expériences prouvent que les marnes bleues-verdâtres ont, comme le territoire de Marennes, et au même degré, la propriété de colorer les huîtres; en sorte que, d'après les résultats que cette commission a obtenus dans les bassins artificiels où elle poursuit ses essais, on serait en droit de conclure que, partout où l'on pourra organiser, sur nos côtes, des réservoirs argileux semblables à ceux dont je parle, on réussira à créer la même industrie que sur le littoral de l'anse de la Seudre.

Cette industrie, étendue à des contrées plus nombreuses que celles où elle s'est exercée jusqu'ici, simplifiée et enrichie par l'introduction des pratiques du Fusaro, deviendra facilement la source d'un commerce bien autrement considérable et bien autrement lucratif; mais, pour qu'elle prenne ce nouvel essor, il faut qu'elle puisse organiser ses moyens d'exploitation sur une plus grande échelle; qu'elle donne à ses réservoirs plus de profondeur, afin d'y introduire un plus grand volume d'eau quand la saison l'exige; qu'elle élève et consolide davantage ses digues, afin qu'elles résistent à une pression plus grande; qu'elle combine ses écluses de manière à régler la circulation des eaux par de faciles manœuvres; qu'elle établisse des fossés de ceinture où ces eaux puissent se reposer et se décanter, en partie, avant de passer dans les claires, et même y rester en réserve pour les besoins des opérations.

Chaque établissement, transformé ainsi en une véritable usine, où l'action de l'homme crée toutes les conditions d'influence, et les varie à son gré, fera à la fois fonction de banc artificiel fournissant la semence, et d'appareil de perfectionnement pour la récolte; en sorte que les huîtres verdies et devenues marchandes seront remplacées chaque année dans les claires par leur progéniture, qu'on

importantes qu'elles paraissent, ne seraient-elles pas la cause de celles que présentent les produits élevés dans ces claires? C'est un point que des expériences ultérieures, faites sur les lieux, ne tarderont pas sans doute à éclaircir.

[1] *Rapport fait à la Société des sciences naturelles de la Charente-Inférieure, par la Commission de pisciculture*, etc. La Rochelle, 1853.

aura le soin de recueillir et d'élever dans les lieux mêmes où elle aura pris naissance; donnant ainsi, par ce roulement indéfini, des produits sans cesse renouvelés.

Les huîtres, en effet, qui vivent dans les claires, y deviennent laiteuses comme sur les gisements naturels. Elles y versent leur progéniture avec la même profusion; mais cette progéniture ne rencontrant, sur les vases molles que la mer y apporte, aucun appui solide, périt inévitablement, à moins qu'elle ne s'attache aux parois verticales de quelque construction, ou aux bornes à l'aide desquelles, dans certaines localités, comme à Oléron, par exemple, on a coutume de marquer les limites des viviers sous-marins qui ne découvrent qu'aux grandes malines. Ces viviers ne sont point destinés à la reproduction, car ce genre d'industrie ne s'exerce sur aucun point du littoral de la France; mais, si infime que soit la quantité de *naissain* (ainsi nomme-t-on les jeunes huîtres) qui s'arrête aux pierres placées là pour un autre motif, le fait n'en indique pas moins tout le parti qu'on pourrait tirer d'un mode d'exploitation rationnellement organisé.

Ainsi donc, recueillir la progéniture de l'huître dans les claires, comme on recueille celle des moules sur les *bouchots* d'Esnandes; faire que, dans ces réservoirs artificiels, les milliers d'êtres auxquels chaque individu donne le jour y soient retenus par un artifice, afin d'y être ensuite perfectionnés jusqu'à l'âge adulte, telle est l'ingénieuse industrie qu'il s'agit de créer, et qui attend son Walton pour mettre à profit cette immense richesse. Les produits de ce nouveau mode d'exploitation, obtenus avec économie, acquerront des qualités bien supérieures encore à celles que les pratiques actuelles leur donnent; car, nés dans les claires, de parents élevés dans les claires, ils y ajouteront aux bénéfices de l'éducation ceux de l'hérédité.

Le dépôt du limon dont les eaux sont chargées, étant le seul obstacle à la conservation de la progéniture des huîtres dans les claires, il y aurait un moyen bien simple de remédier au mal et de sauver le naissain : ce serait de placer, à la portée de ce dernier, à une certaine hauteur au-dessus du sol, et dans une position telle, que les molécules vaseuses ne pussent ni les envahir, ni les recouvrir, des corps solides où il pourrait se fixer. Si, pour créer ces points d'appui, on donnait, à l'exemple de ce qui se fait au lac Fusaro, la préférence aux pieux, il faudrait les planter verticalement, soit au fond de la claire, soit à des radeaux flottants qui les tiendraient suspendus sans qu'on eût besoin d'emprunter, pour les fixer, une portion du sol sur lequel les animaux reproducteurs reposeraient. Ces radeaux auraient un autre avantage : ils pourraient porter des planches mobiles, disposées obliquement les unes à côté des autres comme les tablettes d'une jalousie, de manière à avoir une de leurs faces toujours préservée du contact et du

Appareil flottant pour la culture artificielle des moules, consistant en un double cadre formé de poutrelles, auxquelles on fixe, à l'aide de crochets, soit verticalement, soit horizontalement, selon les besoins, des planches chargées des moules. Les planches horizontales, submergées de 15 à 20 centimètres, reçoivent des semis de très-jeunes moules, qui s'y fixent, ce qui permet alors de suspendre ces mêmes planches verticalement.

dépôt de la vase. Ces pièces mobiles, quand elles seraient chargées de semence, pourraient être désarticulées et suspendues verticalement à la charpente du radeau; on imiterait de la sorte ce que fait depuis longtemps, dans l'un des bassins de l'arsenal de Venise, le gardien qui y élève artificiellement des moules par un procédé analogue. Mais ce sont là des détails d'installation dont l'expérience apprendra à varier l'application. L'observation suivante ne laisse aucun doute sur le succès de l'entreprise.

En 1820, un saunier de Marennes ayant parqué six mille huîtres dans une de ses claires, un froid intense les fit toutes périr, à l'exception d'une douzaine qui survécurent à ce désastre. Mais, quand on vida le réservoir pour le nettoyer, au lieu d'en trouver le sol à peu près désert, ce ne fut pas sans une agréable surprise que l'on découvrit, sur les écailles de toutes les huîtres mortes, de jeunes huîtres déjà grandes qui repeuplaient tout l'établissement[1]. Il avait suffi de la présence de ces écailles pour déterminer la génération nouvelle à s'y fixer, et à y prospérer. L'industrie n'aura donc qu'à imiter l'exemple que la nature lui offre en cette curieuse circonstance, et il ne lui sera plus nécessaire d'emprunter à des contrées plus ou moins lointaines le *renouvelain* qu'elle est obligée maintenant de se procurer à grands frais.

Quand on aura adopté ce mode d'exploitation, il sera bon de rechercher si, au lieu de maintenir les digues des claires consacrées à la reproduction assez basses pour que les grandes malines les submergent, il ne serait pas opportun de les exhausser au-dessus du niveau de la plus haute mer, afin d'éviter que les flots n'entraînent, en se retirant, une partie de la semence. A la veille de chaque grande maline, l'eau de ces réservoirs, vidée presque entièrement par les soins des amareilleurs, qui n'en laisseraient que la quantité nécessaire pour que les huîtres n'y souffrissent pas, serait remplacée le lendemain, en sorte que toutes les conditions favorables au développement s'y trouveraient réunies au même degré que dans les claires ordinaires. Ce seraient de véritables pépinières où l'industrie puiserait tous les éléments d'une prospérité nouvelle,

---

[1] *Dissertation sur les huîtres vertes de Marennes*, par M. G. de la B. président du tribunal de Marennes; Rochefort. 1821.

puisqu'elles fourniraient à ses viviers de perfectionnement une semence abondante et facile à obtenir.

Elle pourrait aussi, avec le concours et l'assentiment de l'Administration de la marine, recueillir abondamment cette semence, par un procédé simple et peu coûteux, sur les bancs naturels eux-mêmes, sans les épuiser jamais. Il lui suffirait, quelque temps avant l'époque des pontes, de faire descendre sur ces bancs, à l'aide d'ancres ou de saumons suffisamment lourds, de nombreuses fascines reliées par des cordes à une ou plusieurs bouées; fascines que l'on retirerait cinq ou six mois après leur immersion, soit pour les transporter dans les claires, où le triage des huîtres dont elles seraient chargées pourrait aisément être fait, soit pour en détacher, sur place, celles de ces huîtres que leur taille permettrait déjà de disperser dans les bassins de perfectionnement. Les jeunes dont le module n'atteindrait pas encore les dimensions voulues, laissées sur les fagots que l'on remettrait à demeure dans un point approprié des claires, ou sur les bancs mêmes, y grandiraient rapidement, et seraient l'objet d'une seconde, d'une troisième récolte. Je conseille avec d'autant plus de confiance à l'industrie d'avoir recours à ce procédé, que j'ai la preuve de sa réussite. M. Ackermann, commissaire de marine à Marennes, ayant fait retirer des morceaux de bois d'un gisement d'huîtres, où, à ma prière, il avait bien voulu faire planter des piquets destinés à recevoir les générations nouvelles, les a trouvés chargés de semence. Les jeunes attachées à ces fragments sont groupées en assez grand nombre pour faire supposer que quelques pieux, ou quelques fagots, seraient suffisants pour peupler une claire. Voici les termes dans lesquels M. le commissaire de Marennes m'annonce l'envoi des échantillons dont il s'agit.

« Je suis heureux, Monsieur, de pouvoir vous annoncer aujourd'hui l'envoi d'une boîte contenant quelques naissains d'huîtres adhérents à des morceaux de bois. J'ai indiqué l'époque approximative de la *dérabation*, appréciée par le pêcheur Babeau.

« Les objets que vous recevrez viennent de dessus le rocher dit le *Bouchot*, qu'avait autrefois M. Gabiou, là où nous avons mis des pieux; il n'est plus douteux pour moi que les huîtres ne puissent s'élever comme les moules des bouchots. »

Dans l'état actuel des choses, les claires de Marennes fournissent annuellement à la consommation 50 millions d'huîtres, dont le prix varie de 1 fr. 50 cent. à 6 francs le cent, ce qui, en prenant une moyenne de 3 francs, représente le chiffre énorme de 2 millions de francs. On les expédie dans toutes les villes du midi de la France, depuis Bordeaux jusqu'à Marseille, et depuis Marseille jusque dans les États-Romains et en Algérie. Celles que l'on destine à ces deux dernières contrées sont déposées dans les parcs de Marseille, où on les laisse reposer quelques jours avant de les faire voyager de nouveau. Paris en consomme une très-petite quantité : on y préfère, en général, comme dans la plupart des villes situées plus au nord, les huîtres blanches de la Normandie, qui en fournit en si grande quantité.

L'huître a donc son importance comme aliment et comme élément de commerce. Beaucoup de pays situés sur nos côtes maritimes lui doivent leur prospérité, et, parmi ceux qui sont les plus favorisés, les rives de la Seudre se trouvent au premier rang. La rive gauche surtout, dont les habitants ont absorbé presque entièrement ce genre de culture, jouit d'une grande renommée, à cause des qualités supérieures que son terroir communique aux huîtres qu'on y élève.

Pour donner une idée de la prospérité que cette industrie répand dans la contrée, et présenter un tableau vivant des mœurs de la population qui l'exerce, je ne saurais mieux faire que d'emprunter au travail manuscrit dont un négociant de Marennes, M. Robert, est l'auteur, les détails qu'en me le confiant il a bien voulu me permettre de livrer à la publicité.

« L'étranger qui va de la Tremblade à Royan est frappé de surprise à la vue des nombreuses constructions qui s'élèvent de toutes parts sur les bords de la route, comme à l'abord des grandes villes. Des maisons neuves, de bon goût, meublées presque avec luxe, s'élèvent au milieu de riches vignobles; et ce mouvement d'édification est tel, qu'on prévoit qu'avant longtemps la Tremblade et Étante ne seront plus que les extrémités d'une rue de plusieurs kilomètres de longueur. Au reste, ces maisons si jolies servent fort peu à leurs propriétaires, qui, mal à l'aise dans leurs beaux appartements, se relèguent, en général, dans la partie la moins habitable; se condamnant ainsi à être moins confortablement logés que lorsqu'ils avaient des habitations en harmonie avec leur état.

« Il semblerait, au premier abord, que la culture des huîtres ne nécessite que peu de soins; il en est tout autrement. Les hommes qui s'y livrent travaillent beaucoup à de certaines époques. Cependant cela ne les empêche pas d'exercer d'autres industries; d'être sauniers, cultivateurs; et leur travail est rude, car il se fait dans l'eau et dans la vase, parce qu'il faut édifier et nettoyer les claires. Il en est de même lorsqu'il s'agit d'y déposer les huîtres et de les pêcher.

« Les femmes ne prennent pas part à ces labeurs, si ce n'est pour isoler les huîtres les unes des autres, avant de les mettre dans les parcs. Leur rôle principal est la vente du coquillage. On voit, vers la fin d'août, ou dans les premiers jours de septembre, suivant que la chaleur cesse plus ou moins tôt, un grand nombre de femmes et de jeune filles partir dans toutes les directions pour aller habiter, jusqu'en avril, les villes qui leur sont désignées. Plusieurs femmes vendent pour leur mari pêcheur; d'autres achètent aux éleveurs des huîtres qu'elles revendent pour leur compte; enfin il en est beaucoup qui sont à gage et reçoivent une certaine somme pour leur campagne. Lorsqu'elles sont rendues à leur poste, on leur expédie les huîtres dans des paniers d'osier soigneusement fermés. Chacune a sa place de vente. Les unes passent leur journée en plein air, à la porte des restaurants et des hôtels; les autres, plus favorisées, ont un coin de boutique ou de corridor pour les abriter. Elles y restent depuis le matin jusque fort avant dans la soirée, et l'on s'étonne de les voir conserver leur santé, exposées comme elles le sont au froid et aux intempéries de l'hiver. Ce genre de vie donne aux jeunes filles beaucoup d'assurance : le séjour de la ville leur donne aussi le goût de la toilette et un certain talent pour la faire valoir. Aussi la Tremblade, un dimanche, offre-t-elle un coup d'œil agréable. Les travailleuses de la semaine, vêtues du grand costume des jours de fêtes, n'y sont plus reconnaissables, et ces écaillères, à la taille flexible, à l'air coquet et à la démarche aisée, animent agréablement le tableau.

« La population masculine des éleveurs est vigoureuse, active et entreprenante; et, comme les claires sont sa fortune, on lui reproche, avec raison, de ne pas respecter assez, pour s'en créer, les intérêts de la population et des propriétaires riverains. C'est ainsi qu'on a vu des éleveurs rétrécir le lit de la Seudre, obstruer les canaux d'exploitation des marais salants, pour y faire des parcs à huîtres. Le moyen qu'ils emploient pour cela est fort simple et fort ingénieux : ils coupent des bandes de gazon, les transportent au moyen d'embarcations sur les lieux qu'ils ont choisis; puis, à mer basse, ils les arrangent de manière à former de petites digues. Or on sait que les eaux de la Seudre charrient du limon, et cela en si grande quantité, que chaque marée en dépose plusieurs millimètres d'épaisseur sur le terrain qu'elle couvre. Dans l'état ordinaire des choses, ce limon, agité sans cesse par l'eau, est rejeté en grande partie dans les courants, qui l'entraînent de nouveau à mer descendante; mais, retenu ici par les gazons, il se précipite, reste sur place, et le terrain s'exhausse assez en peu de temps pour recevoir des huîtres. C'est ainsi qu'on a vu des terres surgir là où, quelque temps avant, il y avait encore plusieurs pieds d'eau.

« Grâce à la surveillance de l'autorité, ces empiétements coupables sont aujourd'hui fort rares et cesseront sans doute entièrement. Alors il n'y aura plus qu'à encourager et à protéger une population industrieuse qui a su, en généralisant la culture des huîtres, trouver la fortune dans des vases en grande partie inutiles. »

Tels sont les détails dans lesquels il m'a paru utile d'entrer, pour donner une idée des pratiques de l'industrie de Marennes et de celles qui pourraient contribuer à son perfectionnement. Le mémoire manuscrit de M. Robert, et les bons offices de M. Ackermann, commissaire de marine de cette localité, m'ont été du plus grand secours, et je suis heureux de témoigner ici ma reconnaissance à l'auteur et au fonctionnaire. Je dois aussi d'utiles informations à M. Chabot, régisseur de l'établissement de pisciculture d'Huningue, qui m'a accompagné pendant cette exploration.

INDUSTRIE

DE

LA BAIE DE L'AIGUILLON.

INDUSTRIE

DE

LA BAIE DE L'AIGUILLON.

BOUCHOTS[1].

La plupart des consommateurs se figurent que les belles moules que l'on sert journellement sur leurs tables proviennent, comme les huîtres, des bancs naturels où elles vivent à l'état sauvage. Ils ignorent par quel artifice l'industrie humaine donne à ce mollusque, élevé par ses soins, la taille et le bon goût qui le rendent si préférable à la moule maigre, petite, âcre, souvent malsaine et habitée par un crustacé répugnant, dont les rochers et les vases de nos côtes sont peuplés. Peu d'auteurs ayant écrit sur ce sujet[2], ce sera

---

[1] Nom fait, par contraction, de *boutchoat*, expression dérivée du mélange du celte et de l'irlandais, et signifiant clôture en bois : *bout*, clôture, et *choat* ou *chot*, en bois.

[2] Le travail qui contient les détails les plus précieux sur l'origine et les procédés de cette curieuse industrie porte la date de 1598, et a pour titre : *Théâtre des merveilles de l'industrie humaine*, par D. T. V. T. gentilhomme ordinaire de la chambre du Roi. Rouen, 1598, chez J. Caillove, Cour du Palais (très-rare). — En 1752, Mercier Dupaty, trésorier de France, inséra dans le Recueil de l'Académie royale de la Rochelle un *Mémoire sur les bouchots à moules*, qu'il avait lu, deux ans auparavant, dans l'une des séances de cette Académie. — En 1835, M. C. d'Orbigny père rédigea, en faveur des boucholeurs, un mémoire renfermant des documents et des relevés statistiques qui démontrent l'importance de cette exploitation. Ce travail a été reproduit en partie, mais avec des additions qui lui donnent un plus grand intérêt, dans les *Annales de la*

donc faire une chose utile que de décrire ici les procédés, de figurer les appareils, que le génie d'un naufragé et l'expérience de plusieurs siècles ont consacrés à cette entreprise d'utilité publique.

Dans l'anse de l'Aiguillon, à quelques kilomètres de la Rochelle, sur l'immense et stérile vasière qui forme le fond de cette baie fangeuse, où la population du littoral n'avait trouvé jusque-là aucune ressource, un pauvre Irlandais, que la tempête jeta sur ce rivage, créa, il y a bientôt huit siècles, une industrie dont le produit fait vivre aujourd'hui dans l'aisance les trois mille habitants des communes d'Esnandes, de Marsilly, de Charron, auxquelles il légua cet héritage, comme si la Providence eût voulu lui laisser la consolation de payer la généreuse hospitalité qui l'avait accueilli dans son infortune. Ce fut vers la fin de l'année 1235 qu'arriva l'événement qui devait ouvrir à la contrée l'ère de la prospérité, et y faire succéder l'abondance à la misère.

Une barque, chargée de moutons et montée par trois hommes d'équipage, vint, chassée des côtes d'Irlande par un violent coup de vent nord-ouest, se briser contre les rochers de la pointe de l'Escale, à une demi-lieue du port d'Esnandes. Équipage et marchandise, tout aurait été inévitablement enseveli dans les flots, si les pêcheurs du littoral ne se fussent empressés de porter secours à l'embarcation en détresse. Mais, malgré tous leurs efforts, ils ne réussirent à sauver que l'un des trois hommes dont se composait l'équipage : cet homme en était le patron; il se nommait Walton, et devint le fondateur du premier *bouchot;* invention merveilleuse, dont les fruits font depuis longtemps la richesse d'une province, et dont l'application à d'autres rivages inscrira un jour le nom encore obscur de son auteur parmi ceux des plus utiles bienfaiteurs de l'humanité.

Exilé désormais sur cette plage, où il ne lui restait, pour toute fortune, que quelques moutons échappés au naufrage, et dont la race, croisée plus tard avec celle du pays, a formé cette belle

Société d'agriculture de la Rochelle, pour 1846, sous le titre de *Mémoire sur les bouchots à moules des communes d'Esnandes et de Charron.*

variété connue dans la Vendée sous le nom de *mouton de marais*, Walton appliqua son génie à se créer par le travail des moyens d'existence, et à se rendre utile dans sa nouvelle patrie. Il résolut donc de parcourir en tout sens le vaste lac de boue qu'il avait sous les yeux, et de voir s'il n'offrirait pas quelque ressource à son industrie. Mais, pour atteindre ce but, il était obligé de marcher, à mer basse, sur cette boue fluide, qui se dérobait partout sous ses pas, et mettait obstacle à la réalisation de son dessein.

En présence de cette première et bien sérieuse difficulté, l'idée lui vint de construire une pirogue de la plus ingénieuse simplicité, à l'aide de laquelle, sans autre impulsion que celle du pied, il glissa sur la vasière avec la rapidité d'un cheval au trot, visitant ainsi les diverses localités et pouvant, grâce au concours de cet instrument nouveau, se livrer désormais à toutes les entreprises qu'il lui paraîtrait utile de tenter. Les oiseaux de mer et de rivage qui rasent la surface de l'eau pendant l'obscurité lui parurent s'y rencontrer en assez grand nombre pour y devenir l'objet d'un commerce lucratif, si on réussissait à leur tendre des pièges convenablement organisés. Il appliqua à cet usage une espèce particulière de filet, importée par lui, et désignée sous le nom de *filet d'allouret*[1], ou filet de nuit.

Cette immense toile, à deux mailles inégales, longue de trois à quatre cents mètres, sur trois de hauteur, fixée à de longs piquets enfoncés d'un mètre dans la vase, fut tendue par ses soins au-dessus du niveau de la pleine mer, comme un rideau, dans les bourses duquel s'engouffraient tous les volatiles qui en croisaient la direction.

Walton n'eut pas longtemps à exercer cette industrie sans s'apercevoir que la progéniture des moules de la côte venait s'attacher à la portion submergée des piquets qui soutenaient son allouret, et sans se convaincre que ces moules, ainsi suspendues à une certaine

[1] *Allawrat*, ou *allaurat*, dont on a fait *allouret*, est un nom composé de celte et de vieil irlandais, qui signifie filet de nuit obscure : d'*allaow*, obscurité, nuit sombre, et de *rat* ou *ret*, filet.

hauteur au-dessus de la vase, y prenaient une plus grande taille, un meilleur goût que celles qui vivaient à l'état sauvage, ou qui étaient ensevelies sous le limon. Cette découverte fut pour lui une véritable révélation. Il multiplia les points d'attache en plantant de nouveaux piquets, et, comme les premiers, ceux-ci se chargèrent de jeunes moules, qui augmentèrent sa récolte en proportion du nombre de supports qu'il offrit à ces colonies naissantes. Après le succès d'une telle expérience, il ne pouvait donc plus y avoir de doute : la progéniture des moules sauvages était susceptible d'être recueillie et élevée sur ces reposoirs artificiels, de manière à donner à cette culture les proportions d'une grande exploitation. C'est à cette œuvre importante qu'il consacra désormais tous ses efforts.

Les pratiques qu'il institua furent si heureusement appropriées aux besoins permanents de la nouvelle industrie, qu'après bientôt huit siècles elles servent encore de règle aux populations dont elles sont devenues le riche patrimoine. Il semble qu'en s'appliquant à cette entreprise, non-seulement il avait la conscience du service qu'il rendait à ses contemporains, mais le désir que leurs descendants en conservassent le souvenir, car il donna aux appareils qu'il inventa la forme d'un double V, lettre initiale de son nom, comme s'il eût voulu que son chiffre fût inscrit sur tous les points de cette vasière fertilisée par son génie, en attendant sans doute que la reconnaissance publique élevât un monument à la mémoire du fondateur. Voici comment il construisit le premier établissement, sur le modèle duquel sont édifiés encore aujourd'hui les quatre cent quatre-vingt-dix bouchots qui couvrent la moitié de l'anse de l'Aiguillon [1].

Ce fut, si l'on s'en rapporte à un document publié vers la fin du XVIe siècle [2], ce fut en 1246, dix années après son naufrage, que Walton aurait procédé à cette construction. Les piquets isolés dont il s'était jusque-là servi ayant été, à diverses reprises, arrachés par la tempête, couchés par le choc des barques, ou des blocs de glace,

[1] Voir le plan de l'anse de l'Aiguillon à la page 141.
[2] Voir la note au bas de la page 131.

et ces accidents lui ayant fait perdre en un seul jour le fruit de plusieurs mois de travail, la nécessité le contraignit d'avoir recours à des appareils plus complexes, plus solidement établis, et qui, en même temps, offrissent de vastes surfaces pour recevoir le *naissain*, et peu de prise à l'action de la lame. En conséquence, il dessina, au niveau des basses marées, suivant une ligne supposée allant du château d'Esnandes au château de Charron, là où maintenant il existe de vastes prairies, un double V dont le sommet, légèrement entre-bâillé, était tourné vers la mer, et dont les côtés, prolongés d'environ deux cents mètres vers le rivage, s'écartaient de manière à ouvrir un angle d'à peu près quarante-cinq degrés. Le long de chacun des côtés de cet angle, il planta, à la distance de deux ou trois pieds les uns des autres, de forts pieux, de dix à douze pieds de hauteur, qu'il enfonça à moitié dans la vase, dont il clayonna les intervalles avec des fascines ou branchages, afin d'en former de solides palissades, capables de résister à l'effort des flots. Au sommet de l'angle représenté par ces longues ailes, il laissa, entre les panneaux, un écartement de trois ou quatre pieds, pour y adapter des engins destinés à recevoir les poissons qui, à mer descendante, suivraient la voie bordée par cette double haie; se ménageant, par cette heureuse combinaison, une double ressource; car son établissement était à la fois une moulière artificielle et une pêcherie. Aussi voit-on encore de nos jours les *boucholeurs*, fidèles à toutes les pratiques dont Walton leur a laissé l'exemple, partir dans leurs *acons* avant que la mer découvre, venir s'arrêter derrière le sommet entr'ouvert de chaque appareil, munis d'un filet dit *avenau*, s'y livrer à la pêche jusqu'à ce que leur nacelle reste à sec, et qu'ils puissent ensuite la charger de coquillages, et la ramener au port en glissant sur la vase.

C'est un bien curieux spectacle que celui d'assister au retour de cette flotte singulière; de voir les cent soixante pirogues qui la composent débouchant çà et là par toutes les issues de la forêt de palissades où elles disparaissent pendant le travail; rasant le sol comme une volée d'oiseaux que le flot chasse devant lui. On ne peut s'en faire une idée, à moins d'avoir été le témoin des manœuvres grotesques de cette étrange escadre. Ces acons, ou *pousse-*

Fig. 1. Boucholeur dans son acon, qu'il pousse sur la vase.

pieds, sont de simples caisses en bois, longues de neuf pieds, larges et profondes de dix-huit pouces, dont l'extrémité antérieure est recourbée en forme de proue. Le boucholeur se place à l'arrière, appuie son genou droit sur le fond, se penche en avant, saisit les deux bords avec ses mains, laisse en dehors, afin de pouvoir s'en servir en guise de rame, sa jambe gauche, chaussée d'une longue botte. Puis, quand il a pris ainsi son équilibre, il plonge sa jambe libre dans la vase qui lui sert de point d'appui, la retire, la replonge encore, et, par cette manœuvre répétée, il pousse sa machine légère et la conduit partout où sa présence est nécessaire. C'est de la sorte que les boucholeurs se rendent à leurs bouchots, qu'une longue habitude, même pendant les nuits les plus obscures, leur permet de distinguer de ceux de leurs voisins, malgré tous les détours de l'immense labyrinthe que forment, sur la vasière, les six mille palissades qui la recouvrent.

Tel est l'ingénieux et bien simple appareil qu'imagina Walton pour explorer, à mer basse, la baie de l'Aiguillon, et qui le mit en mesure d'exécuter tous les travaux de construction que, sans son secours, il n'eût jamais pu entreprendre sur ce fond boueux et mouvant. Aussi cet appareil est-il encore aujourd'hui l'instrument le plus utile de l'industrie. Les habitants d'Esnandes, de Charron, de Marsilly, en font usage non-seulement pour aller chercher des moules ou entretenir leurs peuplades, mais encore pour le transport de tous les bois qui servent à l'édification de leurs bouchots. Dans ce cas, une seule de ces pirogues ne suffisant pas, ils en joignent trois ensemble et de front, les attachent à l'avant et à l'arrière avec des cordes qu'ils passent dans des trous pratiqués à dessein, chargent ensuite les pieux et les fascines sur l'acon du milieu, prennent place dans ceux des côtés et poussent, l'un de la jambe droite, l'autre de la jambe gauche, le convoi que leurs efforts réunis dirigent vers le lieu de sa destination. L'aune et l'obier, celui-ci pour les clayonnages, celui-là pour les pieux, sont les seuls bois dont on se serve pour les constructions.

Il y a une époque de l'année où la manœuvre des pirogues deviendrait très-difficile, si un petit crustacé, le *corophium longicornis*, pour donner la chasse aux vers marins dont il se nourrit, ne venait, en les fouillant, aplanir les sillons profonds, les inégalités temporaires, que les vases amoncelées et durcies par les rayons du soleil opposent à la marche des bouchoteurs.

« Ce que des milliers d'hommes, dit M. d'Orbigny père, ne parviendraient pas à exécuter dans tout le cours de l'été, une réunion de chétifs animaux, à peine longs de quatre lignes, et larges d'une ligne et demie, l'achèvent en quelques semaines; ils démolissent et aplanissent plusieurs lieues carrées couvertes de ces sillons, ils délayent la vase, qui est remportée hors des bouchots et même de la baie par la mer, à chaque marée; et, peu de temps après leur arrivée, le sol de la vasière se trouve avoir une surface aussi plane qu'à la fin de l'automne précédent.

« Les *corophies* commencent à paraître vers la fin d'avril, c'est aussi à cette époque que les sillons dont j'ai parlé sont habités par d'innombrables annélides de toutes les espèces. Tous ces vers marins que l'on voyait dans le mois de mars, dès que la marée commençait à les couvrir, se présenter avec sécurité à l'orifice de leur retraite pour saisir les animalcules qui passaient à leur portée, se cachent et s'enfoncent dans la vase; dès que leurs ennemis sont arrivés, on ne les voit plus; les corophies, qui en sont très-friands, leur font une guerre d'extermination; ils les poursuivent sans relâche jusque dans leurs retraites les plus profondes. Il n'est rien de plus intéressant pour l'observateur que de voir, à mer montante, tous ces petits crustacés s'agiter en tous sens, battre la vase de leurs longues antennes, la délayer pour découvrir leur proie; ont-ils rencontré une néréide, une amphitrite, une arénicole, le plus souvent cent fois plus grosse que chacun d'eux, ils se réunissent et semblent agir de concert pour l'attaquer, la mettre à mort et la dévorer; ils ne cessent leur carnage qu'après avoir fouillé partout, et lorsqu'ils ne trouvent plus de quoi assouvir leur voracité.

« Ces animaux, qui paraissent se multiplier pendant toute la belle saison, quittent ordinairement nos vases vers la fin d'octobre : ils partent tous à la fois, dans une seule nuit, et gagnent la haute mer; on n'en rencontre plus un seul là où ils étaient si nombreux quelques jours avant. »

Par l'établissement de son premier appareil, Walton eut tous les succès que les résultats déjà obtenus au moyen de pieux isolés avaient pu lui faire espérer; mais il ne renonça pas pour cela à l'usage de ces pieux sans fascines. Il en planta un assez grand nombre du côté de la mer; leur fit ensuite des emprunts pour remplir les vides du clayonnage que le frai de l'année n'avait point occupés; et, dès le printemps suivant, les belles moules qu'il éleva dans ces parcs artificiels eurent la préférence sur tous les marchés. Ses voisins, frappés alors des avantages qu'il retirait de son industrie, imitèrent son exemple avec un tel empressement, que toute la vasière fut bientôt recouverte de bouchots, et qu'au moment où j'écris ces lignes une forêt de deux cent trente mille pieux environ y est employée, d'une manière permanente, à soutenir les cent vingt-cinq mille fascines qui plient tous les ans sous une récolte qu'une escadre de vaisseaux de ligne ne pourrait suffire à renfermer dans ses flancs.

Ces pieux sont des troncs d'arbres, de douze pieds de haut, de six pouces de diamètre, qu'on enfonce dans la vase jusqu'à moitié de leur longueur, et qui s'élèvent, par conséquent, à six pieds au-dessus du sol. Plantés à quarante ou cinquante centimètres les uns des autres, ils sont échelonnés, conformément au plan de Walton, par doubles files de deux cents à deux cent cinquante mètres d'étendue, chaque paire formant l'image d'un V dont la pointe regarde la mer. La partie libre de ces pieux, celle qui s'élève au-dessus de la vasière, est entrelacée d'un clayonnage formé avec de fortes perches d'obier, qui n'ont pas moins de vingt-cinq à trente pieds de long, et dont l'enchevêtrement convertit les longues colonnades qui leur servent de support en solides palissades, clissées comme les ouvrages de vannerie. Ce clayonnage cependant ne descend pas tout à fait jusqu'au sol : il s'arrête à quelques centimètres au-dessus de son niveau, afin que l'eau puisse librement passer entre les deux, soit lorsque le flot revient, soit lorsqu'il se retire. Son bord inférieur ne s'appuyant donc pas sur la vase, et tout le poids des fascines se trouvant soutenu par la seule pression des perches autour de leurs supports, il faut que ces derniers soient assez rapprochés les uns des autres pour leur offrir un grand nombre de points de contact; car, sans cette précaution, tout le clayonnage, entraîné par la charge de la récolte, glisserait le long des colonnes trop espacées, de manière à toucher le fond, et à provoquer des atterrissements par l'obstacle qu'il opposerait au limon que charrie la vague, ou, en se rompant, aggraverait les frais d'exploitation dans une proportion ruineuse pour l'industrie. La distance de deux pieds est suffisante, celle d'un mètre serait désastreuse. La question se réduit donc à savoir si l'espacement le plus restreint n'amènera pas un exhaussement plus rapide de la baie de l'Aiguillon, et si, en favorisant la culture du coquillage, il ne compromettra pas les intérêts de la navigation, dont l'administration de la marine doit être la vigilante protectrice.

Une exploration attentive de la baie de l'Aiguillon, pendant une maline descendante, m'a complétement rassuré sur ce point : j'ai vu que la mer, en se retirant, trouve dans les pieux qui soutiennent les ailes des bouchots autant d'obstacles contre lesquels elle lutte. C'est alors que, coupée par eux, la lame se sépare pour retomber sur les pieux suivants avec plus d'énergie. Si le vent est nord-ouest (c'est le cas le plus ordinaire de la contrée), on voit très-clairement cette lutte de la lame contre les pieux. Une dépression des vases, dans la direction des ailes, prouve que les érosions n'ont pu être que l'effet de l'affouillement de cette lame autour des obstacles qu'elle a rencontrés. Il ne saurait donc y avoir de doute après un pareil fait : les pieux, pourvu qu'ils soient plantés à deux ou trois pieds de distance, ne sauraient être considérés comme une cause d'atterrissement. Si leur présence devait, en effet, produire un aussi fâcheux résultat, la portion de l'anse de l'Aiguillon touchant la Charente, où il y a, depuis des siècles, plus de cent cinquante mille pieux, devrait être de beaucoup plus envasée que celle de la Vendée, où il n'en a jamais existé un seul : or c'est précisément le contraire qui a lieu. L'administration de la marine peut donc, sans scrupule, laisser l'industrie se développer dans les conditions de sa plus grande prospérité. Les pratiques de cette industrie ne sont point incompatibles avec les intérêts de la navigation. J'ose donc joindre mes vœux à ceux de cette population laborieuse, et appeler sur ses travaux la sollicitude du Gouvernement, qui lui a donné jusqu'ici des gages de sa plus grande bienveillance.

Les palissades que les pieux supportent n'ont pas moins de deux cents à deux cent cinquante mètres de longueur chacune, sur six pieds de haut. Elles sont, comme je viens de le dire, assemblées par groupes, en forme de V, pour constituer des bouchots, et ces bouchots sont orientés de manière à présenter toujours leur sommet à la mer, et à éviter que les lames ne les prennent jamais par le flanc. Ces palissades, au nombre de mille, constituent donc cinq cents bouchots, et chaque bouchot représentant, en moyenne, une longueur de quatre cent cinquante mètres, il s'ensuit que l'ensemble forme un clayonnage de deux cent vingt-cinq mille mètres de long, sur six pieds de haut. Cet immense appareil couvre, dans la baie de l'Aiguillon, sur une étendue de huit kilomètres, tout l'espace compris entre la pointe de Saint-Clément et l'embouchure de la rivière de Marans, dans les communes d'Esnandes, de Charron et de Marsilly. La plupart des boucholeurs possèdent plusieurs bou-

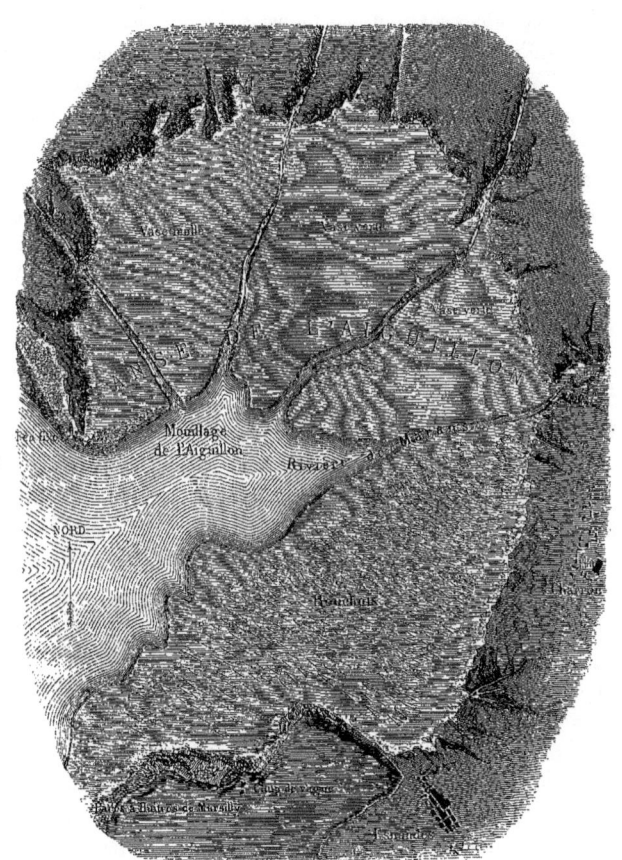

Fig. 2. Plan de l'anse de l'Aiguillon.

chots, comme certains propriétaires plusieurs fermes. Quelques-uns, les plus pauvres, n'ont pour tout patrimoine que la moitié, le tiers, le quart, ou même le cinquième de l'un de ces établissements, qu'ils exploitent en commun avec leurs associés, et dont ils partagent les charges et les bénéfices.

Tous ces appareils sont échelonnés sur quatre étages, auxquels l'industrie assigne des usages différents, selon qu'ils sont plus rapprochés ou plus éloignés du rivage. Elle les désigne sous les noms de bouchots du *bas* ou *d'aval*, bouchots *bâtards*, bouchots *milloin*, bouchots *d'amont*, noms qui expriment la zone que chaque étage occupe sur le plan topographique de la baie.

Les bouchots du bas ou d'aval sont les plus éloignés du rivage, et ne découvrent qu'aux grandes marées des syzygies. Au lieu d'être palissadés comme ceux des autres étages, ils ne sont formés que de simples pieux espacés d'un tiers de mètre environ. Ces pieux solitaires, si je puis m'exprimer ainsi, se trouvent dans la zone la plus favorable à la conservation du naissain des moules qui vient s'y attacher. Partout ailleurs ce naissain, composé d'animaux excessivement délicats, serait trop souvent mis à sec, et pourrait difficilement résister à l'action prolongée du soleil, ou à celle des froids rigoureux. C'est donc sur ces points d'appui spéciaux qu'on laisse s'accumuler toute la semence destinée à peupler ensuite, par voie de transplantation et de repiquage, les palissades vides, ou trop peu garnies, des étages que la mer découvre plus souvent; car les habitants de la contrée se servent d'expressions agricoles pour désigner les diverses opérations de leur industrie. Ils disent : semer, planter, transplanter, éclaircir, repiquer et récolter les moules.

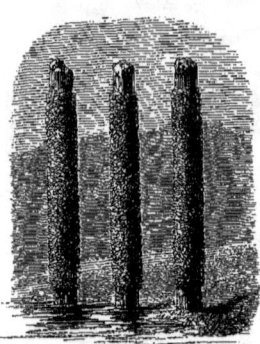

Fig. 3. Pieux isolés dits *bouchots d'en bas* ou *d'aval*, couverts de *renouvelain* ou frai de moules, qu'ils sont particulièrement destinés à fixer.

Vers le mois d'avril cette semence, fixée en février et mars aux pieux solitaires des bouchots d'aval, égale à peine le volume d'une graine de lin, et prend le nom de *naissain;* elle a, en mai, la grosseur d'une lentille; en juillet, celle d'un haricot, et s'appelle alors *renouvelain* : c'est le moment de sa transplantation.

Lors donc que vient le mois de juillet, et que le naissain a acquis, sur son berceau, la taille du renouvelain, on juge qu'il est susceptible de supporter un nouveau séjour, de s'acclimater dans un milieu un peu moins favorable, où, avant cet âge, il aurait eu à souffrir. Les boucholeurs poussent alors leurs acons vers les points de la vasière où sont plantés les pieux chargés de cette semence.

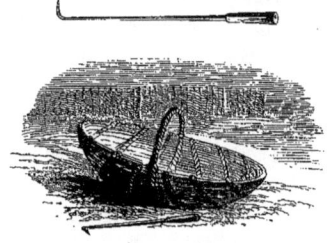

Fig. 4. Crochet ou *péchoire* à l'aide de laquelle on détache le renouvelain des pieux ou bouchots d'aval. — Panier pour la récolte des moules.

Ils en détachent, en les râclant à l'aide d'un crochet fixé au bout d'un manche, le nombre de plaques qu'à mer basse ils auront le temps de transplanter; amassent ces plaques dans des paniers, et dirigent leurs pirogues vers les palissades les plus voisines, c'est-à-dire vers les bouchots bâtards qui découvrent lors des marées des vives eaux ordinaires, et s'y arrêtent pour commencer la *bâtisse*.

Là, prenant chaque paquet à part, ils l'enferment dans une bourse de vieux filet; logent ensuite, une grappe après l'autre, entre les branchages toutes ces colonies, dont les individus, liés ensemble par leur byssus, forment des familles distinctes; garnissent tous les intervalles avec cette *bâtisse*, comme le feraient des maçons qui y couleraient du plâtre pour convertir en muraille ces panneaux à claire-voie, avec cette différence, cependant, qu'ici l'on a toujours le soin d'espacer assez les familles pour que l'accroissement d'une peuplade ne gêne pas celui de ses voisines. Le filet qui les entoure et les assujettit se pourrissant bientôt, rien ne s'oppose plus à ce que ces colonies isolées étendent leurs limites par le développement de chacun de leurs membres. Elles grandissent, en effet, dans ce nouveau séjour, et finissent par se toucher; en sorte que ces immenses palissades, quand les grappes développées se joignent dans les mailles de leur tissu, ressemblent à des pans de murs noircis par l'incendie.

Fig. 5. Pieux d'*amont*, avec clayonnage, chargés de moules bonnes à être récoltées.

Quand les choses en sont arrivées à ce point, et que les moules, devenues plus grandes, commencent à se toucher, leur résistance à l'action du monde extérieur est de beaucoup plus énergique à cette période qu'à leur état de renouvelain. On peut donc éclaircir les rangs trop serrés, afin de faire place à des générations plus jeunes, et transporter celles qu'on enlève des bouchots bâtards qui, comme je l'ai déjà dit, ne découvrent que lors des marées des vives eaux ordinaires, dans les fascines vides des bouchots milloin, qui découvrent pendant toutes les marées de mortes eaux. C'est là ce qu'on appelle repiquer les moules, opération qui s'exécute de la même manière que la première, c'est-à-dire en enveloppant les grappes dans une bourse, avant de leur assigner une nouvelle demeure où elles puissent continuer à grandir et à se répandre sans obstacle. Cependant, lorsqu'on les repique ainsi, l'on ne s'assujettit pas à les entourer d'un filet avec autant de rigueur qu'à l'époque où on les a prises sur les bouchots d'aval, parce qu'alors leur plus grand volume permet de les loger plus facilement, et plus solidement, sans le secours de ce lien.

L'industrie poursuit ainsi son travail de répartition tant qu'elle a, sur les pieux solitaires des bouchots d'aval, du renouvelain susceptible d'être distribué dans les clayonnages; profitant, en toute saison et par tous les temps, le jour et la nuit, des marées basses, qui sont les seuls moments qu'elle puisse consacrer à cette culture laborieuse. Si les échafaudages, sur lesquels ses soins assidus entretiennent la récolte, se dégradent, s'affaissent ou se rompent, alors aussi elle répare les avaries, remplace les pieux qui ne peuvent plus servir, relève ou déplace les moules envasées, veille à la conservation de l'ensemble.

C'est ordinairement après dix mois ou un an de séjour sur ces bancs artificiels que les moules deviennent marchandes. Alors, avant de les livrer à la consommation, et pour créer des places sur les palissades intermédiaires, on fait subir à ces colonies mobiles un troisième et dernier transbordement. Celles qui acquièrent la grandeur voulue passent à mesure sur les bouchots d'amont, qui sont les plus rapprochés du rivage, comme en un lieu d'entrepôt où on les a plus facilement sous la main. Elles s'y conservent vivantes, quoique la mer les découvre deux fois par jour, et, grâce à la ressource de ce roulement continu, l'on n'a point à craindre que la récolte souffre, ni que l'exploitation soit interrompue.

Les moules que l'on élève ainsi, bien qu'elles se développent à côté les unes des autres sur le même clayonnage, n'ont pas toutes les mêmes qualités. Celles qui habitent les rangs supérieurs sont d'un meilleur goût que celles des rangs intermédiaires, et celles des rangs intermédiaires plus estimées que celles des rangs inférieurs, lesquelles, plus rapprochées de la vase, en sont souillées chaque fois que le mouvement des flots soulève le fond. Il n'en monte, au contraire, vers les régions supérieures, que ce qu'il en faut pour que les moules y trouvent les molécules nutritives, les animalcules infusoires qui abondent dans ce limon dilué, et c'est là le véritable motif de la différence. Cependant, malgré cette différence, les élèves les moins estimés des bouchots sont encore assez améliorés par les soins de l'industrie pour être de beaucoup préférables aux plus belles moules que l'on recueille en mer.

Ce mollusque étant devenu, à cause de l'abondance des récoltes et de la modicité de son prix, l'aliment journalier de la classe indigente, se vend pendant toute l'année. Mais il y a une période durant laquelle sa chair est plus tendre, plus savoureuse, plus grasse, qu'en toute autre saison. Cette période commence en juillet, et se prolonge jusqu'en janvier. De la fin de février à la fin d'avril les moules sont *laiteuses*. Elles perdent, comme les huîtres au temps du frai, et tant que dure la fonction de l'ovaire ou l'incubation, les qualités qu'elles avaient auparavant. Maigres et coriaces, elles sont alors moins recherchées. C'est donc de juillet en janvier qu'ont lieu les transactions importantes, et qu'on livre la plus grande partie de la récolte à la consommation.

S'il s'agit d'en fournir les villages environnants, ou d'en approvisionner les villes les moins éloignées, les boucholeurs amènent au rivage leurs acons remplis de moules. Là, leurs femmes s'emparent de la marchandise, la transportent d'abord dans les grottes creusées au bas de la falaise, où on a coutume de remiser les instruments de travail et les matériaux de construction. Elles l'arrangent, après l'avoir préalablement nettoyée, dans des mannequins et des paniers; chargent ces paniers et ces mannequins sur des chevaux ou sur des charrettes; et puis, quelque temps qu'il fasse, elles partent la nuit, dirigeant le convoi vers le lieu de sa destination, et y arrivent toujours d'assez bonne heure pour assister à l'ouverture du marché. Elles vont ainsi à la Rochelle, à Rochefort, Surgères, Saint-Jean-d'Angély, Angoulême, Niort, Poitiers, Tours, Mauzé, Angers, Saumur, etc. Cent quarante chevaux environ et quatre-vingt-dix charrettes, faisant ensemble, dans ces diverses villes, plus de trente-trois mille voyages, sont employés annuellement à ce service.

S'il s'agit, au contraire, d'une exportation à de plus grandes distances ou sur une plus grande échelle, quarante ou cinquante barques, venues de Bordeaux, des îles de Ré et d'Oléron, des Sables-d'Olonne, et faisant ensemble sept cent cinquante voyages par an, distribuent la récolte dans des contrées où les chevaux n'apportent point les approvisionnements.

Un bouchot bien peuplé fournit ordinairement, suivant la longueur de ses ailes, de quatre à cinq cents charges de moules, c'est-à-dire une charge par mètre. La charge est de cent cinquante kilogrammes et se vend cinq francs. Un seul bouchot porte donc une récolte d'un poids de soixante à soixante et quinze mille kilogrammes, et d'une valeur pécuniaire de deux mille à deux mille cinq cents francs; d'où il suit que la récolte de tous les bouchots réunis s'élève au poids de trente à trente-sept millions de kilogrammes, qui, sur le marché, donnent un revenu brut d'un million à douze cent mille francs. Ce chiffre et l'abondante récolte dont il est le produit peuvent donner une idée des ressources alimentaires et des bénéfices considérables qu'il y aurait à tirer d'une pareille industrie, si, au lieu de la restreindre à une portion de la baie de l'Aiguillon, on l'étendait à toute la vasière, et si, de cette contrée où elle a pris naissance, on l'importait sur tous les rivages et dans tous les lacs salés où elle serait susceptible d'être pratiquée avec succès. En attendant, le bien-être qu'elle répand dans les trois communes dont elle est devenue le patrimoine restera comme un exemple à imiter; car, grâce à la précieuse invention de Walton, la richesse y a succédé à la misère, et, depuis que cette industrie y a pris un certain développement, on n'y rencontre plus d'homme valide qui soit pauvre. Ceux que leurs infirmités condamnent au repos y sont secourus par la généreuse bienfaisance des autres, et de la manière la plus délicate.

« Deux fois par semaine, dit M. d'Orbigny père, les ménagères de chaque famille boulangent et portent leur pain à cuire au four des boulangers; les indigents ou leurs délégués, souvent des gens aisés, qui se chargent de cette honorable mission lorsque ces malheureux ne peuvent s'y transporter, s'y présentent avec une bourriche. Chaque ménagère, avant de faire enfourner, remet un morceau de pâte à chacun; le boulanger se charge de faire de tous ces morceaux un pain qu'il cuit gratis. Rien n'est plus intéressant, pour l'homme sensible et observateur, que d'assister au moment de l'arrivée des boucholeurs et pêcheurs, au débarquement de la pêche : un cours de morale ne vaudrait pas cette leçon d'humanité fraternelle. Que ce soit de jour ou de nuit, ces mêmes indigents, rangés sur une file et munis de paniers près du débarcadère, reçoivent de chacun d'eux, à mesure qu'il débarque, les prémices de sa pêche, une poignée de moules, une autre de menu poisson ; ce don est accompagné d'égards, de questions qui démontrent l'intérêt que chacun porte aux infortunés qu'il connaît, qui peut-être lui sont parents; il craindrait de s'attirer des malheurs en les refusant, en les brusquant; souvent même il se charge de faire porter la collecte par le cheval ou la charrette que sa femme a eu le soin d'amener au port pour enlever la pêche. La provision de pain suffit à la subsistance; la surabondance de poisson et de moules est vendue, et le produit sert à se procurer le bois, la chandelle, enfin ce qui est nécessaire.

« Cette population, toute catholique, offre l'aspect de ces grands établissements des frères Moraves de l'Amérique du Nord et de l'Allemagne. Partout le travail, les bonnes mœurs, la gaieté, le bonheur; on n'y voit que d'heureux ménages, rarement des disputes et des gens ivres; l'hospitalité y est considérée comme un devoir religieux; la probité fait le fond de l'éducation; enfin le voyageur étonné croit rêver un meilleur monde[1]. »

Voici, d'après un relevé statistique fait, en 1846, par M. d'Orbigny père, quels étaient alors les frais d'établissement, les dépenses et les produits annuels des 340 bouchots qui étaient exploités par les trois communes d'Esnandes, de Charron et de Marsilly.

DÉPENSES D'ÉTABLISSEMENT POUR 340 BOUCHOTS.

		Terme moyen.
159,400 pieux mis en place .... à 300 fr. le cent....		478,200ᶠ
90,000 paquets de fascines mis en place. à 150	idem...	135,000
160 acons avec apparaux .... à 40	chacun.	6,400
160 paires de bottes de boucholeurs. à 33	idem...	5,280
A reporter.........		624,880

[1] D'Orbigny : *Les habitants des communes littorales de l'anse de l'Aiguillon, etc. au Gouvernement, etc.* La Rochelle, 1835, p. 25.

DE LA BAIE DE L'AIGUILLON.

			Report............	624,880ᶠ
166	filets aveneau avec apparaux....	à 15 fr. chacun...		2,490
400	filets d'allouret *idem*..........	à 15 *idem*...		6,000
200	bournes *idem*...............	à 20 *idem*...		4,000
2,000	bourolles *idem*..............	à 1 *idem*...		2,000
600	couples de mannequins........	à 3 *idem*...		1,800
1,000	paniers de pêche.............	à 75 *idem*...		750
110	chevaux équipés pour bât......	à 350 *idem*...		38,500
28	chevaux équipés pour charrette.	à 380 *idem*...		10,540
28	charrettes équipées...........	à 800 *idem* ..		5,600

Total...................... 696,660

Chaque bouchot coûte...................... 2,049ᶠ
340 bouchots coûtent....................... 696,660

DÉPENSES ANNUELLES POUR L'ENTRETIEN DE 340 BOUCHOTS.

	Terme moyen.
Intérêt annuel de la somme de 696,660 francs..............	34,833ᶠ
Achat et transport de fascines et de pieux................	64,000
Entretien des acons, bottes, filets, ustensiles, etc...........	11,000
102,000 journées d'hommes à 1 fr. 50 cent................	153,000
42,000 journées de femmes à 1 fr. 25 cent...............	52,500
Nourriture de 138 chevaux, entretien des harnais, charrettes, etc.	41,400
1,800 jours de pavé et d'attache à la Rochelle à 50 centimes....	900
Loyer des logements de 140 familles à 60 francs chacun.......	8,400
Journées pour recueillir la semence.....................	1,400
Vieux filets pour les poches; journées pour les placer..........	18,807

Total................... 386,240

Chaque bouchot dépense annuellement............. 1,136ᶠ
340 bouchots dépensent...................... 386,240

PRODUIT ANNUEL EN MOULES, POISSONS, GIBIERS, POUR 340 BOUCHOTS.

				Terme moyen.
Pour la Rochelle, 60 chevaux font par an	18,000 voyages	à	5ᶠ	90,000ᶠ
Idem....... 28 charrettes.........	7,000 *idem*...	à	20	140,000
Rochefort.... 12 *idem*.............	840 *idem*...	à	40	33,600

A reporter......... 263,600

INDUSTRIE

			Report........	263,600f
Surgères....	16 charrettes, font par an	1,120 voyages à	20f	22,400
St-J.-d'Angély.	28 idem............	1,120 idem... à	20	22,400
Angoulême...	40 chevaux..........	1,600 idem... à	5	8,000
Idem.......	8 charrettes.........	320 idem... à	20	6,400
Niort.......	28 idem............	1,960 idem... à	40	78,400
Poitiers.....	8 idem............	160 idem... à	40	6,400
Mauzé......	8 idem............	320 idem... à	25	8,000
Tours......	12 idem............	240 idem... à	30	7,200
Angers.....	4 idem............	80 idem... à	40	3,400
Saumur.....	8 idem............	160 idem... à	40	6,400
Bordeaux...	32 barques..........	128 idem... à	300	38,400
Iles de Ré et d'Oléron..	4 idem............	480 idem... à	30	7,200
Sab.-d'Olonne.	6 idem	150 idem... à	30	4,500
Poissons pris dans les bouchots, gibiers pris dans les filets......				27,500
		Total...................		510,000

Chaque bouchot produit annuellement.................. 1,500f 00c

Sa dépense annuelle est de.......................... 1,136 00

      Bénéfice net................. 364 00

A quoi il faut ajouter l'intérêt du capital de 2,049 francs, qui est de.. 102 45

      Total.................... 466 45

Plus les journées d'hommes et de femmes portées en dépenses annuelles.

Si le relevé statistique publié par M. d'Orbigny père est bien l'expression exacte de ce qui existait en 1846, l'industrie aurait pris depuis cette époque un développement considérable. Au lieu de 340 bouchots que l'on comptait alors dans la baie de l'Aiguillon, il y en a maintenant près de 500; et je ne puis douter que mes informations ne soient exactes, car, après les avoir prises sur les lieux, une lettre que je reçois de M. le maire d'Esnandes me confirme dans toutes mes appréciations.

M. Belenfant, commissaire de la marine à la Rochelle, a aussi beaucoup contribué, par les renseignements qu'il a bien voulu me fournir, et par le soin qu'il a pris de m'accompagner pendant mon exploration, à me mettre au courant de toutes les pratiques de cette industrie.

APPENDICE

A LA PREMIÈRE ÉDITION.

I.

DOCUMENTS RELATIFS AUX PÊCHES MARINES.

I.

RAPPORT A SA MAJESTÉ L'EMPEREUR

SUR

L'ÉTAT DES HUITRIÈRES DU LITTORAL DE LA FRANCE

ET SUR LA NÉCESSITÉ DE LEUR REPEUPLEMENT.

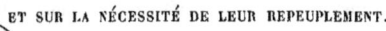

Paris, le 5 février 1858.

Sire,

Le domaine des mers peut être mis en culture comme la terre; mais ce domaine étant une propriété sociale, c'est à l'État qu'il appartient d'accomplir ce grand dessein par l'application des méthodes dont la science garantit l'efficacité, et de livrer ensuite aux populations reconnaissantes les récoltes préparées par ses soins.

J'aurai donc l'honneur de soumettre à Votre Majesté, suivant son ordre, toutes les propositions qui peuvent assurer le succès de cette innovation d'utilité publique. Je commencerai par celle qui est relative à la multiplication des huîtres sur le littoral de la France.

L'industrie huîtrière tombe en une telle décadence que, si on n'y porte un prompt remède, l'on aura bientôt épuisé la source de toute production.

A la Rochelle, à Marennes, à Rochefort, aux îles de Ré et d'Oléron, sur vingt-trois bancs formant naguère l'une des richesses de cette portion de notre littoral, il y en a dix-huit de complétement ruinés, pendant que ceux qui fournissent encore un certain produit sont gravement compromis par l'invasion croissante des moules. Aussi les éleveurs de ces contrées, ne pouvant plus y trouver une récolte suffisante pour garnir leurs *parcs* et leurs *claires* du coquillage qu'ils y engraissent ou qu'ils y perfectionnent, sont-ils contraints d'aller le chercher à grands frais jusque sur les côtes de la Bretagne, sans suffire pour cela aux besoins de la consommation.

La baie de Saint-Brieuc, si admirablement et si naturellement appropriée à la reproduction de l'huître, et qui portait autrefois, sur son fond solide et toujours propre, quinze bancs en pleine activité, n'en a plus que trois aujourd'hui, dont avec vingt bateaux on enlèverait en quelques jours jusqu'à la dernière coquille, tandis que, au temps de la prospérité du golfe, plus de deux cents barques, montées par quatorze cents hommes, étaient occupées, chaque année, à l'exploiter du 1er octobre au 1er avril, et y trouvaient de 3 à 400,000 francs de récolte.

Dans la rade de Brest et à l'embouchure des rivières de la Bretagne, la décadence fait de moins rapides progrès, parce que ces parages fertiles n'ont pas encore subi une aussi active exploitation. Mais comme le dépeuplement des autres parties de notre littoral oblige d'aller leur demander ce qu'on ne rencontre plus ailleurs, ils marchent visiblement vers la même ruine.

A Cancale et à Granville, dans ces deux quartiers classiques de la multiplication du coquillage, ce n'est qu'à force de soins et de bonne administration qu'on réussit, non point à accroître la récolte, mais à modérer son déclin.

Cependant, à mesure que l'industrie s'affaiblit ou reste stationnaire, les voies ferrées, multipliant les communications de notre littoral avec l'intérieur des terres, appellent un plus grand nombre de consommateurs au partage des fruits de la mer. Ces fruits, renchéris par suite de l'insuffisance de la récolte, prennent sur nos marchés une valeur que la concurrence surexcite, et les populations maritimes, pressées par le besoin ou entraînées par les séductions d'un bénéfice présent, se livrent à des déprédations qui, dans un avenir prochain, aggraveront leur misère.

A ce déplorable état des choses il y a un remède, Sire, d'une application facile, d'un succès certain, et qui fournira à l'alimentation publique d'incalculables richesses. Ce remède consiste à entreprendre, aux frais de l'État, par les soins de l'administration de la marine et au moyen de ses vaisseaux, l'ensemencement du littoral de la France, de manière à repeupler les bancs ruinés, à raviver ceux qui s'éteignent, à étendre ceux qui prospèrent, à en créer de nouveaux partout où la nature des fonds permettra d'en établir. Et quand, par cette généreuse initiative, ces champs producteurs auront pris en tous lieux un développement suffisant, on pourra alors les soumettre au régime salutaire des coupes réglées, laissant reposer les uns pendant qu'on exploitera les autres; régime qui, depuis un siècle, préserve les baies de Cancale et de Granville de la destruction qu'une pêche abusive cause partout ailleurs.

Pour donner un frappant exemple de la façon dont ces opérations de repeuplement ou de création nouvelle doivent être conduites et des immenses résultats qu'il faut en attendre, j'ai l'honneur de proposer au Gouvernement de Votre Majesté de décider que la baie de Saint-Brieuc soit le théâtre d'une entreprise de ce genre. Là l'expérience s'accomplira dans un espace restreint, la surveillance sera facile, et en moins de six mois l'on pourra déjà estimer les promesses de la future récolte, comme sur un arbre en fleur, pourvu qu'on prenne le soin d'organiser les bancs artificiels en mars ou en avril prochain, c'est-à-dire avant la ponte.

Une somme de six à huit mille francs, mise à la disposition du commissaire de la marine du quartier, suffira pour acheter la quantité d'huîtres nécessaire à l'ensemencement du golfe. Ces huîtres seront pêchées dans la mer commune et, s'il se peut, transportées immédiatement par un vaisseau à vapeur de l'État sur les fonds naturellement propres. Mais, dans le cas où l'on n'en pourrait réunir assez en un jour pour compléter une cargaison, on les déposerait momentanément près de Plévenon, dépendant de Saint-Brieuc, sous la surveillance des deux postes de douane qui s'y trouvent, afin de ne les conduire qu'après complète livraison de cet étalage provisoire aux lieux de leur destination définitive.

A l'aide de ce moyen bien simple, et avec une dépense relativement insignifiante, on pourra créer en quelques années, dans la baie de Saint-Brieuc seulement, un revenu considérable, si l'on prend toutes les précautions voulues pour le succès de l'entreprise.

Parmi ces précautions, je place au premier rang celle de ne laisser séjourner le coquillage reproducteur hors de l'eau que le temps indispensable pour son transport du lieu de pêche ou de son entrepôt provisoire à celui de sa destination. C'est pour avoir négligé de se conformer à cette règle que l'on a échoué dans des tentatives antérieures; mais toutes les fois qu'on l'a observée, l'expérience a réussi, comme le prouvent les essais de M. de Bon dans la Rance.

Une seconde et non moins importante condition à remplir est celle de la surveillance et de la culture de ces champs sous-marins fertilisés par la science, surveillance et culture qui rentrent naturellement dans les attributions du commissaire du quartier. Mais pour que les moyens d'action de ce fonctionnaire soient à la hauteur de sa responsabilité, il faut qu'il ait à ses ordres une péniche, ou mieux encore une chaloupe de huit à dix tonneaux, équipée d'un patron, de quatre matelots et d'un mousse, force suffisante à toutes les manœuvres de la pêche : chaloupe pouvant à la fois servir comme gardienne et comme instrument d'exploitation des richesses qu'elle aura la mission de protéger et d'accroître.

Au moyen de cet instrument d'investigation et de culture, les huîtrières créées par l'État, ou entretenues par ses soins, seront l'objet d'une permanente et facile exploration. Rien ne pourra s'y passer sans que l'Administration en soit à l'instant informée et se trouve en mesure d'agir. Si la vase s'accumule sur les fonds producteurs, ou si les moules et le *maërle* les envahissent, la drague de l'équipage dégagera les huîtres ensevelies, ou arrachera les parasites, comme la charrue les mauvaises herbes de la terre. Si dans le voisinage des bancs organisés on découvre d'autres fonds propices à la multiplication du coquillage, la chaloupe exploratrice, toujours occupée du soin d'étendre son domaine, ira chercher au large, sur les bancs naturels, les huîtres adultes dont elle aura besoin pour peupler ces champs nouveaux, ou y sèmera les huîtres de *rejet,* qu'aux époques des pêches l'on sépare par le triage des huîtres réglementaires. En sorte que, soit que l'on considère cette embarcation au point de vue de la surveillance, soit qu'on l'envisage au point de vue de la culture, elle rendra des services qu'on ne saurait obtenir par tout autre moyen.

Je voudrais donc en voir partout adopter l'usage, à l'exemple du chef de service de Saint-Servan.

Ces chaloupes formeraient dans la marine militaire une sorte de marine agricole dont l'emploi n'exclurait pas celui des bâtiments affectés à la police générale de la pêche, bâtiments qui exercent sur un plus grand développement du littoral. Leur construction, pour répondre aux besoins de l'étude comme à celui du service, devrait être combinée de manière à ménager dans chacune d'elles un vivier où l'on conserverait, au besoin, les espèces sur lesquelles on voudrait expérimenter, ou que l'on souhaiterait transporter vivantes d'un point à un autre.

Sans doute, lorsque les bancs en souffrance réclameront, pour revenir à leur état prospère, qu'on les délivre, soit d'une invasion générale des moules, comme en ce moment à Marennes, soit de l'envahissement non moins redoutable du *maërle,* comme sur certains points de la rade de Brest, l'embarcation consacrée au service ordinaire d'un quartier ne pourra seule suffire à ce travail exceptionnel; mais, en pareille occurrence, les bateaux pêcheurs de la circonscription, au bénéfice desquels aura lieu l'entreprise, seront de corvée pour le traitement de ces bancs, au même titre que les propriétaires des communes, par les prestations en nature, quand il s'agit de la réparation d'une voie de communication.

Les huîtres de rejet et celles de la mer commune formeront deux sources où les vaisseaux de l'État iront s'approvisionner pour opérer l'ensemencement du littoral; mais, malgré l'abondance de leurs produits, elles ne sauraient suffire à la réalisation de ce vaste projet, si on n'avait un moyen d'employer à cet usage les myriades d'embryons qui, au temps du frai, sortent des valves de chaque mère, comme des essaims d'abeilles de leurs ruches; embryons presque tous perdus en l'état actuel de l'industrie, faute d'un obstacle qui les arrête au passage et où ils puissent s'attacher.

C'est à la récolte de ce précieux *naissain* que devront donc s'appliquer désormais les soins des agents de l'Administration.

Chaque huître, en effet, ne donne pas moins de un à deux millions de petits. Or, si de ce nombre il en reste dix ou douze sur les coquilles de la mère, c'est tout ce qu'on peut espérer dans les années d'abondance. Ce qui s'attache n'est donc rien en proportion de ce qui se disperse entraîné par les flots, de ce qui périt sous la vase, de ce qui devient la proie des polypes nourris par les animalcules suspendus au sein des eaux. Le problème consiste donc à trouver un artifice qui permette de recevoir cette inépuisable semence et de la porter sur les fonds à peupler.

En procédant ainsi, on ne prendra rien aux gisements naturels de ce qu'ils ont coutume de retenir à chaque ponte, et cependant l'on s'appropriera d'incalculables richesses. On n'aura, pour les obtenir, qu'à faire descendre sur les bancs des fascines, des clayonnages formés de branchages revêtus encore de leur écorce, retenus au fond par des poids, couchés à plat, de manière à n'être point un obstacle à la navigation. La progéniture des huîtres sous-posées s'élèvera, comme un nuage de poussière vivante, à travers ces branchages, et les embryons qui la constituent s'incrusteront sur tous les points des bâtis dont l'industrie aura fait ainsi des récipients de semence.

Les appareils chargés de cette population microscopique devront être laissés sur les bancs producteurs non-seulement pendant toute la durée de la ponte, mais encore jusqu'au moment où les jeunes y auront pris une suffisante dimension pour qu'on puisse les employer à peupler d'autres parages. Les vaisseaux de l'État porteront alors ces bâtis là où l'on aura résolu d'organiser de nouveaux bancs. Quand ils y seront établis depuis un certain temps, le jeune coquillage s'en détachera naturellement, et tombera sur les fonds préalablement nettoyés par la drague, comme le froment du semoir sur la terre préparée par la charrue.

Ce transport devra être effectué en février ou en mars, parce que, à cette époque de l'année, le *naissain* déposé sur le branchage, celui de septembre, comme celui de mai, est assez facile à reconnaître, le premier ayant déjà le diamètre d'une pièce de vingt sous, le second celui d'une pièce de deux francs. On peut donc juger alors s'il est rare ou abondant, et dans quelle mesure il contribuera à l'œuvre qu'on veut accomplir. D'ailleurs, la force de résistance vitale dont il est doué à cet âge lui permet de supporter sans inconvénient l'influence de conditions différentes de celles d'où on le retire.

La possibilité de recueillir la progéniture des huîtres sur des clayonnages en bois est un fait qui ne se démontre pas seulement par les résultats obtenus de temps immémorial sur les bancs artificiels du lac Fusaro, industrie dont j'ai décrit les pratiques dans *Voyage sur le littoral de la France et de l'Italie*, mais qui ressort encore d'expériences entreprises dans l'Océan lui-même. Des branchages plongés sur les bancs de la Bretagne par M. Mallet, commandant du *Moustique*, sur ceux de Marennes, par M. Ackerman, ex-commissaire de la marine, en ont été retirés, après plusieurs mois de séjour, garnis de semence. Je les conserve dans ma collection comme un témoignage de l'efficacité des méthodes dont je recommande l'application. Il n'y a donc plus, pour tirer de ces méthodes d'incalculables bénéfices, qu'à opérer sur une grande échelle.

J'ose affirmer, Sire, que si l'administration de la marine puise aux diverses sources que je signale, et qu'elle emploie tous les moyens dont elle dispose au développement de l'œuvre dont j'ai l'honneur de proposer à Votre Majesté d'ordonner l'entreprise, elle aura bientôt converti tout le littoral de la France en une longue chaîne d'huîtrières, interrompue seulement dans les parties où les vases s'accumulent. Il suffira, pour la réalisation de ce dessein, qu'elle encourage ses agents à y consacrer leur zèle, en les mettant généreusement en mesure de traduire en actes les projets motivés qu'ils soumettront à son agrément. Elle verra ainsi, comme par enchantement, la rade de Brest tout entière, les baies de la Bretagne et les embouchures de leurs rivières, étendre leurs bancs isolés, et les réunir, par la création de bancs nouveaux, en vastes champs de production; les gisements affaiblis de Cancale, de Granville, se relèveront en s'irradiant vers un grand nombre de localités voisines, dont les fonds propices se prêteront facilement aux tentatives que l'on fera pour les enrichir. Le bassin d'Arcachon, toute la portion du littoral de la Manche qui s'étend de Dieppe au Havre, du Havre à Cherbourg, de Cherbourg à Granville, se couvriront de coquillages, et les bancs éteints des quartiers de la Rochelle, d'Oléron, de Rochefort, de Marennes, etc. seront rétablis dans leur ancienne prospérité. Mais ici, plus que partout ailleurs, il y aura un travail d'aménagement et d'appropriation dont heureusement l'administration de la marine a déjà pris l'initiative, et dans lequel il est urgent qu'elle persévère : c'est celui de purger, par un draguage réitéré, les fonds producteurs des moules et des vases qui les envahissent.

Ce travail accompli, il n'y a pas de raison pour qu'on ne puisse rendre à ces parages ruinés leur fertilité première et en accroître la richesse. L'exploration qui m'a permis de constater l'état de souffrance, d'appauvrissement ou de ruine complète dans lequel se trouvent la plupart des gisements des côtes de l'Océan, m'a également démontré que les fonds dépeuplés n'ont rien perdu de leur aptitude. Les abus de la pêche, aggravés par l'incurie, en ont seuls consommé la dévastation. Une bonne culture réparera, dans un avenir prochain, le mal accompli par le passé, et la mise en rapport de champs jusque-là stériles créera, par une sorte de défrichement sous-marin, de nouvelles sources d'abondance.

Mais ce n'est pas tout d'avoir créé de nouvelles richesses, il faut encore, pour les perpétuer, définir leur mode d'exploitation, et fixer l'époque de l'année où il convient le mieux d'en faire la récolte.

L'expérience de plus d'un siècle a déjà donné, dans les baies de Cancale et de Granville, la solution de la première partie de cet important problème : les coupes réglées sont l'unique moyen de retirer des champs producteurs le plus grand nombre de fruits sans porter atteinte à leur fertilité. C'est donc conformément aux prescriptions de cette méthode généralisée qu'on devra désormais procéder à l'exploitation des huîtrières. On les divisera par zones, de manière à ne revenir sur chacune d'elles que tous les deux ou trois ans, selon que les fonds seront plus ou moins hâtifs pour la maturité de la récolte; mais l'on aura toujours le soin d'y laisser un assez grand nombre de producteurs pour que le *naissain* qu'ils y répandront pendant les périodes de repos puisse y créer de nouvelles et suffisantes moissons. En sorte que, par la généralisation de cette méthode, l'approvisionnement de nos marchés et la fécondité des bancs seront assurés.

Cependant il n'y a pas de règle si générale, surtout quand elle s'applique à la reproduction d'êtres vivants soumis à toutes les vicissitudes du monde extérieur, qui ne soit sujette à exception. Des causes inconnues peuvent en effet troubler, pour un temps plus ou moins long, la fonction génératrice des huîtres d'une localité ou détruire leur *naissain*, et, dans ce cas, les gisements reconnus en souffrance doivent être mis en réserve jusqu'au moment où l'on aura constaté qu'ils sont rentrés dans l'exercice régulier de leurs fonctions. Ce moment venu, on les comprendra de nouveau dans le roulement des coupes réglées.

En l'état actuel des choses, les règlements sur la police de la pêche côtière prescrivent, pour la première quinzaine d'août, de procéder à la visite des huîtrières, afin de désigner celles qui doivent être mises en exploitation au commencement de septembre, époque de l'ouverture officielle de la campagne; mais les commissions chargées de ce soin ne peuvent alors prendre une idée exacte de la situation réelle; car un grand nombre d'huîtres n'ont pas encore frayé, et le *naissain* de celles dont la ponte a eu lieu en juillet est à peine visible à l'œil nu. Pour bien le reconnaître, on est obligé d'avoir recours à un instrument grossissant dont l'emploi ne permet de le distinguer qu'après dessiccation et quand on a l'habitude de ce genre de recherches. Il faut donc, si l'on veut obtenir des renseignements suffisants, renvoyer l'inspection des bancs à une saison plus avancée, c'est-à-dire au mois de janvier. Par l'adoption de cette mesure, l'administration se convaincra que ce n'est pas en septembre qu'il convient de fixer l'ouverture des pêches, mais en février ou en mars, et, par le seul fait de ce déplacement, elle en aura décuplé les produits.

En commandant pour les premiers jours de septembre l'ouverture de la campagne, le règlement a sagement fait sans doute, puisque le coquillage a déjà en grande partie frayé à cette époque, et qu'on n'est plus exposé à retirer des eaux les mères portant encore leur progéniture dans leur sein. Mais cette progéniture, qui, avant la ponte, forme à l'intérieur de chaque huître *laiteuse* une innombrable famille, vient, après la parturition, se répandre à l'extérieur sur les valves, s'y incruste et crée une population nouvelle à la surface de l'ancienne. Or si, au moment où ce repeuplement est accompli, on livre le banc à l'exploitation, le dommage y sera presque aussi considérable qu'en opérant pendant la gestation, car on enlèvera avec les huîtres adultes la génération naissante qu'elles portent, c'est-à-dire tout ce qui n'a point déserté la souche. La drague dévastera donc ces champs en pleine germination, comme un râteau qu'on passerait à travers les branches d'un arbre en fleur. Aussi n'est-ce pas l'une des causes les moins actives de l'appauvrissement du littoral.

Pour remédier à ce mal, il suffira de déplacer l'époque de l'ouverture des pêches et de la porter en février ou en mars, au lieu de la maintenir en septembre. Alors la plupart des jeunes huîtres de l'année auront acquis les dimensions des huîtres dites *de rejet*, et celles qui adhéreront encore aux valves des mères en seront facilement détachées, soit pour être rendues au gisement producteur, comme le prescrit le règlement, soit pour être conservées dans des *étalages*, comme on le pratique à Cancale.

On dira peut-être qu'en fixant en février l'ouverture de la campagne on n'aura que trois mois pour exploiter les bancs, attendu qu'en mai les huîtres commencent à être laiteuses et que la pêche en est alors interdite. Mais cette objection n'a aucune portée, car six semaines d'un draguage quotidien suffiraient pour dépeupler tout le littoral de la France. D'ailleurs l'expérience a déjà prononcé : à Cancale, l'une des contrées les plus fertiles, c'est de mars en mai que se fait la récolte. Les pêcheurs de Marennes, d'après les témoignages que j'en ai reçus lors de mon exploration de l'anse de la Seudre, accueilleront cette mesure avec reconnaissance. Elle contribuera à relever leurs bancs éteints, à prévenir la ruine complète de ceux qui sont encore en exploitation, et, par conséquent, à les affranchir en partie du tribut onéreux qu'ils payent aux diverses contrées où ils sont obligés d'aller chercher leurs approvisionnements.

On dira peut-être aussi que trois mois d'intervalle entre l'ouverture de la pêche et son interdiction ne seront pas suffisants pour l'écoulement de la récolte. Mais le coquillage livré à la consommation pendant cette période n'est pas celui qu'on retire alors de la mer. Il faut, au contraire, pour qu'on l'admette sur les marchés, qu'il ait séjourné plusieurs mois dans des parcs, des claires, des viviers, où les soins qu'on lui donne l'approprient à cette destination. Or les détenteurs de ces parcs, de ces claires, de ces viviers de perfectionnement étant toujours en mesure d'y donner asile à une plus grande provision d'huîtres qu'on ne peut leur en fournir, il s'ensuit que les pêcheurs ne seront jamais embarrassés de trouver à leur vendre celles dont ils pourront disposer.

Pendant que, par la généreuse intervention de l'État, l'industrie étendra ses domaines sur les différents points du littoral où on pourra l'organiser, l'administration de la marine en suivra facilement les progrès, si elle exige de ses agents qu'ils dressent un plan cadastral, aussi bien des fonds producteurs du coquillage que des établissements où on le perfectionne, tels que *parcs, claires, viviers, étalages, bouchots;* si elle leur impose l'obligation d'exprimer, chaque année, sur ce cadastre, la forme des bancs, leur étendue, leur déplacement; si elle leur enjoint de lui signaler quelles sont les parties en souffrance, quelles sont celles en prospérité; si, enfin, elle leur demande de tenir un compte aussi exact que possible du produit, non-seulement de chaque banc en particulier, mais de tous les bancs compris dans leur circonscription, soit que l'exploitation en ait lieu au moyen de la drague ou par la pêche à pied.

Ce travail statistique, que je propose d'étendre à tous les produits de la mer, formera, dans les archives de l'administration centrale, un ensemble de documents qui permettront d'apprécier pour quelle part ces produits entrent chaque année dans l'alimentation publique, et de constater s'ils sont en progrès ou en déclin : questions importantes sur lesquelles on ne possède encore que des notions incomplètes, comme je viens de m'en assurer en parcourant le littoral.

Les méthodes que je recommande pour la création d'huîtrières artificielles sur les bords de l'Océan seront également applicables à la Méditerranée. Mais en attendant, Sire, que je sois en mesure de formuler à ce sujet des propositions spéciales, il serait bon, comme expérience préalable, que MM. les commissaires des quartiers dans lesquels sont compris l'étang de Berre et l'étang de Thau fussent, dès à présent, chargés de recueillir, sur les gisements naturels du golfe de Lion, aux environs de Cette, une quantité suffisante d'huîtres, qui, transportées dans ces étangs et semées les unes à côté des autres, sur des fonds solides, plutôt sablonneux et coquilliers que vaseux, formeraient là des bancs d'essai. Ces bancs, qu'une surveillance rigoureuse mettrait à l'abri de la dévastation, seraient un premier pas vers les expériences ultérieures dont Votre Majesté souhaite que les lacs salés du midi de la France deviennent le théâtre.

Je suis avec un profond respect,

Sire,

De Votre Majesté,

Le très-humble et très-fidèle serviteur,

Coste,
Membre de l'Institut.

II.

RAPPORT A SA MAJESTÉ L'EMPEREUR

SUR

LES HUITRIÈRES ARTIFICIELLES

CRÉÉES DANS LA BAIE DE SAINT-BRIEUC.

Paris, le 12 janvier 1859.

Sire,

A la suite d'un rapport dont, au mois de février dernier[1], j'ai eu l'honneur de soumettre les conclusions à son agrément, Votre Majesté, voulant s'assurer par une décisive épreuve si, conformément aux promesses de la science, la mer pouvait être mise en culture comme la terre, ordonna que le golfe de Saint-Brieuc serait le théâtre d'un premier ensemencement d'huîtres entrepris aux frais de l'État, exécuté au moyen de ses navires, confié à la garde de ses équipages, et destiné, en cas de succès, à servir de modèle, sur tout le littoral de la France, à la création d'une vaste exploitation sous-marine, aussi profitable au développement de la flotte qu'au bien-être des populations riveraines.

La rade choisie pour l'accomplissement de ce dessein offre sur le fond solide, naturellement propre, composé de sable coquillier ou madréporeux, légèrement enduit de marne ou de vase, clair-semé de pailleul, un espace de douze mille hectares partout favorable au séjour du coquillage reproducteur. Le flot qui, à chaque marée, y oscille du nord-ouest au sud-ouest et du sud-ouest au nord-ouest, avec une vitesse d'une lieue à l'heure, y apporte une eau sans cesse renouvelée, entraîne dans son cours tous les dépôts malsains, et contracte, en se brisant sur les nombreux rochers de ces parages, les propriétés vivifiantes qu'une incessante aération lui communique.

---

[1] Voir le rapport précédent.

L'excellence du fond, l'active nature des eaux limpides qui le couvrent réunissent donc sur cet immense domaine sous-marin toutes les conditions propres à favoriser la multiplication et le développement de l'espèce comestible que je proposais d'y acclimater, et dont il s'agit de transformer chaque année les produits en une inépuisable moisson.

Mais ce que, dans son œuvre d'intervention et de conquête, la science conseillait comme une entreprise d'utilité publique, l'empirisme et la routine le condamnaient d'avance comme une chimérique témérité. C'est dire assez, Sire, à travers combien d'obstacles il nous a fallu persévérer pour réaliser l'innovation dont j'ai déjà à faire connaître les merveilleux résultats à Votre Majesté; innovation qui consiste à retenir sur les champs producteurs, au moyen d'une facile industrie, la semence qu'en l'état de nature les courants dispersent, et à créer des sources de richesse partout où les fonds sont à l'abri de l'envasement.

Aucune région de notre littoral ne pouvait fournir un théâtre à la fois plus vaste et mieux approprié pour donner un grand éclat à la solution de ce double problème; car, en même temps que les fonds y sont vierges, le courant les traverse parfois avec une telle violence, que les esprits superficiels y voyaient déjà, avant l'épreuve, une cause inévitable de déception. Tout devait donc être ici un triomphe de l'art sur la nature, puisque, d'un côté, l'on avait à transplanter des sujets de diverses provenances sur un sol étranger, et, de l'autre, à dérober au flot perturbateur la progéniture de cette population dépaysée.

Il ne sera pas indifférent, Sire, pour l'honneur de la science, de dire ici avec détail comment elle rend le domaine des mers accessible à l'industrie, car, en dotant la pratique de nouveaux moyens d'application, elle crée pour ses études abstraites des instruments d'investigation qui étendent son regard à des régions inexplorées.

L'immersion du coquillage reproducteur, commencée en mars, s'est terminée sous mes yeux vers la fin d'avril. En ce court espace de temps, trois millions de sujets pris, les uns à la mer commune, les autres à Cancale, les autres à Tréguier, ont été distribués sur dix gisements longitudinaux, répartis eux-mêmes dans les divers points du golfe, et représentant ensemble une superficie de mille hectares; gisements tracés d'avance sur une carte marine indiquant les champs fécondés, et balisés avec des drapeaux flottants destinés à éclairer la marche des navires qui devaient les ensemencer. Mais pour que cet ensemencement se fît avec toute la régularité d'une pra-

APPENDICE. 169

tique agricole et que les huîtres mères fussent assez espacées pour ne point se nuire, un aviso à vapeur de l'État, tantôt *l'Ariel,* tantôt *l'Antilope,* remorquant des bateaux et une basquine chargés de coquillage, se présentait successivement à l'une des extrémités de chaque quartier balisé, où une embarcation, placée en travers, lui marquait le point par lequel il devait s'y engager. Puis, s'orientant sur une autre embarcation fixée à l'autre bout, il allait pivoter derrière elle en suivant l'axe longitudinal de l'espace rectangulaire circonscrit par les drapeaux flottants, et revenait au lieu de départ, comme une charrue qui trace dans un champ deux sillons parallèles.

Pendant que le navire remorqueur exécutait cette manœuvre, les matelots de son équipage, établis sur la flottille remorquée, vidaient à mesure les mannes remplies d'huîtres que leurs soins y avaient rangées d'avance pour cette destination, et ces huîtres, tombées dans le sillage, allaient, en s'écartant, peupler les fonds que leur semence fertilise. Mais il ne suffisait pas, pour le succès d'une pareille œuvre, d'avoir placé le coquillage dans les conditions les plus favorables à sa multiplication; il fallait encore organiser, autour de lui et au-dessus de lui, de prompts moyens d'en recueillir la progéniture et de la contraindre à se fixer sur les champs où elle commençait à se répandre, car l'immersion avait lieu au moment des premières pontes.

Cette seconde opération, qui transforme le golfe ensemencé en une sorte de métairie sous-marine soumise aux diverses pratiques d'une exploitation rationnelle, a été accomplie au moyen de deux artifices dont l'emploi simultané donne déjà des résultats immenses, et qui, dans un avenir prochain, permettront d'augmenter la récolte autant qu'on le voudra, pourvu qu'on les multiplie en proportion des approvisionnements dont on aura besoin.

L'un de ces artifices consiste à paver d'écailles d'huîtres, ou de tout autre coquillage, les fonds des champs producteurs, de manière à ce qu'il ne puisse y tomber un seul embryon sans y rencontrer un corps solide pour s'y fixer. Les valves que nous avons employées à cet usage, ramassées sur la plage de Cancale par ordre de M. de Bon, chef du service maritime à Saint-Servan, qui a bien voulu nous prêter son utile concours, ont été apportées dans le golfe par un convoi spécial de bateaux pêcheurs, et semées sur les bancs artificiels en ma présence. Ces dépouilles, autrefois inutiles, qu'on est obligé de déblayer à grands frais, chaque année, pour éviter l'encombrement des grèves, soigneusement conservées désormais, deviendront, après complète dessiccation, de précieux instruments de récolte.

Le second artifice, celui qui est destiné à recueillir la semence entraînée par les courants et à en faire tomber sur les corps solides sous-posés les tourbillons qui ne s'incrustent pas dans ses mailles, consiste en de longues lignes de menues fascines, disposées en travers comme des barrages échelonnés d'une extrémité à l'autre de chaque gisement. Ces fascines, véritables appareils collecteurs de semence, formées de branchages de deux à trois mètres, attachées par le milieu de leur longueur, au moyen d'un filin, à un lest en pierre qui les tient élevées à trente ou quarante centimètres au-dessus des fonds producteurs, ont été descendues sur ces fonds par des hommes revêtus d'un scaphandre et chargés de poser alentour un certain nombre d'huîtres en état de parturition. Le filin que, dans la précipitation d'une première expérience, l'on a été obligé d'employer pour assujettir ces appareils à leur lest se pourrissant promptement, il conviendra peut-être, à l'avenir, de le remplacer par des chaînes en fer galvanisé, fabriquées dans les ateliers de nos arsenaux, chaînes qui feront partie de l'outillage permanent de cette culture nouvelle.

Des amers, pris avec le plus grand soin, forment, sur des cartes spéciales, habilement dressées, des moyens de reconnaissance qui permettent d'aller, à coup sûr, à la rencontre de chaque ligne, d'y relever l'une après l'autre les fascines dont elles sont formées, d'en extraire la récolte avec autant de facilité que peut le faire l'agriculteur pour celle des espaliers qui portent les fruits de ses domaines.

Deux bâtiments de l'État, *le Pluvier* et *l'Éveil*, stationnés aux points opposés du golfe, l'un à Portrieux, l'autre à Dahoüet, croisent tous les jours sur les bancs artificiels, pendant qu'un petit cutter, dont, sur ma demande, Votre Majesté a bien voulu ordonner la construction, s'avance du fond de la baie pour compléter la surveillance et concourir, par un travail assidu, aux aménagements qu'exige l'exploitation. Ce petit cutter, véritable instrument de culture, doit, aux termes du premier rapport dont j'ai eu l'honneur de soumettre les conclusions à l'agrément de Votre Majesté, être placé sous les ordres immédiats de M. le commissaire de la marine de Saint-Brieuc, afin que mes instructions quotidiennes puissent être exécutées, sans intermédiaires, par un équipage du choix de cet agent de l'administration. Je crois devoir insister ici, Sire, pour que cette partie essentielle du programme ne soit point mise en oubli.

Telles sont, Sire, les premières mesures prises pour la fertilisation du

APPENDICE.

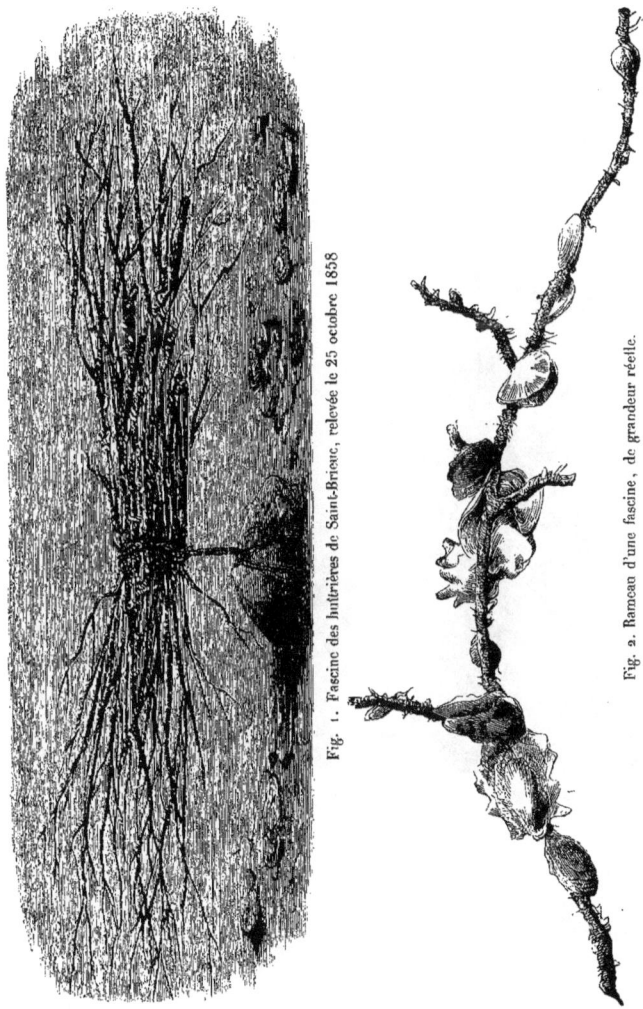

Fig. 1. Fascine des huîtrières de Saint-Brieuc, relevée le 25 octobre 1858.

Fig. 2. Rameau d'une fascine, de grandeur réelle.

golfe. Il y a six mois à peine qu'elles sont en voie d'exécution, et déjà les promesses de la science se traduisent en une saisissante réalité. Les trésors que la persévérante application de ces méthodes accumule sur ces champs en pleine germination dépassent les rêves de ses plus ambitieuses espérances. Les huîtres mères, les écailles dont on a pavé les fonds, tout ce que la drague ramène enfin est chargé de naissain; les grèves elles-mêmes en sont inondées. Jamais Cancale et Granville, au temps de leur plus grande prospérité, n'ont offert le spectacle d'une pareille production.

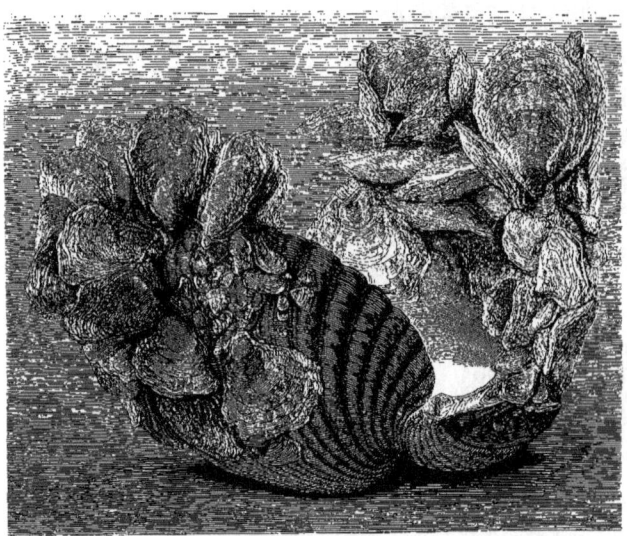

Fig. 3. Valves de cardium chargées de jeunes huîtres, de grandeur réelle.

Les fascines portent dans leurs branchages et sur leurs moindres brindilles des bouquets d'huîtres en si grande profusion, qu'elles ressemblent à ces arbres de nos vergers qui, au printemps, cachent leurs rameaux sous l'exubérance de leurs fleurs. On dirait de véritables pétrifications. Pour croire à une telle merveille, il faut en avoir été le témoin.

J'ai fait transporter à Paris, avec des échantillons pris sur chaque gisement, un de ces appareils collecteurs de semence, afin que Votre Majesté juge par ses yeux de l'étendue des richesses dont ces échantillons et cette fascine sont l'éloquent témoignage. Les jeunes huîtres qui les couvrent ont déjà de 2 à 3 centimètres. Ce sont donc des fruits qui n'ont plus qu'à mûrir pour former en dix-huit mois une immense récolte. Il y en a jusqu'à vingt mille sur une seule fascine, qui n'occupe pas plus de place dans l'eau qu'une gerbe de blé dans un champ. Or, vingt mille huîtres, quand elles sont parvenues à l'état comestible, représentent une valeur de 400 fr. leur prix courant étant de 20 francs le mille, achetées sur place. Le rendement de cette industrie sera donc inépuisable, puisqu'on peut immerger autant d'appareils collecteurs de semence qu'on le désire, et que chaque sujet adulte faisant partie d'un gisement ne fournit pas moins de deux à trois millions d'embryons. Le golfe de Saint-Brieuc deviendra, par conséquent, un véritable grenier d'abondance, si, par la jonction des bancs déjà créés, on le convertit tout entier en un vaste champ de production.

Les aménagements nécessaires pour réaliser cette entreprise seront promptement accomplis, Sire, pourvu que le soin de continuer l'œuvre soit confié à ceux dont le zèle intelligent m'a si activement secondé jusqu'à ce jour. L'expérience qu'ils ont acquise pendant les premières opérations est la garantie d'un succès certain pour tout ce qu'il reste à faire.

J'ose donc espérer que, pour me conserver deux collaborateurs indispensables, Votre Majesté daignera récompenser leur dévouement, et me permettra d'exprimer le vœu que M. Levicaire, chevalier de la Légion d'honneur, médaillé de Sainte-Hélène, qui, aux meilleures notes, joint trente-neuf années d'excellents services, soit élevé au grade de commissaire de la marine, hors cadre, à Saint-Brieuc; que M. Bidaut, lieutenant de vaisseau, chevalier de la Légion d'honneur, qui compte dix-neuf ans des plus honorables services, soit maintenu, avec tous ses équipages, dans le commandement du *Pluvier*, au delà du terme ordinaire, c'est-à-dire jusqu'à la fin de cette expérience désormais célèbre.

Avec le concours de ces deux officiers distingués et les soins d'un inspecteur des pêches, dont je sollicite la nomination immédiate, afin que la baie de Saint-Brieuc en soit pourvue comme Cancale, comme Granville, comme Marennes, nous opérerons, en moins de trois ans, la jonction de tous les gisements, et mettrons douze mille hectares en plein rapport. Un crédit annuel de dix mille francs, affecté pendant ce laps de temps à cette espèce de défrichement sous-marin, suffira à toutes les dépenses nécessaires, soit pour l'achat d'autres huîtres mères prises en France ou à l'étranger, soit pour la confection des fascines, soit pour la récolte des écailles destinées à recevoir le naissain, soit pour compléter l'organisation du parc d'acclimatation que nous avons déjà établi à Plévenon, soit pour créer des claires de perfectionnement, où le coquillage engraissé s'améliore en verdissant. En sorte que, ce projet accompli, les populations riveraines trouveront dans le golfe, comme en un champ où mûrissent les plus abondantes moissons, les inépuisables trésors qu'une généreuse prévoyance y aura fait éclore, et, sur les grèves, des exemples de toutes les pratiques qui se rattachent à l'industrie huîtrière. Ce sera à la fois un bienfait et un enseignement.

Si Votre Majesté agrée cette proposition, je m'empresserai de transmettre directement à M. le commissaire de la marine de Saint-Brieuc et à M. le commandant du *Pluvier* toutes les instructions propres à les diriger dans ces opérations délicates. Mais il restera encore une mesure à prendre, afin de préserver nos bancs artificiels du danger de l'ensablement : ce sera d'obliger les dragueurs de sable coquillier à faire leurs approvisionnements à une plus grande distance de ces gisements, là où ils peuvent labourer les fonds sans inconvénient pour une entreprise commencée sous d'aussi heureux auspices.

En résumé, Sire, l'expérience faite dans la baie de Saint-Brieuc est trop décisive pour qu'on puisse se dérober à la lumière de son enseignement. Elle prouve, par un résultat éclatant, que, partout où les fonds sont à l'abri de l'envasement, l'industrie, guidée par la science, peut créer, au sein des mers fertilisées par ses soins, de plus abondantes moissons que ne lui en donne la terre.

Je me fais donc un devoir de proposer à Votre Majesté d'ordonner le repeuplement immédiat de notre littoral tout entier, de celui de la Méditerranée comme de celui de l'Océan, de celui de l'Algérie comme de celui de la Corse, sans en excepter les étangs salés du midi de la France, dont les fruits deviendront, en se multipliant, la richesse des populations pauvres qui en habitent les bords. Mais pour que ces opérations ne soient entravées par aucun obstacle, il faut qu'un navire à vapeur, à hélice, d'une belle vitesse, d'un faible tirant d'eau, soit exclusivement affecté au service de l'œuvre; navire qu'aux époques des pontes je puisse diriger, à mon gré, vers tous les théâtres de ces grands phénomènes de reproduction naturelle où la science promet à l'industrie de précieuses révélations.

M. le capitaine de frégate Isidore Le Roy, connu de l'administration par ses études sur les pêches, pilote expérimenté des côtes où doivent s'accomplir nos travaux, habile dans les arts mécaniques, officiellement proposé pour la surveillance des 1" et 2° arrondissements maritimes, me prêterait un concours efficace s'il était investi du commandement de ce navire ; et dans le cas où Votre Majesté trouverait bon de me le donner pour collaborateur, cet officier devrait, selon mon désir, se rendre au Collége de France, afin de s'y préparer, sous ma direction, à cette grande tentative de mise en culture de la mer.

Parmi les mesures à prendre pour l'accomplissement de ce dessein, il en est, Sire, dont l'expérience a déjà démontré l'efficacité, et qui, par leur application immédiate, conduiront à des résultats certains. Mais, à côté de ces connaissances acquises, il y a des mystères qu'une étude persévérante pourra seule révéler, et qui devront faire l'objet de sérieuses investigations. Il sera donc nécessaire d'ouvrir sur nos rivages de vastes laboratoires à la science, où les conquêtes d'une expérimentation permanente fourniront à l'industrie de nouveaux moyens d'étendre son empire. Les étangs salés du midi de la France, les anses de l'Océan, celles de l'Algérie, de la Corse, etc. nous offriront les conditions les plus variées pour l'organisation de ces grands cantonnements progressivement transformés, selon le désir de Votre Majesté, en de véritables appareils d'ensemencement et d'exploitation de la mer.

Les diverses espèces les plus utiles à l'alimentation publique, admises tour à tour dans les nombreux bassins de ces jardins zoologiques d'un autre ordre, y seraient, comme les animaux terrestres dans les box de nos étables ou dans les parcs de nos haras, sous l'œil attentif d'observateurs chargés d'étudier les lois de leur propagation et de leur développement, observateurs placés là comme un détachement de mon laboratoire du Collége de France, dont il conviendrait alors d'agrandir les ateliers, d'augmenter le personnel et la dotation. Un dessinateur habile fixerait par le pinceau les curieuses découvertes faites dans ce musée vivant, et préparerait l'album de l'une des plus importantes publications dont les annales de l'histoire naturelle se soient enrichies.

Les phénomènes imprévus auxquels il m'a été donné d'assister à Concarneau, dans les étroits viviers du pilote Guillou, ne me laissent aucun doute sur l'immense utilité d'une création qui mettra aux mains de l'État des moyens d'action proportionnés aux besoins d'une œuvre d'économie sociale.

Dans le siècle où, par une souveraine application des lois de la physique, une flamme invisible porte la pensée à travers les fils conducteurs dont le génie humain enlace le globe, la physiologie exercera son empire sur la nature organique par une application des lois de la vie.

Je ne puis terminer ce rapport, Sire, sans remercier M. l'amiral La Place, préfet maritime à Brest, du concours énergique qu'il a prêté à une expérience dont il a confié la rapide exécution aux soins combinés de M. le commandant de la station de Granville et de M. le chef du service maritime à Saint-Servan.

Je suis avec un profond respect,

Sire,

De Votre Majesté

Le très-humble et très-fidèle serviteur.

Coste,

Membre de l'Institut.

A la suite de ce rapport, M. Levicaire a été élevé au grade d'officier de la Légion d'honneur, et M. Le Roy a été investi du commandement du *Chamois*, navire à vapeur mis à la disposition de l'œuvre du repeuplement. M. le lieutenant de vaisseau Bidaut a été maintenu, avec tous ses équipages, dans le commandement du *Pluvier*.

III.

RAPPORT A S. E. LE MINISTRE DE LA MARINE

SUR

LE REPEUPLEMENT DU BASSIN D'ARCACHON.

Paris, le 9 novembre 1859.

Monsieur le Ministre,

Dans la première édition d'un ouvrage qui se réimprime en ce moment par ordre de l'Empereur, j'ai démontré, il y a cinq ans, à l'aide de faits nombreux observés à Marennes, à la Tremblade, à l'île d'Oleron, que les huîtres se reproduisent avec autant de profusion dans les claires, les viviers, les étalages, que sur les fonds toujours couverts.

A la vue de cette richesse dévoilée, j'avais annoncé alors qu'au moyen d'appareils collecteurs de semence, tous les établissements organisés sur le rivage seraient bientôt transformés en de véritables usines où, sans quitter la terre, les populations maritimes auraient dans les mains l'inépuisable trésor que la science offrait au travail, et je décrivais déjà les instruments qui devaient leur en assurer la possession.

J'ose espérer, Monsieur le Ministre, qu'aujourd'hui, en présence du prodige accompli sous les yeux des populations étonnées et désormais avides de se mêler à l'œuvre qu'hier encore elles niaient, Votre Excellence me permettra de reproduire ici les termes dans lesquels je traçais la voie, afin de montrer une fois de plus comment, dans le grand atelier où le génie humain soumet le monde à son empire, les données les plus abstraites de nos connaissances sont partout le levier des plus merveilleuses applications.

Je disais : « Chaque établissement transformé ainsi en une véritable « usine, où l'action de l'homme crée toutes les conditions d'influence, les « varie à son gré, fera à la fois fonction de banc artificiel fournissant la se-« mence, et d'appareil de perfectionnement pour la récolte, donnant ainsi, « par ce roulement indéfini, des produits sans cesse renouvelés... Le dépôt « du limon étant le seul obstacle à la conservation de la progéniture des « huîtres dans les claires, il y aurait un moyen bien simple de sauver le « naissain, ce serait de placer, à la portée de ce dernier, à une certaine « hauteur au-dessus du sol, et dans une position telle que les molécules « vaseuses ne puissent ni les envahir, ni les recouvrir, des corps solides « où il pourrait se fixer. Si, pour créer ces points d'appui, on donnait la « préférence aux pieux, il faudrait les planter verticalement, soit au fond « de la claire, soit à des radeaux flottants. Ces radeaux auraient un autre « avantage : ils pourraient porter des planches mobiles disposées oblique-« ment les unes à côté des autres, comme les tablettes d'une jalousie, de « manière à avoir une de leurs faces toujours préservée du contact de la « vase. Ces pièces mobiles, quand elles seraient chargées de semence, « pourraient être désarticulées et suspendues verticalement à la charpente « du radeau. Mais ce sont là des détails d'installation dont l'expérience « apprendra à varier l'application. »

Ces planchers collecteurs, dont l'efficacité comme points d'attache de la semence a été constatée sur toutes les parties du littoral de l'Océan, offrent cependant, sous ce premier modèle, des inconvénients qui les rendent insuffisants dans la pratique. D'une part, ils ne présentent qu'une surface restreinte pour les adhérences; de l'autre la cueillette ne s'y opère qu'avec difficulté, parce que les jeunes huîtres, s'y incrustant par la totalité d'une de leurs valves, ne peuvent souvent en être détachées dans le jeune âge sans laisser cette dernière incorporée au bois.

Le problème ne consiste donc pas à savoir si sur les terrains émergents l'on peut récolter le naissain, puisque le fait, dès longtemps acquis à la science, est connu de tous les parqueurs, mais à trouver un moyen économique d'accumuler un grand nombre d'embryons sur des espaces restreints, et de les extraire aisément de ces reposoirs transitoires. Il faut, en un mot, organiser de véritables ruches où l'huître mère répande sa progéniture, comme la reine abeille son couvain sous les cloches articulées pour l'enlèvement des essaims : appareils de précision qui mettent le travail de la nature à l'abri de toute perturbation, et portent l'industrie jusqu'en la demeure de l'homme, là où les eaux salées, rafraîchies par une communication avec la mer, sont retenues par artifice. Avec de pareils moyens il n'y a pas un seul point, si réfractaire qu'il soit à la fixation du naissain, où l'on ne puisse désormais élever et multiplier le coquillage.

L'idée d'une application de ces ruches huîtrières à la culture des fonds émergents, comme à celle des gisements toujours couverts, a déjà fait un pas décisif dans le bassin d'Arcachon par les soins combinés de MM. les docteurs Lalesque et Lalanne, qui y mettent leurs connaissances physiologiques au service des méthodes nouvelles. Le premier de ces détenteurs de parcs a converti mes planchers collecteurs en vases clos, c'est-à-dire en caisses immergées, où la ponte des huîtres en lait qu'il y dépose s'effectue aussi sûrement qu'en pleine liberté, et construites de manière à ce que le naissain ne puisse être emporté par le courant. Le second s'applique à résoudre le problème de la *multiplication des surfaces,* en doublant le ciel de ces chambres de reproduction de *stalactites artificielles,* formées d'un mélange de trois quarts de brai sec et d'un quart de goudron.

Ce mélange, versé en fusion sur les planchers qu'on prépare, y saisit, en se refroidissant, les débris de coquillages et de cailloux dont on le saupoudre, et substitue à un plafond uni et dur une mosaïque hérissée et friable qu'on égrène à volonté, quand elle est peuplée, afin d'opérer, avec le naissain dont on la dégarnit, des semis sur les étalages.

L'appareil collecteur, ainsi modifié, prend un caractère de plus en plus pratique, puisque les stalactites artificielles y forment, en *vase clos,* un ingénieux moyen de multiplier les surfaces et de faciliter la cueillette. Mais il ne saurait encore, malgré son évidente utilité, suffire aux approvisionnements d'une industrie qui prend tout à coup de si colossales proportions, à moins que, par une heureuse association, on n'en garnisse l'intérieur de nombreux branchages dont les courbes infinies offriront aux embryons, sous ce toit protecteur, des reposoirs sans limites.

Dans ces conditions d'abri, les rameaux, préservés du contact de la vase, se couvriront de semence plus abondamment qu'à la pleine mer, comme j'en ai depuis longtemps acquis la preuve par expérience. Mais que la récolte s'opère sur des planchers nus ou doublés de stalactites artificielles, sur des fascines enfermées ou libres, qu'elle ait pour théâtre les fonds émergents ou ceux qui jamais ne découvrent, c'est toujours la même industrie, faisant partout ses preuves avec un incomparable succès, organisant ses instruments de précision pour fertiliser tous les rivages qui se prêteront à son développement.

Grâce à de tels progrès si rapidement accomplis, cette industrie est dès à présent en mesure de retenir plus de cent mille embryons par chambre d'un mètre cube de capacité. En sorte que, avec un simple outillage de douze ou quinze ruches de cette dimension, elle obtient le million de sujets qu'elle peut élever par hectare.

Or ce nombre d'huîtres représentant dans le parc, quand elles y sont devenues marchandes, une valeur de vingt-cinq mille francs au moins, il s'ensuit qu'on pourra créer, quand on le voudra, sur les huit cents hectares de terrains émergents de la baie d'Arcachon, susceptibles d'être mis en exploitation, un revenu annuel de douze à quinze millions. Quelle richesse pour la France, et quel enseignement pour les peuples !...

Un facile aménagement des fonds producteurs, une bonne garde et une installation d'appareils collecteurs de semence, donneront cette richesse et ce salutaire exemple.

Quoique la baie d'Arcachon puisse être entièrement transformée en une vaste huîtrière, il y a deux emplacements cependant, la pointe de Germanan et l'espace compris entre l'Estey de Crastorbe et le port de l'île aux Oiseaux, qui sont encore plus favorables que tous les autres à la reproduction. Le fond vasard et coquillier de leurs crassats et de leurs chenaux se prêtera admirablement à toutes les expériences.

J'ai donc l'honneur de proposer à Votre Excellence d'ordonner que les agents de l'Administration procèdent immédiatement à l'organisation de deux espèces de fermes modèles, qui seront à la fois des semoirs publics et de grands cantonnements pour la concentration de la récolte.

L'excédant de semence que les appareils collecteurs de ces ruchers de prévoyance ne retiendront pas, ira au loin se répandre sur les coquilles et sur les reposoirs artificiels dont on aura soin de paver les diverses régions de la baie, et fournira, soit à la pêche à pied, soit à la pêche en bateau, un aliment sans cesse renaissant. Ce sera la part commune de la moisson.

Tout ce qui se développera dans les cantonnements réservés sera distribué en lots de faveur aux marins les plus zélés, que ce prêt en nature ou ce don généreux mettra à même d'exploiter des parcs concédés par l'Administration, et de se créer ainsi un premier capital de roulement, qui les fera passer de l'état mercenaire à la condition d'éleveurs. *Ce sera la part des récompenses.*

Mais pour que la production emprunte à toutes les forces vives ses moyens d'expansion, il sera bon aussi d'admettre, dans une certaine mesure, la spéculation elle-même au bénéfice des concessions, en l'obligeant partout à association avec les pêcheurs, dont les droits seront garantis par des contrats passés devant l'autorité dont ils relèvent. En sorte que, sans rien aliéner, le Gouvernement pourra ouvrir plus largement la voie et y attirer progressivement ceux que le spectacle des prospérités de l'industrie déterminera à s'y engager.

Si Votre Excellence donne son agrément à ce plan d'organisation, M. le commissaire de l'inscription maritime de la Teste aura soin de faire prendre immédiatement, soit par le bâtiment garde-pêche, soit par des embarcations de louage, sur le banc de Matoc, situé à l'entrée du bassin, qui les lui fournira en abondance, des chargements de coquilles destinées à servir de reposoir au naissain. Mais avant d'en paver la baie, il les laissera à sec sur le rivage tout le temps nécessaire pour les purger des animaux nuisibles qui les habitent ou qu'elles portent, de manière à n'amener sur les fonds à fertiliser que ce qui peut les convertir en un champ de germination.

Pendant qu'on poursuivra la réalisation de cet aménagement général, on portera, vers le mois de mars ou d'avril prochain, aux lieux que j'ai désignés pour la création de deux établissements modèles, un million d'huîtres mères prises, soit dans les chenaux où la pêche est interdite, soit sur les marchés. Ces huîtres seront immergées, comme sur les étalages ordinaires, par rangées parallèles, entre lesquelles on ménagera des chemins pour la libre circulation des hommes de service qui, pendant les grandes marées, viendront se livrer aux travaux de l'exploitation. Mais, afin d'éviter les inconvénients qu'une trop longue exposition aux chaleurs excessives ou aux froids rigoureux pourrait occasionner, on fera ces installations dans les points qui découvrent le moins longtemps.

Au-dessus de chacune de ces plates-bandes, on alignera, bout à bout, des caisses de trois mètres de long, de deux mètres de large, de soixante centimètres de profondeur, construites en planches de sapin, défoncées par la partie inférieure, et maintenues à une certaine hauteur au-dessus du sol au moyen de pieux auxquels on les tiendra liées.

Ces caisses, divisées intérieurement en deux étages par des traverses en bois, à la manière des valises de voyage, recevront dans leur compartiment supérieur autant de fascines qu'on en pourra loger sous leur couvercle garni de stalactites artificielles; couvercle mobile sur des charnières, qui permettra de suivre, sans le troubler, le travail de la nature, et d'en écarter les causes qui pourraient lui faire obstacle.

A côté de ces appareils posés comme des cloches, admettant par leur partie inférieure ouverte le naissain émané des étalages, on en établira de complétement clos, dont les côtés seulement seront percés de trous pour la libre circulation des eaux, et, dans ces appareils, également garnis de branchages, on enfermera quelques huîtres en lait, afin de voir s'ils retiennent plus ou moins de semence que les premiers.

En d'autres endroits, l'installation consistera à placer les fascines sous de simples planchers collecteurs portés par des traverses fixées à des pieux. Mais le ciel de ces planchers, déchiré en copeaux adhérents, offrira au naissain des lambeaux fragiles qui remplaceront les stalactites artificielles.

J'ai fait construire par l'équipage du *Chamois* des modèles de ces divers instruments de récolte, que je mettrai à la disposition de l'Administration quand le moment viendra de procéder à leur installation.

Au centre de chacune de ces fermes-écoles, un ponton, surmonté de deux chambres, servira de logement à des surveillants qui contribueront au service des appareils, de concert avec les gardes maritimes Dauris, Séveillard, Daillon, agents dévoués, dont le premier surtout se fait remarquer par un zèle ardent. Mais, pour que ces agents trouvent dans leur emploi des moyens suffisants d'existence, j'exprime le vœu que leur salaire soit élevé à 800 fr. au moins, soit au moyen d'une subvention temporaire, soit au moyen d'un crédit définitif.

Les surveillants des deux pontons (2 hommes par ponton) seront pris, à tour de rôle, dans l'équipage du bâtiment garde-pêche, parce que le personnel de la flotte, étant soumis à une discipline sévère, offre une sérieuse garantie.

Dans l'état présent des choses, la surveillance générale de la baie est insuffisante. Il n'y a, pour un périmètre de dix-huit lieues et pour dix mille hectares de superficie, que trois gardes maritimes, l'inspecteur des pêches et un petit cutter commandé par un simple patron. Un personnel aussi restreint ne peùt évidemment suffire aux exigences de sa charge. Je propose donc de porter le nombre des gardes maritimes à six, de doubler leur solde, d'élever l'inspecteur des pêches à la première classe, afin que la hiérarchie continue à être exprimée par une rétribution supérieure, de faire mouiller le garde-pêche actuel vers le fond du bassin, du côté du Gujan et d'affecter, en outre, au même service, une chaloupe à hélice de 25 à 30 tonneaux d'un faible tirant d'eau, construite sur le modèle de celles qui servent aux approvisionnements des phares, commandée par un enseigne ou par un lieutenant.

Avec ces moyens d'action et le concours de l'industrie privée, une subvention de 20,000 francs permettra de transformer en deux ans, au profit de tous et à l'honneur du Gouvernement qui aura donné les mains à une pareille entreprise, le bassin d'Arcachon en un véritable grenier d'abondance. Ce bassin portera alors, sur ses fonds ensemencés par des établissements de prévoyance, une immense récolte, dont l'étendue peut se calculer d'avance par les richesses que les dépôts permanents commencent à y accumuler.

Mais le coquillage n'est pas la seule moisson qu'on puisse tirer de cet admirable domaine. L'Administration s'y mettra facilement en mesure de créer sur les bords une source non moins précieuse de production, en y organisant, au moyen de tranchées convenablement ménagées, des réservoirs qui amèneront l'excédant de la semence du poisson dans l'intérieur des terres; question controversée sur laquelle j'appellerai votre attention, Monsieur le Ministre, dans un prochain rapport.

En attendant votre décision, Monsieur le Ministre, je vous prie d'agréer la nouvelle assurance de ma respectueuse considération.

COSTE.
Membre de l'Institut.

Conformément aux conclusions de ce rapport, deux établissements modèles sont déjà organisés et fonctionnent sur les emplacements désignés du bassin d'Arcachon. Un second bâtiment garde-pêche, le brick *le Léger,* commandé par M. le lieutenant de vaisseau Blandin, y est chargé de la surveillance de la baie, et concourt avec M. Filleau, commissaire de l'inscription maritime du quartier, à l'exploitation des deux fermes créées par les soins de l'État. Cent douze concessionnaires, associés à des marins inscrits, exercent la nouvelle industrie sur une étendue de quatre cents hectares de terrain émergent, que l'administration leur a livrés.

IV.

APPAREILS

PROPRES

À RECUEILLIR LE NAISSAIN DES HUÎTRES.

Les jeunes huîtres, en abandonnant les valves de la mère, errent çà et là au sein des eaux, et semblent y chercher des conditions propres à faciliter leur adhérence et leur développement ultérieur, c'est-à-dire des corps solides, offrant des surfaces légèrement rugueuses et à l'abri de l'envahissement des vases. C'est pour créer de semblables conditions qu'ont été imaginés les collecteurs dont nous donnons ici une description sommaire.

Ces divers appareils, destinés aux parcs, aux claires, aux viviers, aux étalages, aux bancs naturels, etc. qui découvrent à chaque marée, ou seulement aux marées d'équinoxe, ne doivent être mis en place qu'une semaine ou deux avant l'époque active de la reproduction, c'est-à-dire dans la première quinzaine de juin, ou vers la fin de ce mois, si les chaleurs sont hâtives.

PLANCHER COLLECTEUR.

Le *plancher collecteur* peut ne couvrir qu'un espace restreint, si on le borne à un seul compartiment, ou s'étendre à de vastes surfaces, si l'on multiplie ses compartiments. — Son organisation est telle qu'une seule personne suffit, au besoin, à toutes les manœuvres. Son emploi, partout où l'on cultive l'huître, ne saurait être un obstacle aux manipulations que cette culture exige, attendu qu'aussitôt le naissain fixé, toutes les pièces peuvent être désarticulées, enlevées, et transportées ailleurs. Il a en outre l'avantage de mettre les huîtres à l'abri des vases qui les étouffent à la naissance, et de la plupart des animaux qui s'en repaissent.

Le plancher collecteur à compartiments multiples (fig. 1) consiste en

Fig. 1. Plancher collecteur à compartiments multiples.

plusieurs séries de doubles pieux (A) qu'un intervalle de 12 à 15 centimètres seulement sépare; disposées en échiquier, à la distance de 2 mètres environ les unes des autres, et coupées par des passages d'exploitation (E) larges de 60 à 70 centimètres. — Deux trous se correspondant, le premier à 50 centimètres du sol, le second à 25 ou 30 centimètres au-dessus du premier, percent de part en part les pieux accouplés. — Une clavette (I), en bois ou en fer, introduite dans le trou inférieur, convertit ces pieux en une sorte de chevalet, et sert de point d'appui à des traverses d'une seule pièce (B), longues de 2 mètres 20 centimètres au moins, et d'un diamètre de 10 à 12 centimètres. Ces traverses doivent être solides, car c'est sur elles que porte le plancher, consistant en planches (D) posées à plat, par leurs extrémités, sur les traverses inférieures, et rangées côte à côte de manière à laisser entre elles le moins d'intervalle possible. — D'autres traverses (C), de même longueur que celles-ci, mises au-dessus des planches et retenues elles-mêmes par des clavettes (J), passées dans le trou supérieur des pieux, assujettissent le tout. S'il arrivait qu'il y eût un peu trop de jeu entre les clavettes supérieures et les traverses qu'elles doivent maintenir, un coin (Q) placé entre ces deux pièces obvierait à cet inconvénient. Des coins en bois (Q') servent aussi à assujettir les planches qui auraient trop de mobilité. — Lorsqu'on veut désarticuler les planches, soit pour les transporter sur d'autres chevalets, soit pour les retourner et soumettre à l'insolation les jeunes huîtres qui s'y sont fixées et y ont déjà assez grandi pour résister à l'action nuisible des vases, soit pour constater l'état de la récolte ou examiner les fonds sous-jacents, il suffit de retirer la clavette supérieure (J') et d'enlever les traverses (C') qui maintiennent le plancher. Les planches les plus propres à former plancher sont les planches brutes en bois de pin ou de sapin, de 2 mètres 10 centimètres à 2 mètres 15 centimètres de long, sur 20 à 25 centimètres de large, dont on hérisse l'une des faces, à l'aide d'un ciseau ou d'une herminette, de minces copeaux adhérents. Ces copeaux, qui ont une saillie de 2 à 3 centimètres, multiplient les surfaces et rendent très-facile la cueillette des huîtres qui y adhèrent. On peut les remplacer par une couche de valves de bucardes, de vénus, de moules, ou de cailloux du volume d'une noix, que l'on fait adhérer aux planches à l'aide d'un mastic de brai sec et de goudron. Enfin, pour fournir au naissain un plus grand nombre de points d'attache, on garnit aussi cette face de menus branchages de châtaignier, de chêne, de sarments de vigne, etc. que l'on fixe par des liens passés à des trous pratiqués aux planches (D, D').

188   APPENDICE.

Dans les parcs, les viviers, etc. établis sur des roches ou des banches dures, par conséquent sur un fond que les pieux ne peuvent pénétrer, ceux-ci seront remplacés par des bornes en pierre de taille (G), de 70 centimètres environ de haut, sur 25 centimètres de côté, percées de part en part, assez largement pour recevoir non-seulement les traverses (B, C), mais encore un coin (H) destiné à les assujettir, et maçonnées à la base ou maintenues à l'aide de crampons en fer.

TOIT COLLECTEUR.

Le *toit collecteur* (fig. 2) peut remplacer avantageusement les pierres dont on fait usage sur certains points de nos côtes pour arrêter le naissain dans les parcs, ou suppléer les collecteurs en bois, partout où l'on a à redouter les ravages des tarets et des autres mollusques xylophages.

C'est sur des chevalets, formés par des traverses clouées à des piquets qui saillent de 15 à 20 centimètres du sol, que repose le toit collecteur.

On augmente ou on restreint le nombre et l'étendue de ces chevalets, selon la surface du terrain à couvrir.

Les tuiles, qui sont l'élément principal du toit, se prêtant à diverses combinaisons, permettent d'en varier la forme et la disposition.

Ces tuiles peuvent être rangées en files parallèles et contiguës, et former une toiture simple et complète.

Dans tous les parcs où l'action des flots se fera trop vivement sentir, on devra consolider chaque rangée de tuiles, soit à l'aide d'un fil de fer galvanisé, soit avec des pierres posées de distance en distance.

Fig. 2. Toit collecteur simple.

Elles peuvent former double toiture (fig. 3), l'une à claire-voie, l'autre à séries continues, placées côte à côte, surmontant et croisant la première.

Fig. 3. Toit collecteur double.

Elles peuvent être engagées entre des chevalets de soutien (fig. 4), par files se recouvrant sans se toucher, et formant avec le sol sur lequel elles reposent un angle de 30 à 35 degrés.

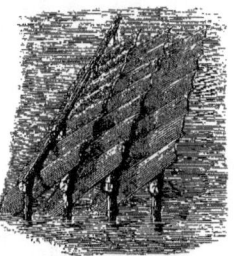

Fig. 4. Toit collecteur à files obliques et se recouvrant.

On peut enfin, comme dans la figure ci-dessous, les disposer sous forme de tentes ouvertes aux deux extrémités et plus ou moins allongées.

Fig. 5. Toit collecteur à files opposées.

Dans cette dernière combinaison, les tuiles touchant au sol, se prêtant mutuellement un appui solide par leur petite extrémité, et étant, en outre, consolidées dans cette position par des pierres posées, soit entre deux rangées adossées, soit sur la face libre des rangées extrêmes, l'emploi du bois est complétement supprimé : l'appareil est par conséquent ici à l'abri des dégradations des animaux destructeurs. Le *détroquage* sur ces collecteurs se fait plus facilement et avec moins de pertes que sur les pierres.

RUCHER COLLECTEUR À CHÂSSIS MOBILES.

Le rucher à châssis mobiles, sous des dimensions restreintes, offre cependant au naissain des points d'attache excessivement multipliés, et les collecteurs indépendants, qui en forment l'élément essentiel, sont la meilleure des conditions pour le libre et parfait développement des jeunes huîtres qui s'y fixent.

Cet appareil (fig. 6) se compose d'une partie enveloppante, consistant en un coffre en bois léger, de forme rectangulaire; mesurant 2 mètres de long, 1 mètre de large et 1 mètre de haut; dépourvu de fond; à couvercle formé

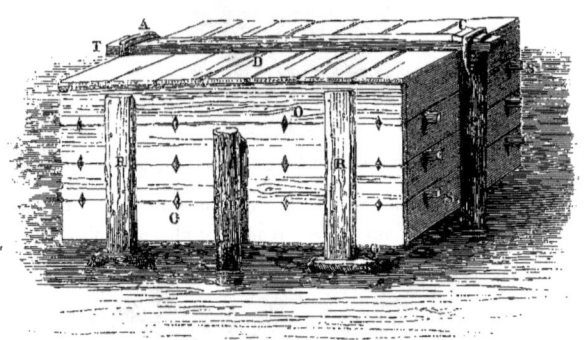

Fig. 6. Rucher collecteur, en place.

de plusieurs pièces (D), maintenues par une traverse (T) passée dans des taquets à anse (A); percé à ses extrémités d'une double série de trous carrés ou ronds, se correspondant et pouvant admettre des pièces de soutien de 6 à 7 centimètres de diamètre (S); consolidé enfin sur les côtés par des bandes de bois (R) qui correspondent à des traverses de même largeur, placées d'un bord à l'autre du fond (Q). Pour que l'eau circule librement dans tout l'appareil, les bandes verticales (R) doivent dépasser

APPENDICE. 191

de 10 centimètres environ le bord inférieur du coffre : il faut aussi que les planches qui forment les parois aient entre elles un écartement de 2 à 3 centimètres, ou soient criblées de trous (O).

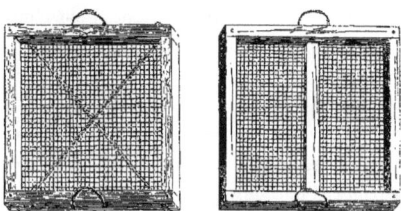

Fig. 7 et 8. Châssis mobiles.

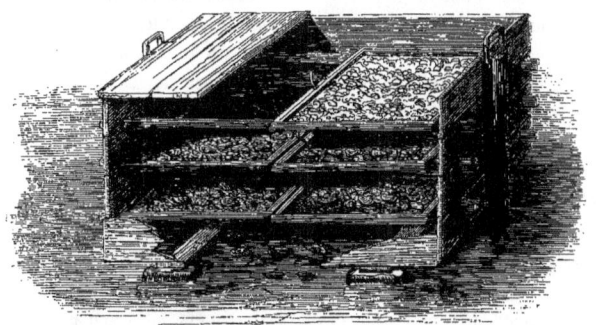

Fig. 9. Rucher collecteur, dont une des parois latérales est enlevée, pour montrer la disposition des châssis.

A ce coffre sont adaptés des cadres en bois de 4 centimètres environ d'épaisseur, ayant sur l'une de leurs faces deux anses se correspondant (fig. 7 et 8) et garnis, sur la face opposée, d'un filet ou mieux d'un treillage en laiton, à mailles de 2 centimètres de côté, filet ou treillage que l'on tend à l'aide de filins, de clous ou de fil de fer galvanisé. Une traverse médiane (fig. 7), ou deux tringles en cuivre se croisant et s'ajustant par leurs extrémités, soit aux angles du cadre (fig. 8), soit au milieu de ses bras, en augmente la solidité et contribue encore à soutenir le filet.

Pour la facilité des manœuvres, les châssis doivent représenter, en carré, la moitié seulement de la surface interne du coffre, de façon à ce qu'il soit possible d'en établir deux sur le même plan, comme le montre la figure 9.

Du reste, il faut qu'ils aient assez de jeu pour pouvoir être retirés ou mis en place sans efforts.

Enfin des coquilles provenant de mollusques de moyenne taille, telles que celles de la moule commune, de la bucarde comestible, vulgairement nommée *coque* ou *sourdon*, de nos diverses espèces de vénus, etc. forment le complément indispensable de cet appareil.

Le moyen de disposer ces diverses parties, pour en former un tout fonctionnant, est des plus simples (voir les figures 6 et 9). Après avoir posé le coffre sur les bandes qui dépassent le fond, et avoir mis sous ces espèces de pieds une pierre plate qui les empêche de trop s'enfoncer, on dissémine sur le terrain circonscrit une soixantaine d'huîtres mères, convenablement choisies; puis on engage dans les ouvertures inférieures des extrémités de la caisse deux premiers supports (S S), sur lesquels on place deux cadres préalablement garnis d'une couche de coquilles de bucardes ou de moules, au-dessus de laquelle sont parsemées d'autres huîtres mères. Ce premier plan dressé, on établit de la même façon le second, ensuite le troisième, dont on supprime seulement les huîtres mères. On recouvre enfin le tout de planches jointives (D) que l'on maintient au-dessus du coffre, à l'aide d'une traverse passée dans des anses en fer et assujettie avec des coins en bois (C). Ces anses étant portées par deux pieux solidement piqués aux extrémités du coffre (P), il en résulte que, tout en assujettissant le plancher, la traverse maintient aussi sur place l'appareil tout entier, auquel on donne plus de fixité encore en arrêtant ses côtés par deux autres pieux indépendants (P'), moins élevés que les premiers, mais tout aussi solidement fixés au sol.

Cinq ou six mois après les pontes, les jeunes huîtres ayant pris un accroissement convenable, on démonte l'appareil pièce à pièce, par une opération inverse, c'est-à-dire en procédant du haut en bas, et l'on dépose avec précaution le contenu de chaque châssis sur le sol d'un parc, d'un étalage ou d'un vivier, dans les points les moins soumis à l'action des courants et à l'envahissement des vases.

PAVÉS COLLECTEURS.

On recueille encore le naissain des huîtres sur des blocs de pierre dont on pave en quelque sorte les parcs, comme cela se pratique aux environs de la Rochelle, et notamment à Laleu et à l'île de Ré.

Ces pierres, irrégulièrement et obliquement dressées les unes à côté des autres et se servant mutuellement d'appui, doivent former, dans leur disposition, une foule de cavernes anfractueuses, dont la voûte soit à l'abri de l'envasement et fournisse aux jeunes huîtres de nombreux et larges points d'attache.

Les pavés collecteurs peuvent être établis à peu de frais, et chacun d'eux offre encore l'avantage de servir à deux récoltes : il suffit pour cela de les retourner sur place, en les disposant à peu près comme il vient d'être dit.

Par cette opération, les huîtres fixées aux parois qui regardaient le sol sont mises en pleine lumière, ce qui ne peut qu'être favorable à leur accroissement; tandis que la face supérieure des pierres, devenue inférieure, offre actuellement aux futures pontes des abris et des conditions favorables à leur adhérence.

Mais à côté d'avantages incontestables, les pierres, comme collecteurs, offrent de graves inconvénients que la pratique a mis en évidence. Les huîtres, s'y incorporant ordinairement par la totalité de l'une de leurs valves, ne peuvent être détachées sans de très-grandes pertes, et celles dont les adhérences ne sont ni aussi larges, ni aussi intimes, y contractent le plus souvent des formes défectueuses.

Il ne suffit pas de produire beaucoup, il faut encore que les produits puissent facilement être récoltés, et présentent des formes qui les fassent rechercher.

V.

RAPPORT A S. M. L'EMPEREUR

SUR

LES MODIFICATIONS À INTRODUIRE DANS L'ÉCONOMIE

ET L'ADMINISTRATION DES PÊCHES MARINES.

Sire,

Les populations de notre littoral de l'Océan qui se livrent à la récolte de la sardine exercent cette industrie en jetant à la mer un appât particulier, espèce de caviar, désigné sous le nom de *rogue*, à l'aide duquel ils attirent le poisson dans leurs filets.

Cet appât, formé avec des œufs de morue ou de maquereau salés sur les côtes de la Norwége, du Danemark, des États-Unis, leur est imposé par la spéculation à un prix tellement onéreux, qu'il absorbe chaque année la moitié du produit total de la pêche.

Ruinés par cet écrasant tribut, plusieurs patrons ont déjà renoncé à pratiquer pour leur propre compte, et se sont engagés avec leurs bateaux au service des négociants, condition déplorable dont la persistance finirait par porter atteinte au développement de l'inscription maritime, si l'on ne trouvait un moyen de conjurer le mal.

APPENDICE.

Pour donner une idée de ce triste état de choses, il suffira de rappeler ici ce qui vient de se passer, en 1859, dans le quartier de Concarneau, l'un des plus productifs du littoral, où trois cents barques ont pris part à la moisson.

Chacune de ces barques, montée par quatre hommes d'équipage, a pris, en moyenne, *trois cent cinquante mille* sardines qui, à raison de 7 francs le mille, ont produit une somme de 2,450 francs.

Cette récolte a exigé une dépense de trente barils de rogue qui, à 55 francs le baril, représentent une valeur de 1,650 francs.

En ajoutant à ce chiffre, pour frais de carénage, pour usure de voiles, de cordages, etc. etc. une somme de 200 francs au moins, on arrive à un déboursé général de 1,850 francs qui, retranché des 2,450 francs, produit brut de la campagne, ne laisse plus que 600 francs à diviser entre quatre personnes et pour cinq mois de labeur. C'est la misère!

On réussirait donc, Sire, à doubler tout à coup la fortune de ces courageux travailleurs, si l'on pouvait substituer une préparation peu coûteuse à l'appât ruineux qu'ils emploient; mais l'esprit de routine se prête difficilement aux innovations, et c'est pour vaincre son opiniâtre résistance que j'invoque aujourd'hui la haute intervention de Votre Majesté dans l'œuvre d'affranchissement en faveur de laquelle elle a bien voulu m'exprimer sa généreuse sympathie.

M. le docteur Balestrier, de Concarneau, a fait, en broyant du capelan salé, une pâtée dont la sardine n'est pas moins friande que de la rogue de Norwége. Les essais auxquels il s'est livré depuis plusieurs années en sont une preuve dont l'administration de Brest peut rendre témoignage. Il a obtenu, avec cet appât, des récoltes aussi fructueuses que celles des bateaux qui, dans la même localité et à la même heure, opéraient suivant les anciens errements.

Or, le capelan étant un poisson extrêmement abondant à Terre-Neuve, il sera facile de s'en procurer autant qu'on en aura besoin. Nos stationnaires, qui vont tous les ans dans ces parages pour y surveiller la pêche de la morue et protéger nos nationaux, pourront, s'ils en reçoivent l'ordre, en rapporter des chargements dans nos ports.

Ces capelans seront, au nom de l'Empereur, et sur la proposition des commissaires de l'inscription, distribués par les préfets maritimes à des marins d'élite, avec promesse de primes pour ceux qui contribueront le plus efficacement à populariser une aussi utile pratique.

En donnant un pareil exemple, l'État favorisera une industrie qui mérite sa sollicitude à plus d'un titre; car non-seulement elle occupe un grand nombre de bras à la mer, mais ses récoltes, manufacturées sur le rivage, y sont transformées en conserves dans de nombreuses usines où les femmes trouvent un salaire égal à celui des hommes. Elle constitue donc, pour les populations maritimes, une double source de richesse.

Je ne terminerai pas, Sire, cette première partie de ce rapport sans appeler la bienveillance du gouvernement sur l'auteur de cette heureuse innovation. J'ose exprimer le vœu que Votre Majesté daigne accorder la croix de la légion d'honneur à M. le docteur Balestrier.

Une pareille récompense, si l'Empereur l'en jugeait digne, serait le premier pas vers la création d'un système d'encouragement pour les ouvriers de la mer, analogue à celui que les concours agricoles ont institué pour les ouvriers de la terre, création dont j'ai l'honneur de soumettre le projet à la haute appréciation de Votre Majesté.

Pourquoi les pêcheurs, en effet, qui sont, à vrai dire, les agriculteurs de la mer, ne participeraient-ils pas au bénéfice de cette émulation salutaire?

Leur industrie apporte tous les ans sur nos rivages une denrée alimentaire qui, par le seul fait de son passage des mains de ces intrépides moissonneurs dans celles des marchands qui la livrent à la consommation, représente une valeur de plus de deux cents millions de francs, et cette denrée prend chaque jour une plus grande place dans le bilan de nos subsistances, à mesure que les voies ferrées lui permettent d'arriver sans altération sur quelques marchés nouveaux. On ne saurait donc trop se préoccuper des moyens de développer une pareille industrie.

Des encouragements, tantôt honorifiques, tantôt en nature, accordés avec une certaine solennité et un certain retentissement à ceux de nos marins qui auront introduit une méthode nouvelle dans l'art de la pêche, dans celui de la multiplication des espèces, et même dans l'industrie des conserves, seraient, à mon avis, un puissant mobile pour entraîner les esprits dans cette voie féconde. Ils exerceraient sur les populations maritimes un excellent effet moral, et deviendraient pour elles le plus noble témoignage de l'intérêt que le gouvernement attache à tout ce qui peut contribuer à leur bien-être et à leur prospérité.

Ce principe admis, viendrait alors la question de savoir s'il n'y aurait pas convenance et justice de faire à l'industrie des pêches des prêts en argent, comme on en fait à l'industrie agricole. Ces prêts, à la distribution desquels présiderait le personnel du commissariat de la marine, seraient employés à la création d'un outillage mieux approprié, dont la mise en pratique aurait pour résultat immédiat d'augmenter la récolte dans une proportion considérable; car ce sont moins les produits qui manquent que les moyens de les atteindre. Il y a telle portion du Finistère ou du Morbihan, où les pêcheurs sont si dépourvus d'instruments de travail, que leurs grossières embarcations ne peuvent les porter, sans les plus grands dangers, aux lieux qu'habitent les poissons de grande taille; et, quand leur courageuse abnégation les y a conduits, ils n'ont à jeter, sur les fonds fréquentés par ces précieuses espèces, que des engins impropres à en opérer la capture. La paternelle intervention de l'État ouvrirait donc à ces populations dévouées des horizons nouveaux, et, par cette dotation, les entraînerait dans la voie du progrès.

Mais pour que ces vivifiantes améliorations puissent porter leurs fruits, il faut qu'il y ait, au ministère de la marine, une administration des pêches, ayant le devoir de s'occuper exclusivement de ces importants problèmes, et d'en trouver les solutions pratiques. Malheureusement, en l'état actuel des choses, ce grand intérêt n'est représenté, dans la direction générale de l'inscription maritime, que par un sous-chef de bureau, qui cumule cette attribution avec celle de la domanialité. C'est à peine si son intelligente activité peut suffire à l'expédition des affaires courantes.

Je crois donc, Sire, qu'il y a lieu de reconstituer le service administratif des pêches marines, en le développant dans un sens qui réponde aux nouveaux besoins d'une industrie sur laquelle repose la force navale de la France, et qu'il convient également, afin de donner à ce service une action directe jusque sur les fonds producteurs eux-mêmes, de modifier la surveillance à la mer, de manière à ce qu'elle suffise à la protection des récoltes, et contribue à en préparer de nouvelles, par son concours permanent à l'action du repeuplement.

Les explorations auxquelles je viens de me livrer m'ont permis de constater combien cette surveillance est insuffisante sur toutes les parties de notre littoral. J'y ai vu nos champs producteurs les plus fertiles dévastés par la rapine, quand ils ne le sont pas par une exploitation intempestive ou déréglée.

Le nombre des bâtiments chargés de la police générale des pêches n'est pas en proportion de l'étendue des espaces qu'ils ont à parcourir, et, comme la plupart de ces bâtiments sont à voiles, il en résulte qu'ils ne peuvent se porter assez promptement d'un point à un autre, pour y surprendre les maraudeurs ou leur inspirer une crainte salutaire.

Il y a donc urgence de substituer, dans la réorganisation de cet important service, des navires mixtes à ces bâtiments exclusivement voiliers, et de former, au moyen de rapides transports, une chaîne, dont les anneaux rapprochés puissent se mouvoir assez promptement dans chaque circonscription pour que la ligne ne soit jamais interrompue.

Ces navires, *qui deviendraient la véritable école des pilotes de nos rivages*, devront être construits sur le modèle des chaloupes à hélice que l'administration des ponts et chaussées affecte à l'approvisionnement de nos phares, chaloupes d'un faible tirant d'eau, qui, avec un personnel restreint et une médiocre dépense de charbon, suffiront à tous les besoins, soit comme instruments de répression, soit comme instruments de repeuplement.

Le commandement en sera confié à des enseignes ou à des lieutenants, que leur grade met à l'abri des influences extérieures, sans les placer assez haut dans la hiérarchie pour qu'il puisse y avoir conflit avec les commissaires chargés du gouvernement des pêches.

Dans cette combinaison, le *Chamois*, que Votre Majesté a bien voulu mettre au service général de l'œuvre de repeuplement, irait porter à chacun ses instructions pratiques, et si, pour plus d'unité dans l'action, on appliquait le même principe à nos deux mers, l'on aurait, de la sorte, un moyen facile de tout savoir et de tout faire.

En outre des bâtiments chargés d'exercer la surveillance au large, il y a, en résidence à terre, un cordon de gardes maritimes, dont l'intervention pourrait être d'un grand secours. Mais la solde de ces modestes agents n'étant que de *trois à quatre cents francs*, ils sont contraints, afin de subvenir aux besoins de leurs familles, d'employer leur temps à d'autres soins que ceux de leur charge. L'État ne pourra donc compter sur leur entier dévouement qu'en les affranchissant, par une augmentation de salaire, de la sujétion forcée dans laquelle les tient leur condition actuelle.

Je propose, en conséquence, d'élever les appointements de ces agents à sept ou huit cents francs, et de donner à chacun d'eux une embarcation qui les conduise partout où leur devoir les appellera.

Dans ces conditions meilleures, l'œuvre du repeuplement marchera sans entraves; elle s'accomplira partout dans la plus complète sécurité, et les populations riveraines béniront la main qui, en les préservant de leur propre entraînement, aura augmenté la source de la production.

Je suis avec un profond respect,

Sire,

De Votre Majesté

Le très-humble et très-fidèle serviteur.

Coste,

Membre de l'Institut.

A la suite de ce rapport, M. le ministre de la marine a donné l'ordre à nos stationnaires de Terre-Neuve de rapporter du capelan salé pour les pêcheurs de sardines, et M. Balestrier a été nommé chevalier de la Légion d'honneur. Les appointements des inspecteurs des pêches ont été portés à 1200 francs; ceux des syndics de 1re classe à 900; ceux des syndics de 2e classe à 800; ceux des syndics de 3e classe à 700; ceux des gardes maritimes de 1re classe à 700; ceux des gardes de 2e classe à 600. Enfin un bureau des pêches a été constitué au ministère de la marine.

VI.

RAPPORT A S. E. LE MINISTRE DE LA MARINE

SUR

LA REPRODUCTION DES CRUSTACÉS,

AU POINT DE VUE DE LA RÉGLEMENTATION DES PÊCHES.

Paris, le 25 décembre 1860.

Monsieur le Ministre,

Le décret du 27 mai 1857 autorise en tout temps la pêche du homard et de la langouste, à la condition expresse, pour ceux qui se livrent à cette industrie, de rejeter à la mer les femelles *grenées*, c'est-à-dire celles dont les œufs sont descendus sous la queue pour y subir l'incubation.

Si cette règle était rigoureusement observée, Monsieur le Ministre, elle ferait perdre aux pêcheurs la moitié du fruit de leur travail dans le présent, et, dans un avenir plus ou moins prochain, elle deviendrait une puissante cause de dépeuplement.

En effet, non-seulement il y a des femelles grenées pendant dix mois de l'année, mais la plupart le sont aux époques qui forment la véritable période des ventes lucratives. Or, obliger les pêcheurs à rejeter à l'eau toutes les couveuses engagées dans leurs casiers pendant cette longue période, n'est-ce pas leur demander le sacrifice de la meilleure part de leur récolte?

Aussi, pour se soustraire à cette ruineuse sujétion, ont-ils recours à un artifice qui déjoue toute surveillance. Ils dépouillent, au moyen d'une brosse ou d'un petit balai de chiendent, les femelles de leurs œufs, et par ce stratagème, dont il est difficile de distinguer la trace quand l'opération est faite avec dextérité, ils transforment la denrée prohibée en un produit de libre circulation.

Le règlement n'existe donc qu'en théorie. Il est partout violé dans la pratique, parce que les agents de l'administration, si nombreux qu'on les suppose, ne peuvent être présents à toute heure et partout à la fois pour veiller à son exécution. Loin d'être un frein, la législation actuelle ouvre donc carrière aux permanents abus d'une exploitation à outrance.

Mais en admettant que, par une soumission volontaire, les populations maritimes consentent à en supporter les rigueurs, le mal sera-t-il conjuré? Évidemment non, car, dans cette hypothèse, les sujets mâles, dont la vente est autorisée en toute saison, incessamment retirés de la mer pendant qu'on y laisse les sujets femelles, ne s'y trouveront bientôt plus en nombre pour suffire aux besoins de la fécondation. L'équilibre entre les deux sexes étant ainsi rompu, la stérilité des pontes sera la conséquence de cet enlèvement inégal.

En présence d'une législation qui porte, quand on l'observe, une si grave atteinte à la fortune de nos pêcheurs, et met une ruineuse entrave à la liberté de leur industrie, l'administration ne saurait hésiter plus longtemps : il faut qu'elle cherche dans une étude approfondie de la nature la règle qui concilie les intérêts actuels des populations riveraines avec ceux du repeuplement progressif de notre littoral.

Cette règle, Monsieur le Ministre, se déduit rigoureusement d'expériences que M. Gerbe et moi avons entreprises, avec le concours du maître pilote Guillou, dans le laboratoire de Concarneau; laboratoire où, par la découverte successive de la loi du développement de chaque espèce, nous réussirons à asseoir le gouvernement général des pêches sur les données positives de la science, pourvu que Votre Excellence nous donne des moyens d'action proportionnés à la grandeur du but à atteindre.

La précision des résultats obtenus, en ce qui concerne le homard et la langouste, montrera de quelles vives lumières des investigations de ce genre doivent éclairer ces questions obscures. Je vais donc raconter en peu de mots les curieuses observations que nous avons faites dans cette première étude.

Fécondation. — La saison des amours commence en septembre pour les langoustes, en octobre pour les homards, et se prolonge jusqu'en janvier. Durant ce laps de temps les sexes se recherchent, se rencontrent et vaquent au soin de la reproduction.

L'accouplement consiste dans une sorte de copulation incomplète, pendant laquelle il n'y a pas, comme chez le crabe, par exemple, intromission directe des appendices copulateurs dans le sein maternel. Les deux individus sont simplement opposés ventre à ventre, de façon à ce que les orifices externes des organes génitaux du mâle soient à peu près en regard de ceux de la femelle.

Dans cette position, la semence, du moins chez la langouste, ne passe pas immédiatement à la manière de celle du crabe et du tourteau, dans le vestibule des oviductes, mais elle est versée au dehors, sur le plastron, où elle se fige par plaques irrégulières entre les deux ouvertures de ces canaux. Dense, tenace et gluante d'abord, elle se liquéfie peu à peu, et, à mesure qu'elle fond, les corpuscules fécondants dont elle est formée se dégageant de la substance albumineuse qui les tient en suspension, pénètrent dans les oviductes et montent jusqu'aux ovaires pour y opérer la fécondation.

Chez le homard, le fluide séminal ne se coagule pas sur le sternum de la femelle. Il passe directement dans le sein maternel sans subir cette modification préalable.

Le nombre des pariades et des accouplements, très-restreint au début de la saison, va en augmentant du 1er septembre en fin novembre pour les langoustes; du 1er octobre en fin décembre pour les homards. En janvier quelques accouplements s'effectuent bien encore, mais ils deviennent aussi rares qu'ils étaient fréquents dans la période intermédiaire. De sorte que l'automne est bien réellement la véritable saison de la plus grande activité du phénomène : circonstance importante à noter, afin de pouvoir déterminer avec précision, par la durée de l'incubation, quel doit être le moment de la plus grande activité des éclosions.

Ponte. — L'émission des œufs a lieu quinze ou vingt jours après l'accouplement chez les deux espèces dont il s'agit. Elle suit par conséquent d'assez près le jour de la fécondation. C'est de septembre en décembre que la plupart des femelles se *grènent.* Celles qui n'ont pas encore pondu en janvier font exception à la règle générale, comme ces arbres tardifs dont les fruits mûrissent hors saison ; exception à laquelle la longue durée de l'incubation des œufs donne l'apparence d'une preuve que les homards et les langoustes se reproduisent pendant toute l'année, tandis que cette fonction est renfermée dans des limites parfaitement définies.

Lorsque les œufs sont arrivés à maturation complète dans le sein maternel et que leur expulsion est imminente, les femelles en travail appliquent la face ventrale de leur queue contre leur plastron, de manière à produire une cavité close, dans laquelle sont comprises les ouvertures des oviductes, placées à la base de la troisième paire de pattes. En s'échappant par ces ouvertures, les œufs ne tombent donc pas au dehors, mais dans l'espèce de cuvette que la queue fléchie représente. Ils y sont versés par jets successifs et en une seule journée, au nombre moyen de vingt mille pour les homards et de cent mille pour les langoustes.

Pendant que les œufs sont versés dans le récipient naturel où ils auront à subir leur incubation, la paroi de ce dernier, incitée par une de ces correspondances physiologiques destinées à assurer l'exercice des fonctions, sécrète une humeur visqueuse qui les englue et les attache, en se coagulant, aux fausses pattes, où elle les tiendra suspendus par grappes serrées jusqu'à l'heure des éclosions. Ils sont donc là désormais à l'abri de tout contact perturbateur, et sous l'action directe de la mère couveuse, aux soins persévérants de laquelle ils restent confiés.

Incubation. — Aussitôt que la génération nouvelle a pris place au dehors en se groupant autour des fausses pattes, le travail d'incubation commence. Pour en favoriser le régulier accomplissement, les femelles grenées peuvent, à leur gré, présenter leur portée à la lumière ou la tenir dans l'obscurité, suivant qu'elles fléchissent leur queue sur leur plastron ou qu'elles la redressent; et quand elles prennent cette dernière attitude, tantôt elles laissent leurs œufs immobiles ou simplement immergés, tantôt elles leur font subir des lavages en agitant doucement les appendices incubateurs qui les portent.

Sous l'influence prolongée de ces conditions d'abri et de ces soins assidus, les couvées poursuivent les diverses phases de leur évolution avec un tel ensemble, que c'est à peine si l'on rencontre çà et là quelques œufs stériles ou quelques rares embryons avortés : tout ou presque tout prospère et vient à souhait.

Cette longue évolution dure six mois: nous nous en sommes assurés en tenant des couveuses prisonnières pendant ce laps de temps, à partir du moment de la ponte.

Or si, prenant septembre, octobre, novembre, pour la principale époque de la ponte des langoustes; octobre, novembre, décembre pour celle des homards, on compte six mois pour l'incubation, on arrive à la certitude que mars, avril, mai, forment la véritable période des naissances. C'est alors, en effet, qu'ont lieu la plupart des éclosions. Les femelles couveuses redressent et étendent leur queue dont la flexion contre le plastron avait été jusque-là l'attitude ordinaire. Elles impriment aux appendices qui portent leurs grappes d'œufs embryonnées de légères oscillations, comme pour semer les larves qui sont prêtes à déchirer leur coque, et se délivrent en quelques jours de leur portée entière.

Nous avons vu une langouste contribuer directement à cette espèce d'échenillage, en promenant sur les grappes d'œufs arrivés à terme les articles bifides et dentelés de sa dernière paire de pattes ambulatoires. Elle se servait de ces espèces de peignes pour débarrasser les filets incubateurs de l'arrière-faix formé par la matière coagulable qui tenait la couvée adhérente.

Aussitôt nés, les jeunes s'éloignent de leur mère pour monter à la surface, abandonner les côtes, gagner la haute mer. Leur premier âge se passe donc au large, où on les voit à fleur d'eau nager sans cesse en tourbillonnant. Mais cette vie pélagienne n'est pas de longue durée. Ils la quittent à la quatrième mue, qui survient au trentième ou au quarantième jour après la naissance, et leur fait perdre les organes transitoires qui servaient à la natation. Ne pouvant plus alors se soutenir à la surface, ils tombent au fond pour y séjourner désormais, et, à partir de ce moment, la marche devient leur mode habituel de locomotion.

A mesure qu'ils grandissent, ils se rapprochent des rivages qu'ils avaient momentanément abandonnés.

Leurs formes primitives diffèrent tellement des formes adultes qu'il serait difficile, si on n'avait assisté à leur éclosion, de les rapporter à l'espèce dont ils proviennent. C'est à tel point que les naturalistes avaient considéré les embryons des langoustes, jusqu'au moment où nous les avons éclairés, comme des animaux parfaits, et en avaient constitué un genre sous le nom de *Phyllosome*.

Ces embryons portent par paires égales, aux paires de pieds-mâchoires, thoraciques ou ambulatoires, et au premier article de chacun de ces pieds, des plumules ou panaches caducs, sorte de rames vibratiles, à l'aide desquelles ils se meuvent et se tiennent en suspension permanente jusqu'à la quatrième mue, époque à laquelle une dernière métamorphose leur fait revêtir les caractères extérieurs de leur espèce.

Mais si, après l'atrophie et la chute de ces rames transitoires, les jeunes crustacés ont alors la physionomie de l'adulte, ils sont loin encore d'en avoir la taille. Des expériences faites avec le plus grand soin démontrent que les homards ne parviennent à cette taille et ne sont aptes à se reproduire qu'à la fin de leur cinquième année. Leur croissance n'est pas, du reste, la même pour tous les individus, car, quoique placés dans des conditions identiques, les uns grandissent plus promptement que les autres. Mais pour tous le développement est en proportion du nombre de mues qu'ils accomplissent dans le même laps de temps, chaque nouvelle extension de leur corps étant subordonnée au dépouillement de la carapace inextensible qui l'étreint.

Si toutes les portées prospéraient aussi bien après la naissance que pendant l'incubation, elles n'auraient pas besoin qu'on les protégeât pour en éviter la destruction. Les cantonnements qu'elles fréquentent ne suffiraient bientôt plus à les contenir, ni à leur assurer leur pâture; car, à chaque parturition, il éclôt, en moyenne, comme nous l'avons dit, vingt mille embryons par tête de femelle de homard, et cent mille par tête de femelle de langouste.

Mais ces innombrables générations, sans défense contre une foule d'ennemis qui s'en repaissent, ne tardent pas, en outre, à être décimées par les crises de la mue ou même par leur voracité réciproque.

A leur sortie de l'œuf elles rencontrent, sur les lieux mêmes que les couveuses ont choisis pour retraite, de petites espèces de poissons continuellement acharnés à leur poursuite. Durant leur vie pélagienne, d'autres poissons, pélagiens comme elles, leur font une guerre assidue. Quand elles descendent au fond de la mer, elles y trouvent d'autres ennemis aux entreprises desquels elles seront longtemps encore impuissantes à résister.

La mue enfin cause aussi parmi elles de grands ravages, parce qu'elles ont souvent à en subir les crises, la répétition fréquente de ce phénomène physiologique étant la condition nécessaire de leur croissance.

Chaque jeune homard, en effet, perd et refait sa carapace :

> De 8 à 10 fois en sa première année;
> De 5 à 7, en la seconde;
> De 3 à 4, en la troisième;
> De 2 à 3, en la quatrième.

Sa taille s'accroît à chaque mue, en moyenne, de 4 millimètres la première année, de 8 la deuxième, de 16 la troisième, de 20 la quatrième. En sorte que l'individu qui a, en naissant, un centimètre, en acquiert :

    4 la première année ;
    9 la seconde ;
    14 la troisième ;
    18 la quatrième.

Il n'atteint donc la taille réglementaire de 20 centimètres que la cinquième année, à travers des crises périlleuses dont la gravité diminue, sans doute, à mesure qu'elles deviennent plus rares, mais qui restent toujours un danger en ce sens que les sujets temporairement dégarnis de leur carapace sont une proie facile.

A partir de la cinquième année, la mue n'est plus qu'annuelle, comme la ponte à laquelle elle est subordonnée, attendu que si le dépouillement était plus fréquent, la nouvelle carapace ne durerait pas assez longtemps pour protéger les œufs adhérents à sa paroi externe pendant les six mois de leur incubation.

Si à ces causes naturelles d'incessante destruction, on ajoute l'action plus destructive encore de l'homme qui éteint dans leur germe des générations entières par la capture des femelles grenées, on s'explique aisément la disparition progressive des grands crustacés de nos côtes. Les pêcheurs eux-mêmes s'en inquiètent. Ils se soumettraient donc avec reconnaissance à une interdiction temporaire, pourvu que cette interdiction ne leur imposât pas un trop long chômage et ne les mît pas, comme le règlement actuel, dans l'impossible obligation de rejeter à la mer, pendant la saison la plus favorable à la vente, la moitié de leur récolte.

Cette double indication peut être facilement remplie, Monsieur le Ministre, si, mettant à profit les enseignements de la science, l'administration fait porter l'interdiction sur l'époque bien précisée des naissances, au lieu de l'étendre à la longue période des pontes et de l'incubation.

Or, comme en temps ordinaire, ainsi que je l'ai déjà dit, le plus grand nombre d'éclosions a lieu en mars, avril, mai, je propose de décider que pendant toute cette période il sera interdit de pêcher les homards et les langoustes, en laissant, toutefois, aux Préfets maritimes ou à l'autorité locale le soin de hâter ou de reculer d'un mois l'ouverture de la campagne suivant qu'une température élevée précipitera les naissances ou qu'une température basse les ajournera.

Ce court chômage ne portera aucune atteinte sérieuse aux intérêts des pêcheurs, puisque, à ce moment, la mer leur offre d'autres fruits à cueillir. Il protégera les éclosions, comme la loi sur la chasse protége les naissances du gibier.

Je ne propose pas, Monsieur le Ministre, d'interdire le colportage, parce que les crustacés dont il s'agit peuvent facilement être conservés vivants, comme on le fait en Angleterre, dans des réservoirs où on les emmagasine. En sorte que, malgré l'interdiction temporaire de la pêche, nos marchés n'en seront pas moins approvisionnés quand on aura organisé sur notre littoral des piscines de prévoyance, sur le modèle de celle que je fais construire à Concarneau, de concert avec le maître pilote Guillou.

Enfin, Monsieur le Ministre, pour que le règlement réponde à tous les besoins, il y a une dernière mesure à prendre, c'est d'interdire d'extraire de la mer tout homard et toute langouste qui, de la partie postérieure de l'œil à la naissance de la queue, n'a pas 22 centimètres de long. Au-dessous de cette taille les pêcheurs en retirent peu de profit. Les marchands exigent qu'ils leur en livrent deux ou trois douzaines pour une, au prix de six à sept francs, valeur ordinaire d'une douzaine de sujets de grandeur moyenne. C'est un fait dont j'ai été plusieurs fois témoin à Concarneau.

Veuillez agréer, Monsieur le Ministre, la nouvelle expression de mes sentiments respectueux.

Coste.
Membre de l'Institut.

Nota. Ce travail se rapporte à la reproduction du homard et de la langouste dans les eaux de l'Océan. Dans celles de la Méditerranée, une différence de température amenant une différence dans la durée de l'incubation, il y aura lieu d'en tenir compte pour l'application du règlement. C'est une question qui fera le sujet d'un autre rapport.

II.

DOCUMENTS RELATIFS AUX PÊCHES FLUVIALES.

I.

RAPPORT A S. M. L'EMPEREUR

SUR

L'ORGANISATION DE LA PÊCHE FLUVIALE EN FRANCE.

Sire,

Les pêcheries fluviales d'Écosse et d'Irlande, où tout est subordonné à l'élève de deux espèces, la truite et le saumon, dont on prend autant de soin dans les rivières que du bœuf et du mouton dans les pâturages, fournissent aux détenteurs de ces métairies aquatiques un revenu brut de *dix-sept millions cinq cent mille francs* par an, et l'on estime qu'une exploitation progressivement perfectionnée en aura bientôt doublé le produit.

En France, au contraire, où toutes les espèces vivent confondues dans un même abandon, c'est à peine si l'amodiation de tous nos cours d'eau, malgré leur plus grande contenance, donne à l'État le modique tribut de *six cent mille francs*, qui ne couvre pas la dépense qu'en exige la perception.

Ainsi donc, Sire, d'un côté la richesse, par cela seul qu'il y a surveillance, culture, aménagement; de l'autre, la ruine, parce que les règles d'une exploitation rationnelle ne sont point observées.

Cette différence, au profit de nos voisins, ne tient pas à une vertu particulière de leurs eaux, car le dépeuplement, quand on n'y obvie pas, s'en accomplit avec autant de rapidité qu'en aucune autre contrée. La Tweed, par exemple, l'une des rivières autrefois les plus célèbres de l'Écosse par le nombre et la qualité de ses saumons, donnait, en 1814, à son embouchure, sur un simple parcours de vingt kilomètres, *un demi-million* de rente; mais, par suite d'incurie, elle tomba peu à peu dans un tel appauvrissement, que le produit de cette même portion de son lit n'était déjà plus, en 1838, que de cent mille francs, et aurait fini par se réduire à néant, si un nouvel acte du Parlement n'avait mis aux mains des propriétaires les moyens de défendre leur récolte contre les causes naturelles ou artificielles de destruction.

L'industrie d'outre-Manche ne se borne pas seulement à repeupler les cours d'eau ruinés par les abus de la pêche ou par l'action des substances délétères; elle fertilise ceux qui avaient été jusque-là stériles ou peu productifs, comme elle en a donné une preuve frappante en Irlande, près de Sligo. Là, trois rivières, l'Arrow, la Colloones, la Colaney, se précipitent à pic dans la mer, par un déversoir commun, d'une hauteur de plus de vingt pieds. Leur chute verticale les avait donc toujours rendues inaccessibles au précieux saumon. Mais, en 1854, un des propriétaires, M. Cooper, de Mackrec-Castle, ayant eu l'idée d'adapter à cette petite cataracte l'ingénieux appareil connu sous le nom d'*échelle à saumons*, obtint, à l'aide de cet artifice, ce que la nature n'aurait jamais donné. Dès la première année, quelques saumons suivirent la voie qu'on leur avait frayée; dès la seconde, on en compta quatre cents, et, à la troisième, c'est-à-dire en 1857, un fermier offrit à l'intelligent novateur douze mille francs de rente pour la location de la pêcherie qu'il venait de créer[1].

Il dépend donc de Votre Majesté, Sire, que les eaux de la France soient mises en exploitation comme celles de l'Écosse ou de l'Irlande, et que, fécondées par l'application des nouvelles méthodes, elles deviennent en tous lieux une source intarissable de production. Mais, pour le succès de l'œuvre, il y a une première mesure à prendre, c'est d'abroger, par simple voie de règlement, l'inexplicable anomalie qui consiste à laisser la police de la pêche fluviale aux mains de l'administration qui n'a dans ses attributions ni la police générale des eaux, ni leur aménagement, et que d'autres devoirs obligent à résidence dans les forêts.

Exclusivement cantonnée dans les régions boisées de la France, où son personnel est organisé pour un service tout à fait étranger à celui du régime des eaux, non-seulement cette administration n'a presque pas d'agents spéciaux pour la police directe de la pêche, mais il est des provinces entières où elle n'en possède d'aucune espèce. En sorte que, à ce point de vue, son intervention est purement fictive. Quand, par exception, elle fait acte de présence, ce n'est que pour stipuler, dans des contrats, les conditions d'amodiation, la loi actuelle laissant à la charge des fermiers les gardiens

---

[1] Voir le document relatif à la pêche du saumon en Écosse, p. 259.

des portions de rivières dont ils se rendent adjudicataires; charge également fictive à laquelle ils ne manquent jamais de se soustraire, parce que les produits de leur location n'en couvriraient pas la dépense.

Aussi le pillage s'exerce-t-il sans entraves partout où les résidus délétères de nos usines, la chaux brûlante, la coque du Levant, le suc de l'euphorbe, le rouissage du chanvre, les barrages, etc. n'ont pas encore amené la stérilité complète. Ici, c'est un bras de rivière qu'on obstrue aux deux bouts, afin que, dans ses eaux passagèrement stagnantes, l'action du poison atteigne plus sûrement les espèces sédentaires qui s'y réfugient : ailleurs, des appareils destructeurs adaptés aux chutes y coupent la voie aux jeunes saumons qui, en se rendant à la mer, tombent en telle abondance dans ces piéges, qu'en certaines localités, sur les bords de la Loire, par exemple, ne pouvant les consommer sur place, on les donne en pâture aux animaux domestiques.

Tout cela, Sire, s'accomplit au grand jour, en pleine sécurité; car les auteurs de ces désastreuses pratiques savent bien que nul ne viendra troubler leur coupable industrie.

A ce mal, Sire, il n'y a qu'un souverain remède : c'est de confier la police de la pêche fluviale à l'administration des ponts et chaussées, à celle qui, ayant déjà dans ses attributions l'aménagement général des eaux, dispose, par cela même, de tout ce qui peut faire la prospérité ou accomplir la ruine des pêches.

Cette administration sans rivale dans le monde, partout présente, sur nos cours d'eau comme sur nos routes, dispose, pour le double service dont elle y est investie, d'un personnel de vingt-huit mille hommes; véritable armée de la paix, admirablement instruite et disciplinée pour les grandes entreprises de la paix, qui, par la nature même de ses fonctions et par l'entreprise de l'établissement de pisciculture d'Huningue, qu'elle dirige, sera l'instrument efficace d'ensemencement de nos fleuves, depuis leur tronc principal jusqu'en leurs moindres ramifications, si Votre Majesté lui fait une loi de veiller à la conservation de son œuvre. En dehors de son gouvernement, il n'y a rien de sérieux à tenter. On pourra bien créer des fonctionnaires nouveaux et grever le budget de charges nouvelles, mais, à coup sûr, on n'atteindra pas le but.

Cette armée du travail, composée de 650 ingénieurs, de 3,600 conducteurs, de 24,000 employés secondaires, se partage en deux grands corps d'opération, ayant tous deux un détachement dans chaque département, l'un pour le service des voies terrestres de communication, l'autre pour le service hydraulique. En sorte que, couvrant la France de son réseau, il n'y a pas un seul point du territoire où elle ne soit en mesure d'exercer utilement la surveillance de la pêche fluviale, surveillance restée purement nominale jusqu'ici dans la direction des forêts, et qui, par un de ces arrêts de développement dont les transformations administratives offrent tant d'exemples, tient encore à la souche comme ces bourgeons caducs destinés à pousser ailleurs de vivantes racines.

Le personnel chargé du service hydraulique de la France devient de plus en plus nombreux chaque jour, depuis surtout qu'en vue des inondations Votre Majesté lui a donné à résoudre le grand problème d'un aménagement général des eaux qui permette de graduer leur cours de manière à préserver les villes et les vallées de nouveaux désastres. Il compte déjà dans ses rangs, en outre d'un état-major qui en a la haute direction, 650 conducteurs, 1,800 éclusiers, 2,000 employés secondaires, baliseurs, pontiers, gardes, cantonniers de navigation, observateurs des niveaux, etc. résidant tous sur les cours d'eau qu'ils surveillent, qu'ils ont constamment sous les yeux, qu'ils parcourent en bateaux, ou dont ils suivent les rives à pied.

Tantôt leur investigation périodique se porte sur le chenal pour savoir s'il est libre ou obstrué; sur le fond et sur les bords pour déterminer s'il s'y est opéré des changements naturels ou artificiels, pour tracer des alignements à suivre par les ouvrages défensifs des riverains, pour s'assurer s'il n'y a pas de leur part des anticipations favorisant les atterrissements, pour poursuivre enfin les entreprises illicites des pêcheurs. Tantôt, c'est le mouvement des eaux qu'ils observent pour en noter les crues ou les abaissements, et, presque partout aujourd'hui, pour en prendre les niveaux quotidiens à des intervalles très-rapprochés. Tantôt, leur vigilance s'exerce sur la circulation des bateaux, sur les bois flottés et sur la mise en pratique des nombreux règlements relatifs à cette circulation, etc.

Comment, Sire, un personnel d'élite appliqué à ces diverses opérations, domicilié aux lieux où il les accomplit, présent partout et toujours sur nos cours d'eau qu'il aménage comme un appareil de laboratoire, dont il perfectionne le mécanisme et dont il travaille à régler le jeu, qui en entretient la propreté et la libre circulation par les curages, le faucardement des herbes, l'approfondissement du lit: comment, dis-je, ce personnel n'y ferait-il pas aussi celui de la police de la pêche? Cette extension d'attribution n'est que le complément forcé d'un pouvoir qui lui appartient à tous les points de vue, celui-là seul excepté. Il ne sera pas même pour ses agents un surcroît d'occupation, puisqu'ils pourront l'exercer en vaquant à leurs travaux ordinaires, et sans avoir jamais besoin de s'en détourner.

Le gouvernement de la pêche fluviale est une attribution tellement inhérente à la fonction de l'administration des ponts et chaussées, que la loi elle-même le lui confère, comme un droit actuel, sur un grand nombre de nos cours d'eau, et le lui réserve comme un futur apanage là où ce droit n'est pas encore clairement constitué. Je m'explique.

Le décret du 23 décembre 1810 place dans les attributions de la direction générale des ponts et chaussées *l'administration de la pêche dans les canaux appartenant à l'État, au même titre que celle des produits de francs-bords et plantations.* Ce décret promulgué, il s'éleva la question de savoir si les dispositions qu'il renferme étaient également applicables *aux rivières canalisées au moyen de la confection d'ouvrages d'art.* M. le Ministre des finances, consulté à ce sujet, reconnut en principe l'assimilation des rivières canalisées aux canaux, et décida, en conséquence de cette assimilation, le 26 décembre 1831, que la location de la pêche, sur les rivières dont il s'agit, serait confiée à l'administration des ponts et chaussées.

Le principe une fois admis, quelques préfets demandèrent dans quelles limites devait s'appliquer cette décision *sur les rivières canalisées,* ou, en d'autres termes, ce qu'il fallait entendre, au point de vue administratif, par le mot *canalisation.* Consulté de nouveau, M. le Ministre des finances prit, le 13 septembre 1832, la décision suivante : «Lorsqu'une rivière «aura été rendue navigable par suite d'ouvrages d'art, la location de la «pêche doit être confiée à l'administration des ponts et chaussées, *non-*«*seulement pour les lieux mêmes où existent ces ouvrages d'art, mais encore* «*pour tout le cours intermédiaire qui n'est navigable qu'à l'aide de ces mêmes* «*ouvrages;* en d'autres termes, sur toute la partie des rivières comprises «entre les points extrêmes où sont établis les ouvrages d'art les plus éloi-«gnés, l'administration des forêts devant continuer à affermer la pêche «pour les parties de ces rivières situées en dehors de ces limites.»

En présence d'une législation qui consacre un droit dont les décisions ministérielles définissent la nature forcément progressive, il ne saurait y avoir de doute. Les ingénieurs des ponts et chaussées sont les administrateurs de la pêche, par cela même qu'ils sont les administrateurs des eaux. Là où ils ont accompli des ouvrages d'art qui contribuent à rendre les rivières navigables, ce droit leur appartient, et tout ce qui tend à y limiter leur pouvoir devient une usurpation. Là où les travaux sont en voie d'exécution ou en projet, ce droit se crée et s'étend chaque jour, ne laissant plus rien en dehors de son envahissante légitimité; car, par ordre de Votre Majesté, toutes les eaux de la France doivent être aménagées dans un bref délai, en vue des inondations.

En conférant donc aujourd'hui à l'administration des ponts et chaussées la régie entière de la pêche fluviale, le Gouvernement ne fera pas même une innovation; il complétera, par anticipation, au bénéfice d'une grande industrie que les errements antérieurs ont ruinée, *ce qui est déjà par ce qui doit être*.

Quand ce complément de responsabilité sera dévolu aux ingénieurs, la question du repeuplement général des eaux aura fait par cela même un pas décisif; car ils combineront leurs travaux de manière à les approprier à l'accomplissement de ce grand dessein.

Partout où il y a des barrages qui coupent la voie au poisson voyageur, ils rétabliront cette voie sans nuire aux industries riveraines, au moyen d'échelles ou escaliers à saumon, comme c'est la coutume en Écosse et en Irlande, et comme ils l'ont déjà fait en France, sur la Dordogne, près de Mauzac.

Quand il s'agira de curages, au lieu de les entreprendre sur un entier parcours à la fois, ils répartiront leurs travaux en plusieurs années, afin de laisser toujours, pour le repos et la reproduction, une partie du fond et des rives tranquilles.

S'ils ont à procéder au faucardement des herbes, ils attendront, avant de se livrer à cette opération, que les œufs des espèces qui ont coutume de pondre sur les plantes aquatiques soient éclos, afin de ne point supprimer cette condition essentielle de l'incubation; et, dans le cas où les besoins de la navigation les obligeront à passer outre, ils ménageront à l'avance, dans les lieux les plus favorables, des touffes isolées.

Là où des eaux limpides coulent sur des bancs de cailloux, ils auront soin d'y entretenir la propreté en temps opportun pour y inciter la truite et le saumon à en faire leurs lits de ponte, et veilleront à ce que nul ne vienne déranger ces lits chargés de semence, tant que la génération nouvelle n'aura pas quitté son berceau.

Là où les riverains ont contracté la déplorable habitude de faire rouir leur chanvre dans la voie publique, ils les contraindront, comme la loi leur en donne le droit, et comme cela se pratique en Écosse et en Irlande, à opérer dans des réservoirs séparés, que les agents de l'administration pourront créer, au besoin, au moyen d'une prise d'eau, laissant à l'évaporation le soin de tarir ces mares empoisonnées.

Là où des usines versent leurs produits impurs, ils s'appliqueront, en vertu de leurs pouvoirs sur les établissements insalubres, à préserver nos cours d'eau de ces mortels mélanges, en obligeant l'industrie, dans la mesure du possible, à avoir recours à des procédés qui concilient tous les intérêts.

En général, Sire, les travaux entrepris pour l'amélioration des voies navigables, et qui ne sont pas appelés de *canalisation* dans le sens vulgaire du mot, ont néanmoins pour effet d'approfondir le chenal de manière à concentrer le volume entier des eaux basses et moyennes dans un seul bras; de substituer à des directions sinueuses des tracés réguliers. Ces opérations transforment réellement la voie naturelle en un canal à pente, au lieu d'un canal à chutes et à écluses, comme cela arrive déjà sur le plus grand de nos fleuves, sur le Rhin, sur le Rhône à un moindre degré, et, par intervalles, sur la Garonne, la Loire, l'Isère, etc. Or, en favorisant le colmatage de tous les bras autres que celui réservé au chenal des basses et moyennes eaux, l'on supprime la pêche dans tous ces bras, l'on fait disparaître une foule de frayères naturelles et de lieux de repos indispensables aux poissons; tandis que si, par une interprétation plus logique du mot *canalisation*, les ingénieurs ont la régie des pêches de ces fleuves dans leurs attributions, ils ménageront des courants secondaires dans certaines localités, dans d'autres endroits des profondeurs, des abris, des remises. Et si, par le changement de régime, quelques espèces disparaissent forcément, ils veilleront à la multiplication des autres et à l'introduction de nouvelles, au besoin.

Toutes ces améliorations, Sire, *qui forment les conditions fondamentales de repeuplement et de conservation,* ne seront jamais obtenues, si le gouvernement absolu des pêches n'est pas dans les mains de l'administration qui les crée.

Je viens de montrer le personnel des ponts et chaussées échelonné sur les bords de nos fleuves, depuis les embouchures jusqu'aux sources, pouvant partout, sans se distraire du but principal de ses fonctions, y exercer une surveillance efficace de la pêche, et y favoriser par un aménagement approprié la reproduction naturelle du poisson, la libre circulation des espèces, la salubrité de leur séjour. Nous allons la voir maintenant bien mieux organisée encore pour y introduire, par les procédés artificiels, les races précieuses dont l'établissement d'Huningue est dès à présent en mesure de fournir la première semence, et auxquelles les règles d'une exploitation rationnelle prescrivent de donner la prééminence dans la mise en culture des eaux, sans négliger pour cela les races vulgaires.

Toutes les eaux fluviales de la France se partagent naturellement, par suite de la configuration du territoire, en cinq grands bassins : celui de la Seine, celui de la Loire, celui de la Gironde, celui de la Garonne, celui du Rhône, dans lesquels tous les affluents se rendent à la mer par des troncs principaux, comme les veines du corps aux oreillettes du cœur. Votre Majesté a voulu, pour plus d'unité dans la direction et de promptitude dans la manœuvre de ces immenses appareils hydrauliques, que le régime des grands fleuves, ainsi que cela était déjà pour quelques-uns, y fût confié à une seule personne. Elle a voulu également qu'au-dessous de cette responsabilité unique, les ingénieurs attachés à ce service pussent avancer sur place, afin de profiter de leur expérience au moment du péril, et de leur aptitude spéciale dans l'exécution des travaux entrepris pour le conjurer. Il en est résulté une organisation si admirablement coordonnée, qu'au premier signal de l'autorité centrale, une armée d'exploration et de surveillance se lève comme un seul homme, attentive en tous lieux et prête à agir soudain.

Cette armée, Sire, sera aussi celle dont la vigilance protégera, pendant leur migration à la mer où ils vont pâturer, et pendant leur montée vers les sources où ils reviennent déposer leur progéniture, les innombrables troupeaux de saumons qu'une administration prévoyante aura élevés dans les vastes réservoirs qu'elle organise sur les bords de tous nos grands cours d'eau, soit pour en favoriser la navigation, soit pour en éviter les débordements : réservoirs que l'établissement d'Huningue transformera en appareils d'ensemencement, et dans l'un desquels les ingénieurs du canal du Nivernais et de la rivière de l'Yonne font en ce moment un essai d'alevinage.

Il y a, en effet, dans les montagnes du Morvan, comme dans presque toutes les circonscriptions hydrauliques de la France, un immense récipient, le bassin des Settons, de quatre cent cinquante hectares de superficie, de trente mètres de profondeur au déversoir, établi sur un lit de granit, alimenté par un ruisseau limpide et par des sources pures, tenant en magasin, quand il est plein, quatre-vingt millions de mètres cubes d'eau pour les besoins de la navigation, et pouvant se vider ou s'emplir au moyen d'une bonde, au gré de l'expérimentateur.

Cet immense récipient dont, au point de vue de la pisciculture, la manutention ne coûte rien à l'État, puisque le service y est constitué pour une autre destination, suffira à la fertilisation du bassin tout entier de la Seine, depuis l'embouchure jusqu'aux sources, du jour où les ingénieurs en auront fait un parc bien organisé d'alevinage et de reproduction : entreprise déjà en voie d'exécution, et qu'il ne sera pas difficile de mener promptement à bonne fin.

L'expérience accomplie à Saint-Cucufa, sous les yeux de Votre Majesté, prouve, en effet, que, contrairement à la croyance commune, les jeunes femelles de saumon, élevées dans certaines conditions de captivité jusqu'à l'âge de deux ans, amènent, au bout de ce laps de temps, leurs œufs à complète maturation, comme celles qui sont libres d'aller à la mer, et que ces œufs, fécondés sur place avec la laitance des jeunes mâles qui vivent en commun avec elles, éclosent aussi sûrement que ceux de ces dernières. L'industrie est donc en mesure, grâce à cette découverte, de créer désormais des *saumoneries artificielles*, qui seront de véritables fabriques de graine animale, destinée à remplacer la génération sortante dans le roulement bisannuel de cette exploitation.

Or si, en un petit étang qui n'a pas plus d'un hectare de superficie, on a pu élever une assez grande quantité de saumons primipares pour en prendre plus de deux mille d'un seul coup de filet, que ne ferait-on pas dans un récipient comme celui des Settons, où, sur une étendue de quatre cent cinquante hectares, le jeune poisson rencontrera des profondeurs de trente mètres, c'est-à-dire toutes les variétés de séjour et toutes les conditions de salubrité? Les conséquences d'une pareille entreprise sont incalculables, surtout si, pour lui donner un plus grand développement, on a soin de faire éclore, en temps opportun, au milieu des troupeaux réservés à l'ensemencement des fleuves, les espèces inoffensives qui leur servent de pâture. Ceux-là seuls pourront s'en faire une idée qui auront vu au Collège de France, dans six mètres cubes d'eau de Seine, simplement renouvelée par un robinet, plus de cinq cents individus de la famille des salmonides, la plupart en état de reproduction, n'ayant jamais quitté la prison cellulaire où ils subissent depuis leur naissance le régime de la stabulation.

Ce pouvoir des méthodes artificielles sur la nature vivante étant ainsi bien établi, je suppose que les opérations soient assez avancées dans le réservoir des Settons pour qu'il y ait un million de jeunes saumons, auxquels on puisse ouvrir les portes du bercail, après en avoir extrait les œufs pour un second alevinage. Ces poissons, déjà capables de se défendre par leur propre force contre les espèces voraces qu'ils rencontreront en chemin, protégés sur tout leur parcours contre les entreprises des maraudeurs par le personnel hydraulique, tenu en éveil au moment de leur passage, arriveront aussi sûrement à la mer que nos troupeaux domestiques aux lointains herbages où les conduisent de vigilants pasteurs.

Parvenus dans les régions salées, ils y trouveront une pâture tellement abondante, qu'au bout de six mois de ce bienfaisant séjour ils remonteront vers les eaux natales pesant chacun dix livres, et portant aux populations riveraines l'inépuisable tribut d'une facile moisson : surprenante croissance qui, en ce court espace de temps, représente une valeur de vingt francs au moins *par tête de poisson de graisse*, et de vingt millions pour la colonie tout entière, si on suppose qu'elle n'ait pas subi de perte pendant sa migration : merveilleux retour, qui met aux mains de l'industrie ces précieuses espèces dont l'homme règle le sort par la connaissance des lois de leur organisation. Croissance et retour mille fois constatés sur des sujets marqués au moment de la descente, soit avec un nœud de ruban attaché à la queue, comme dans l'expérience de Duhamel, soit avec un anneau de gutta-percha, comme dans celle du duc d'Athol, soit par l'ablation de la nageoire adipeuse, comme dans celle de M. Andrew Young ; soit enfin par un trou pratiqué à l'opercule ou à la nageoire caudale au moyen d'un emporte-pièce.

La fidélité du saumon à son quartier natal n'est pas un fait sans exception, puisque M. Cooper, de Mackrec-Castle, a pu en attirer un certain nombre dans des rivières jusque-là inaccessibles, en leur offrant un *escalier* pour en gravir les cataractes; mais elle est une règle assez générale. On en voit le permanent témoignage dans le golfe de Moray, où se jettent trois rivières : le Ness, le Thin, le Bearlu, dont chacune produit une race particulière, facilement reconnaissable à sa conformation caractérisée. Ces trois variétés vont donc, tous les ans, se mêler ensemble dans ce golfe, pour y pâturer sur un fond commun ; mais, quand l'instinct de la reproduction les entraîne vers les lits de ponte, les troupeaux se séparent, et chaque colonie rejoint son cours d'eau respectif, comme l'oiseau voyageur le climat où il doit faire son nid.

La nécessité à laquelle le saumon est astreint de rentrer périodiquement dans les eaux douces pour y vaquer au soin de sa reproduction, et ses habitudes de fidélité au quartier natal, permettent à l'industrie de pourvoir à l'ensemencement des plus grands fleuves, depuis leur tronc principal jusque dans leurs moindres ramifications, avec un seul réservoir d'alevinage comme celui des Settons, pourvu que le nombre de *jeunes* sortis du bercail soit en proportion des lits de ponte que ces fleuves ou leurs affluents peuvent leur offrir au retour du voyage à la mer. Cinq réservoirs comme celui des Settons, un par circonscription hydraulique, suffiront donc à peupler toutes les eaux de la France.

La hauteur, en effet, à laquelle cette espèce précieuse remonte vers les sources en s'échelonnant le long des cours d'eau, dépend du nombre de sujets qui s'y disputent la place. Quand il y a peu de concurrents, la colonie s'avance jusqu'aux premiers bancs de cailloux, où chaque couple creuse le sillon au fond duquel il travaille à ensevelir sa progéniture. Si, au contraire, les prétendants abondent, une lutte s'engage. Les plus pressés restent maîtres du terrain, parce qu'ils mettent un plus grand acharnement à le garder. Ceux qui peuvent encore attendre vont prendre possession d'une autre partie du fond, où ils s'établissent; puis, à mesure qu'en montant le troupeau se refait par de nouvelles recrues venues de la mer, il s'en détache des colonnes secondaires qui s'engagent dans les affluents et des affluents dans les plus modestes ruisseaux, couvrant successivement de leurs pariades les espaces de leur choix, comme continue à le faire la colonne centrale dans le tronc principal.

Quand la source du fleuve est un lac situé à une trop grande hauteur, on voit ceux qui arrivent au pied de la cataracte déployer un courage inutile pour essayer de la franchir et de trouver sur la montagne la place qu'ils cherchent. Dans leur intrépide persévérance, ils s'élancent par bonds de plusieurs mètres à travers les cascades, s'appuyant sur toutes les aspérités de la digue naturelle comme sur les barreaux d'une échelle qui les conduirait certainement au but, si elle était continue. Mais cette continuité faisant défaut, ils retombent dans le bassin inférieur et recommencent ce manége jusqu'à ce que, exténués de fatigue, ils ne puissent plus se dérober à la main du pêcheur qui attend sur les bords le moment de s'en emparer. Intéressant spectacle, auquel assistent tous les ans, au mois d'octobre et de novembre, les agents que l'administration des ponts et chaussées envoie à la chute du Rhin pour les approvisionnements de l'établissement de pisciculture d'Huningue.

Or, si, par un aménagement approprié, l'industrie peut conduire partout où il lui convient l'espèce précieuse qui doit avoir la prééminence dans la mise en exploitation de nos cours d'eau, pourrait-elle raisonnablement ne pas être l'attribut du personnel qui, souverain arbitre de cet aménagement, le réalise de ses propres mains? La disjonction sera toujours la ruine, parce qu'elle sépare ce qui de sa nature est indissolublement uni.

La possibilité d'ensemencer les fleuves au moyen de parcs d'alevinage placés sur un point quelconque de leur parcours n'est plus aujourd'hui une question à l'état de problème. C'est un fait déjà accompli dans l'une des plus importantes rivières d'Écosse, le Tay. Depuis que l'établissement de pisciculture artificielle de Stormonfield y verse ses produits, le revenu de ce fertile domaine a augmenté d'un dixième, c'est-à-dire d'une somme d'environ 100,000 francs, bien que le réservoir de stabulation y soit extrêmement petit, et qu'on y donne la liberté aux jeunes saumons avant l'âge convenable. Mais quand les propriétaires d'Écosse auront compris tout le parti qu'ils peuvent tirer des lacs de leurs montagnes pour l'amélioration générale de la pêche, la récolte de l'ensemble de leurs cours d'eau y prendra des proportions inconnues.

On dira peut-être que si on introduit le saumon en trop grande abondance dans les fleuves, il n'y rencontrera pas la nourriture nécessaire, et que l'industrie se trouvera, par cela même, circonscrite en des limites restreintes. Mais cette objection ne saurait s'appliquer à une espèce voyageuse qui ne vient dans les eaux douces que pour y vaquer au soin de sa reproduction, qui jeûne pendant les pariades, qui est toujours libre d'aller pâturer aux embouchures, qui y descendra à travers des myriades de poissons herbivores multipliés à l'infini, dont elle fera son profit, en attendant qu'elle absorbe les bancs inépuisables de crustacés, de mollusques, de sardines, de harengs que la mer lui tient en réserve.

Le saumon semble donc, à cause de ses mœurs particulières, l'une des espèces prédestinées à l'ensemencement artificiel des fleuves, comme le froment à celui de la terre. Par ses migrations alternatives des eaux douces dans les eaux salées et des eaux salées dans les eaux douces, il est un des moyens de transformer ces fleuves en instruments d'exploitation de la mer.

Tels sont, Sire, les faits et les considérations générales que j'ai l'honneur de soumettre à la haute appréciation de Votre Majesté. J'ose espérer qu'elle les trouvera suffisants pour légitimer la modification administrative dont ils démontrent l'urgence.

Je suis avec un profond respect,

Sire,

De Votre Majesté

Le très-humble et très-fidèle serviteur.

Coste,

Membre de l'Institut.

Château de Rezenlieu, près Gacé (Orne), le 21 septembre 1859.

Avant de livrer ce travail à la publicité, j'en ai communiqué les épreuves à l'un des propriétaires d'une des pêcheries de saumons les mieux aménagées d'Irlande, M. Thomas Ashworth, de Poynton, qui, avec le concours de son frère, M. Edmond Ashworth, a si efficacement contribué à la propagation des méthodes nouvelles chez nos voisins. Les remarques que cette lecture lui a suggérées ne sont pas seulement un témoignage de l'exactitude des faits sur lesquels je m'appuie, elles révèlent, en outre, des prodiges de l'art pour la fertilisation des cours d'eau. Je donne donc ici sa lettre comme un document précieux.

M. Thomas Ashworth à M. Coste.

«Mon cher Monsieur Coste, j'ai lu, avec une très-vive satisfaction, votre important «et excellent rapport sur les pêcheries de saumons, et vous le renvoie ci-joint. Veuillez «me pardonner mes observations : aussi bien personne ne s'intéresse plus que moi au «succès qui, j'espère, est réservé à vos efforts.

«Vous avez évalué le produit total des pêcheries de saumons en Irlande à 300,000 livres «sterling. Mais les commissions du Gouvernement, dans leur rapport, l'estiment plus «haut. Quant à l'Écosse, votre chiffre de 500,000 livres sterling doit être ramené à «400,000; de sorte que le produit total des rivières d'Irlande et d'Écosse représente «700,000 livres sterling. C'est le chiffre du revenu net des propriétaires et des béné-«fices des pêcheurs. Mais, en prenant le produit brut, vous avez la quantité exacte de «denrées alimentaires sortie des fleuves d'Écosse et d'Irlande.

«A la page 212, vous devrez ajouter la déposition du duc de Richmond, faite l'année «dernière devant une commission de la chambre des communes. Le duc y a déclaré «que la seule rivière de Spey (en Écosse) lui rapporte net plus de 2,000 livres sterling «par an, et que cette prospérité n'a d'autre cause que l'exécution de bonnes lois et la «protection dont le frai est l'objet depuis six ans. Il a ajouté qu'auparavant cette rivière «avait été presque stérile par la négligence des tenanciers et par des pêches abusives,

«démontrant combien il est facile de repeupler un cours d'eau ruiné et d'en augmenter
«la valeur. — La rivière Spey a environ 60 milles de longueur, avec un développement
«à peu près égal de ses affluents.

«En quelques années le produit du Tay s'est élevé de 8,000 livres sterling à 14,000,
«payées aux propriétaires, sans compter les bénéfices des pêcheurs, et cela par suite
«de la culture, de la surveillance et de la propagation artificielle.

«Je puis vous citer une autre pêcherie de saumons en Irlande dont le revenu a qua-
«druplé en sept années, grâce à l'emploi des mêmes moyens : c'est la nôtre. Nous y
«avons commencé par la fécondation artificielle, en 1852, dans des bassins, à Anghterard;
«mais le grand essor est dû à une bonne législation et à la surveillance exercée pendant
«la saison du frai sur les eaux du lac Carrèle. Dans ce canton, les rivières ont été pro-
«tégées et gardées au moment de la reproduction, de 40 milles en 40 milles carrés, par
«plus de cent sergents de rivière et par la police d'Irlande.

«Mon unique but, en vous donnant ces renseignements, le secret de notre succès,
«est de confirmer votre excellent rapport et de vous encourager dans votre grande en-
«treprise nationale.

«Vos fleuves de France sont beaucoup plus considérables que les nôtres, et ils n'ont
«besoin que d'être cultivés et surveillés pour devenir plus productifs en denrée alimen-
«taire que ceux de la Grande-Bretagne.

«En Angleterre, nos vieilles lois sur la pêche sont bien surannées et nos pêcheries
«sont ruinées en conséquence. Mais, avec l'exemple de l'Écosse et de l'Irlande, nous
«sommes en instance pour une meilleure réglementation, et nous espérons l'obtenir
«bientôt.

«Je vous engage à construire des échelles à saumons aux chutes de Schaffouse. Vous
«permettriez ainsi aux poissons prêts à frayer de franchir ces chutes et de remonter
«en Suisse. Leur jeune postérité serait protégée dans les petits cours d'eau de ce pays
«froid. L'émigration à la mer aurait lieu, et vous pêcheriez au-dessous, dans le Rhin,
«le poisson du lac de Constance. Les ruisseaux des montagnes sont indispensables au
«frai du saumon, et c'est dans ces petits cours d'eau que la police doit, en décembre,
«le garantir de toute destruction, comme nous le faisons en Irlande. Chaque poisson
«ainsi protégé peut donner 10,000 œufs, et des milliers de jeunes franchiront les
«chutes, s'ils en trouvent le moyen. Nous sommes convaincus que les barrages des mou-
«lins et les chutes d'eau auraient détruit nos pêcheries en empêchant les poissons de
«remonter les petits ruisseaux, où seulement il peut en sûreté déposer ses œufs; dans
«notre propre établissement de Galway, nous avons donc construit des échelles près de
«tous les barrages, chutes d'eau, et c'est à ce soin que nous attribuons en grande partie
«la prospérité de nos pêcheries, sans oublier la surveillance à l'époque du frai.

«Pardonnez-moi la liberté que je prends de vous communiquer mes humbles remar-
«ques sur un sujet si important, et, quand vous visiterez l'Angleterre, de grâce, venez
«nous voir. Envoyez-nous deux exemplaires de votre rapport; adressez-en un à mon
«ami, M. Fenerelle, et croyez-moi, etc.

«8 juin 1860.

«Thomas Ashworth.»

II.

ÉTABLISSEMENT DE PISCICULTURE D'HUNINGUE.

RAPPORT DE L'INGÉNIEUR EN CHEF

SUR LES RÉSULTATS DE LA CAMPAGNE D'AUTOMNE ET D'HIVER 1857-1858
CONSIDÉRÉS, SOIT SÉPARÉMENT,
SOIT COMPARATIVEMENT À CEUX DES CAMPAGNES ANTÉRIEURES
CORRESPONDANTES.

Une décision ministérielle du 19 octobre 1857, statuant sur les propositions de M. Coste, et sur mon rapport motivé, pour les mesures à prendre au sujet de l'exploitation de l'établissement de pisciculture d'Huningue pendant la campagne d'automne et d'hiver 1857-1858, avait réglé les points principaux relatifs aux approvisionnements d'œufs fécondés, à leur manipulation dans l'établissement, et à leur distribution gratuite à titre d'encouragement à la pisciculture artificielle.

L'Administration avait prescrit une récolte plus abondante que celle des années précédentes, quant aux espèces de poissons dont la reproduction artificielle était déjà entrée dans le domaine de la pratique; et des essais

---

[1] Depuis 1856, M. Coumes, ingénieur en chef des travaux du Rhin, a pris le gouvernement de l'établissement d'Huningue. Sous la direction de cet administrateur habile, et avec le concours de M. Stœclink, ingénieur ordinaire à Colmar, cet établissement a pris un grand développement, et a puissamment contribué à porter l'enseignement de la pisciculture dans toutes les parties de l'Europe. On en jugera par l'extrait que nous donnons ici du rapport dans lequel M. Coumes rend compte des opérations de 1857 à 1858.

simultanés à l'établissement d'Huningue ainsi qu'au Collège de France avaient été autorisés pour les œufs de féra.

Les opérations commencées en octobre 1857 se sont succédé sans interruption jusqu'en avril 1858, dans des circonstances tout à fait défavorables. D'abord la sécheresse extraordinaire avait tari ou diminué considérablement le volume de plusieurs cours d'eau, et avait arrêté la remonte des poissons au moment du frai, de telle sorte que les pêcheries les mieux organisées éprouvaient de grandes difficultés pour nous procurer les sujets d'où l'on devait extraire les œufs et la laitance. Ensuite, les sources qui alimentent l'établissement d'Huningue ont été réduites à un très-faible débit, qui a disparu tout à coup au milieu de la campagne, en nous obligeant à recourir, pour les incubations, aux eaux beaucoup plus froides du Rhin, qui entraient dans les ateliers à travers des glaçons et venaient se congeler dans les appareils intérieurs.

Malgré ces inconvénients et ces obstacles, l'on est parvenu à réunir des différents lieux de récolte des approvisionnements un peu plus forts que l'hiver précédent, et même l'on a obtenu des résultats finaux supérieurs, en raison de la multiplicité des soins donnés aux manipulations, et de l'énergie employée pour atteindre le but.

Les procédés suivis pour les truites, les saumons et les ombres chevaliers ont réussi avec quelques anomalies afférentes aux changements subits de la température et de la nature des eaux.

Les essais sur les métis de ces trois espèces ont été plus significatifs que dans les années précédentes, sans prendre encore un caractère normal.

Les féras, qui n'avaient donné lieu qu'à des succès problématiques avant 1858, ont présenté de bonnes éclosions dans divers systèmes d'incubation. On a cherché d'ailleurs à réaliser pour cette espèce une expérience sur une vaste échelle, en déposant les œufs, aussitôt après leur fécondation, dans les eaux de deux lacs situés sur le sommet des Vosges, dans le département du Haut-Rhin, et tout fait présumer que cette expérience a réussi d'après les observations faites sur les alevins vus en assez grande quantité au bord de ces lacs entièrement dépeuplés auparavant. Toutefois, c'est lorsque l'année entière sera révolue qu'on pourra se prononcer avec plus de certitude.

Au fur et à mesure que les œufs parvenaient à maturité, les expéditions ont été faites aux sociétés savantes, aux établissements publics et privés ainsi qu'aux particuliers s'occupant de pisciculture, et placés dans des conditions convenables pour étudier et faire prospérer cette nouvelle branche d'industrie. Les listes approuvées par M. le Ministre de l'agriculture, du commerce et des travaux publics avaient été dressées avec soin, et la clientèle de l'établissement gouvernemental d'Huningue, devenue plus nombreuse, a été servie mieux et plus abondamment malgré les difficultés exceptionnelles des manipulations. Ce qui a été ainsi réalisé est d'un bon augure pour les opérations de l'année prochaine, qui pourront s'accomplir dans des locaux plus vastes et plus convenablement appropriés.

Le moyen le plus simple de faire apprécier les progrès de l'établissement d'Huningue, consiste à résumer dans quelques tableaux statistiques les travaux de la dernière campagne, comparée à celles qui l'ont précédée.

En comparant les chiffres finaux de cette campagne à ceux des campagnes précédentes, voici ce qui en ressort :

DÉSIGNATION DES CAMPAGNES d'automne et d'hiver.	DEMANDES D'ŒUFS sans distinction d'origine.	
	inscrites.	servies.
1854-1855............	62	38
1855-1856............	103	42
1856-1857............	239	191
1857-1858............	259	238

Non-seulement les demandes deviennent tous les ans plus nombreuses, mais la pisciculture tend à se vulgariser et à se répandre sur toute la surface de notre pays, aussi bien qu'à l'étranger, où notre Gouvernement a l'honneur de donner un bel exemple. En outre, le nombre d'établissements subventionnés et de sociétés s'occupant de pisciculture grandit chaque année, ainsi que le constate l'extrait suivant :

DÉSIGNATION DES CAMPAGNES d'automne et d'hiver.	NOMBRE DE DÉPARTEMENTS FRANÇAIS, de pays étrangers, établissements ou sociétés en France et à l'étranger ayant participé aux distributions de l'établissement d'Huningue.		
	Départements français.	Pays étrangers.	Établissements ou sociétés en France et à l'étranger.
1854-1855............	21	3	7
1855-1856............	27	2	9
1856-1857............	59	9	30
1857-1858............	73	10	39

Pour la première fois, des renseignements positifs et très-essentiels sur les résultats des expéditions d'œufs de l'établissement d'Huningue jusqu'au moment de leur arrivée m'ont été fournis par les destinataires. Il résulte de ces renseignements que les expéditions ont été faites avec soin et en temps opportun, puisque le nombre des œufs altérés à l'arrivée ou éclos en route n'équivaut pas au dixième du nombre envoyé. Il en résulte aussi que les destinataires se sont, en général, empressés d'accuser réception, et d'envoyer les renseignements réclamés, ce qui est un signe de l'intérêt qu'ils attachent à leurs opérations.

Enfin une enquête d'une portée plus utile encore a été commencée par mes soins, depuis le mois de mai dernier, sur les résultats de l'élevage des poissons provenant des œufs expédiés par l'établissement d'Huningue, au moyen de formules posant des questions auxquelles les destinataires sont priés de répondre. Cette partie de la pisciculture ne pourra pas être traitée encore dans le présent rapport; mais avant un an les documents recueillis fourniront matière à une analyse intéressante.

Strasbourg, le 14 septembre 1858.

COUMES,

Ingénieur en chef.

Depuis l'envoi de ce premier compte rendu des opérations de l'établissement d'Huningue, M. l'ingénieur en chef des travaux du Rhin a adressé à S. Exc. le ministre de l'agriculture, du commerce et des travaux publics deux autres rapports, relatifs aux campagnes de 1858-1859 et 1859-1860. Voici les conclusions du dernier de ces rapports :

«En résumé, le présent compte rendu met en évidence les faits suivants :

«Les opérations pour les approvisionnements et les manipulations de l'établissement «d'Huningue ont été améliorées pendant la dernière campagne, puisque les pertes «d'œufs ont diminué, les proportions distribuées ont augmenté, les envois aux desti-«nataires ont fait ressortir moins d'altération durant le transport.

«L'influence de l'établissement sur la pisciculture s'est développée, car les demandes «ont été plus nombreuses et les destinataires ont apporté plus de soin, à leur tour, dans «leurs essais d'éclosion et d'élevage. L'emploi des poissons provenant des œufs distri-«bués a été appliqué enfin dans une plus forte proportion aux grands bassins et aux «cours d'eau.

«Strasbourg, le 24 octobre 1860.»

III.

PRÉCIS

DE PISCICULTURE ARTIFICIELLE.

Voulant réunir dans cette publication tous les documents relatifs à la multiplication des espèces aquatiques qui servent à l'alimentation de l'homme, j'ai jugé utile d'y exposer, en résumé, les procédés de pisciculture artificielle.

La pisciculture est l'art de peupler les eaux; de multiplier, de perfectionner, d'acclimater les poissons qui *servent de nourriture à l'homme.*

Elle atteint le but qu'elle se propose à l'aide de procédés naturels et de procédés artificiels. Quoique les uns et les autres de ces procédés soient applicables à tous les poissons, cependant les premiers sont plus particulièrement réservés pour ceux dits *poissons blancs*, tels que la carpe, le gardon, la perche, etc. et les seconds pour les truites et les espèces de cette famille.

NATURE DES EAUX.

Toutes les eaux ne conviennent pas indifféremment à toutes les espèces. Celles qui sont vives, claires, froides; qui coulent ou reposent sur un fond de sable, de cailloux, et dont la température, au moment des fortes chaleurs, ne s'élève pas au-dessus de 16 degrés, sont généralement favorables à tous les salmonidés; celles qui offrent des conditions contraires, qui reposent sur un fond vaseux ou marneux plus que graveleux, et dont la température, l'été, s'élève et se maintient au-dessus de 20 degrés, conviennent plus particulièrement aux carpes, aux tanches, aux anguilles, etc. Selon que l'on veut élever telle ou telle espèce, il faut donc avoir égard à la qualité, à la température des eaux et à la nature des fonds.

ÉPOQUES DE LA REPRODUCTION.

Les époques de la reproduction ne sont pas moins nécessaires à connaître, soit pour établir en temps opportun les frayères artificielles sur lesquelles on veut attirer les poissons, afin de rendre plus facile la récolte des œufs qu'ils y auront déposés; soit pour obtenir des sujets dont la ponte est imminente. Quoique ces époques varient selon les climats, on peut cependant les fixer d'une manière générale, d'octobre en janvier pour les truites, les saumons, la lotte commune; en février et mars, pour le brochet; en avril et mai pour le barbeau, la brême, le sandre, l'ombre commune; et de juin en fin août pour les carpes, la tanche, le goujon, le meunier.

SIGNES CARACTÉRISTIQUES DE LA MATURITÉ DES ŒUFS ET DE LA LAITANCE.

Quelle que soit l'espèce, on ne peut opérer avec succès si, du côté du mâle comme du côté de la femelle, les produits de la génération ne sont pas mûrs et sains. Tant que les œufs sont enfermés dans le tissu de l'ovaire et forment dans l'abdomen deux énormes masses, toute tentative pour provoquer la ponte serait infructueuse; leur expulsion n'est possible que lorsqu'ils sont libres dans la cavité du ventre.

Cette liberté, qui est un indice de maturation, se traduit à l'extérieur, et sans qu'il soit nécessaire d'ouvrir les poissons, par des signes appréciables. Le pourtour de l'anus, rouge et gonflé, proémine en forme de bourrelet. Dans beaucoup de cas, des œufs, descendus par leur propre poids, y sont engagés. Le ventre est mou, cède facilement à la pression, et l'on sent à travers ses parois les œufs se déplacer sous les doigts; enfin, le plus léger effort, souvent même la simple suspension de l'animal suffit pour provoquer la ponte.

Mais ces signes de maturation se manifestent aussi bien quand les produits sont sains que lorsqu'ils sont altérés, et l'on ne peut juger de leur état qu'après en avoir reçu quelques-uns dans un vase contenant de l'eau.

Les œufs sains, au moment de leur chute, sont plutôt transparents qu'opaques, ont une teinte franche et un léger enduit visqueux qui ne blanchit pas au contact de l'eau. Les œufs altérés ont des teintes louches, sont parfois totalement ou partiellement opaques; d'autres fois, avec une transparence extrême, ils ont un noyau central plus ou moins volumineux, résultant de la condensation de tout leur contenu, et la mucosité qui les enveloppe est ordinairement sanieuse, blanchit et trouble l'eau du récipient. Tenter la fécondation avec des œufs qui offrent de pareils caractères serait peine perdue.

Chez le mâle, l'aptitude à la reproduction s'annonce par les mêmes signes extérieurs; seulement le bourrelet anal est moins proéminent et le ventre moins distendu que chez la femelle. Si la semence est mûre, de légers frottements le long des flancs, les efforts que fait l'animal en se débattant, produisent son écoulement : elle est dans de bonnes conditions, si elle a la couleur, la consistance et la fluidité de la crème. La laitance que l'on obtient à l'aide de fortes pressions; qui sort par gouttes épaisses, difficiles à délayer dans l'eau, et dont la teinte est jaunâtre ou rougeâtre, n'a plus toute sa vertu prolifique; aussi doit-elle n'être employée qu'à défaut d'autre.

PROCÉDÉS DE FÉCONDATION ARTIFICIELLE.

Pour accomplir avec succès et rapidement la fécondation artificielle, il faut avoir égard à la taille des poissons; il faut considérer si les œufs que l'on va féconder restent libres, ou se fixent aux corps étrangers (cette différence dans la manière dont ils se comportent en entraînant une dans le mode d'opération); il faut enfin, préalablement et quelle que soit l'espèce, placer dans deux baquets pleins d'eau, d'un côté les mâles, de l'autre les femelles.

Cette dernière précaution prise, et après s'être pourvu d'un vase en terre, en faïence, en bois, en fer-blanc, etc. à fond large et plat, et l'avoir rempli à moitié ou au tiers seulement d'une eau pure et limpide, dont la température, en supposant qu'il s'agisse de saumons ou de truites, soit de 5 à 10 degrés, voici comment on procède à la fécondation de ces espèces. On s'assure d'abord d'une femelle, que l'on saisit des deux mains, mais de telle sorte que la gauche, si c'est possible, corresponde à la tête et la droite à la queue. Dès qu'on en est maître, on l'approche du récipient et on la délivre en lui pressant légèrement les flancs entre le pouce et les autres doigts de la main droite, que l'on fait glisser de haut

232 APPENDICE.

en bas, autant de fois qu'il est nécessaire pour l'expulsion complète des

Fig. 1. Opération de la ponte artificielle.

œufs. Il arrive parfois qu'une première tentative reste sans résultats : de violentes contractions de l'animal arrêtent les œufs au passage; mais quelques secondes suffisent ordinairement pour faire cesser cet état spasmodique, et les organes, reprenant leur souplesse, la ponte peut alors être provoquée.

Après cette première opération, on change l'eau du vase, si, pendant la manœuvre, elle a été salie par des mucosités ou des déjections de la femelle; puis l'on saisit immédiatement un mâle dont on extrait par le même procédé quelques gouttes de laitance, et pour que les molécules fécondantes se répandent uniformément partout dans le récipient, on imprime une légère agitation à l'eau et aux œufs, soit avec la main, soit avec la queue du poisson que l'on tient encore.

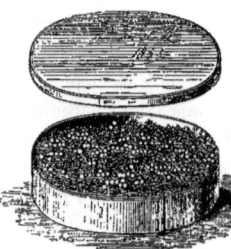

Fig. 2. Boîte à transport, garnie de mousse et d'œufs.

Une minute environ de repos rendant l'imprégnation suffisante, on lave les œufs en renouvelant plusieurs fois l'eau du vase qui les a reçus. Si leur incubation doit se faire non loin du lieu où les opérations se sont accomplies, on les y porte sans retard pour les placer sur les appareils dont il va être question; si, au contraire, la distance est de plusieurs heures, on les met à sec, par couches superposées, dans une boîte en bois ou en fer-blanc, criblée de trous, entre de la mousse et des herbes légèrement humides. Emballés de la sorte, ils arrivent sûrement à destination et avec moins de pertes que si on les laissait dans l'eau.

Toutes ces manœuvres, si les sujets sont de petite taille, peuvent être exécutées par une seule personne; mais des sujets de une à trois livres réclament déjà l'assistance d'un aide, dont le rôle consiste à maintenir la queue du patient pour empêcher ses contractions. Un aide et quelquefois deux sont également nécessaires pour des poissons de six livres et au-dessus. L'opérateur qui provoque l'expulsion des œufs ne le peut bien alors qu'en comprimant avec ses deux mains, qu'il promène de la tête vers l'anus, les flancs de la femelle. Un premier assistant la suspend et la maintient au-dessus du récipient par les ouies, pendant qu'un deuxième lui saisit fortement la queue, pour prévenir tout mouvement brusque.

Une femelle de truite ou de saumon produisant, ordinairement, mille œufs par livre, il n'est pas rare de rencontrer, chez ces espèces, des sujets de forte taille qui en fournissent de 10 à 20,000. Dans ces cas, au lieu de *laitancer* à la fois tous ces œufs, il est préférable de les répartir dans des vases distincts, par lots de 3 à 5,000, et de faire des fécondations partielles.

S'agit-il d'espèces telles que la carpe, la perche, le goujon, etc. dont les œufs s'attachent aux corps étrangers sur lesquels ils tombent, on opère dans des conditions un peu différentes : un baquet de capacité convenable, renfermant de l'eau à la température de 16 à 20 degrés, des plantes aquatiques ou de petits balais de bruyères, de brindilles, de chevelu de certains arbustes, sont alors nécessaires, et trois personnes doivent concourir simultanément à la fécondation. L'un des opérateurs saisit la femelle, et, par le procédé indiqué plus haut, la délivre d'une partie de ses œufs; en même temps, un second prend le mâle dont il exprime un peu de laitance, pendant qu'un troisième reçoit les deux produits sur des touffes d'herbes ou des bouquets de bruyères plongés dans le baquet, et favorise le mélange en agitant doucement ces touffes et en les retournant pour que les œufs se fixent un peu partout.

Ici, les fécondations sont nécessairement partielles. Lorsqu'une touffe est suffisamment garnie d'œufs, et après une minute ou deux de repos, on la retire pour l'immerger provisoirement dans un autre récipient; puis, l'eau qui a servi à cette première fécondation étant renouvelée, on prend une seconde touffe sur laquelle on fait de nouveau tomber des œufs et de la laitance, et l'on agit ainsi tant que les poissons dont on dispose ne sont pas complétement épuisés.

234   APPENDICE.

Pour ces dernières espèces, les fécondations demandent donc plus de soins : si elles ne sont pas bien faites, le résultat ne répond pas aux peines qu'elles ont données; aussi est-il préférable de récolter leurs œufs sur les frayères naturelles, et, lorsqu'il n'en existe pas dans les bassins qui les renferment, sur des frayères artificielles préparées et disposées d'avance dans des lieux convenables.

FRAYÈRES ARTIFICIELLES.

Les frayères artificielles peuvent varier dans leurs dimensions, leurs formes, leur structure. Les plus simples sont celles que l'on construit avec

Fig. 3. Caisse dans laquelle sont groupées des plantes aquatiques formant frayère.

quatre lattes ou perches d'un mètre et demi à deux mètres de long, dont on fait un cadre, auquel on fixe parallèlement à l'un des côtés, et à des

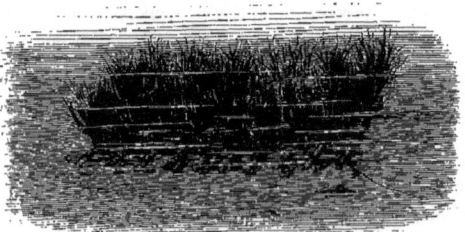

Fig. 4. Frayère en place, dans une position horizontale.

distances à peu près égales, cinq ou six autres perches. Des touffes d'herbes ou de racines, des balais de bruyère ou de menu bois, placés à côté les uns des autres de manière à former de petits massifs, et attachés aux perches transversales, sont le complément de ces frayères. On peut

Fig. 5. Frayères artificielles mises en place sur une berge.

encore en former de très-simples à l'aide de gâteaux de gazon un peu dru, que l'on arrange côte à côte, ou bien avec des plantes aquatiques, enlevées avec la terre qui les soutient et groupées ensuite dans des caisses plates en bois (fig. 3).

C'est un mois environ avant l'époque présumée de la ponte que ces frayères doivent être mises en place. On les établit, en général, à de petites profondeurs, sur les bords en pente douce, dans les lieux exposés au soleil, et dans une position oblique ou horizontale, selon que les localités le commandent (fig. 4 et 5). Un lest en pierre sert à les couler.

Quant aux salmonidés, lorsque les cours d'eau où on les retient sont dépourvus de lits de ponte, on peut y en établir d'artificiels, en jetant à de petites profondeurs, sur les acores des courants un peu rapides, et dans une étendue de deux à trois mètres carrés, des masses de petits cailloux roulés, mêlés à du gravier.

INCUBATION ARTIFICIELLE ET APPAREILS QU'ELLE NÉCESSITE.

Quel que soit le procédé à l'aide duquel on s'est procuré des œufs, que ces œufs soient libres ou adhérents, il faut les mettre à l'abri des causes de destruction qui, dans la nature, en font périr plus des deux tiers. On

236   APPENDICE.

y parvient en les plaçant dans des appareils particuliers, dont le choix n'est pas indifférent. Ceux dans la composition desquels des métaux entrent pour une bonne part doivent être rigoureusement proscrits, si l'on ne veut aboutir à de fâcheux mécomptes. Un succès garanti par l'expérience de plusieurs années a fait généralement adopter, pour l'incubation des salmonidés, l'appareil du Collége de France.

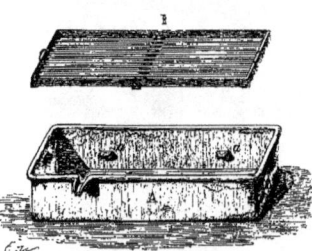

Cet appareil se compose de rigoles ou augettes en terre vernie, de 50 centimètres de long sur 15 de large, et 10 de profondeur, dans lesquelles s'adapte, sur des supports saillants (fig. 6, Aaa), une claie destinée à recevoir les œufs, claie dont les barreaux, formés par des baguettes de verre que maintient de chaque côté une très-mince lame de plomb, ont un écartement de

Fig. 6. A, auge ou rigole factice de poterie émaillée. B, claie retirée en cette auge.

2 à 3 millimètres (fig. 6, Bbb). On peut, selon les besoins, le réduire à

Fig. 7. Appareil incubateur simple.   Fig. 8. Appareil incubateur composé, à gradins parallèles.

une seule rigole (fig. 7), alimentée par l'eau d'une fontaine, d'un tonneau ou de tout autre réservoir; on peut en multiplier les rigoles, les disposer par séries parallèles sur des échafaudages en forme de marchepied (fig. 8), ou les étager, à côté les unes des autres, au-dessus d'une auge en bois ou en pierre, sur un double rang de gradins se correspondant comme les marches d'un double escalier (fig. 9). Un petit filet d'eau, qu'un robinet

Fig. 9. Appareil incubateur composé, à double escalier.

règle à volonté, entretient, dans ces appareils, un courant suffisant pour le développement régulier des œufs.

Je me suis servi d'un autre appareil, qui rappelle celui dont Jacobi faisait usage pour l'incubation dans les cours d'eau (fig. 10). Cet appareil consiste en une caisse en bois de 1 mètre de long sur 50 centimètres de large et de profondeur, s'ouvrant aux

Fig. 10. Boîte à incubation de Jacobi.

deux extrémités par un couvercle simple, et, au-dessus, par un couvercle double, dont le vide central, comme pour les couvercles des extrémités, est garni d'une toile métallique galvanisée (fig. 11). Des tasseaux placés à

15 centimètres du fond supportent les claies superposées, sur lesquelles

Fig. 11. Boîte à incubation pour les cours d'eau.

on étale les œufs, au lieu de les placer, comme faisait Jacobi, sur un lit de gravier, dont il garnissait la boîte. Des piquets enfoncés dans le sol, ou un cadre flottant, servent à fixer cette caisse, qui doit présenter au courant une de ses extrémités, si ce courant est modéré, un de ses angles, s'il est trop fort.

A défaut d'appareils de cette nature, qui sont d'une parfaite innocuité, on peut faire développer les œufs des truites, des ombres, des saumons, etc. dans de petits ruisseaux naturels à fond graveleux, à condition qu'ils y seront à l'abri de tout accident, et que l'eau ne sera ni très-profonde, ni très-courante, ni trop froide, ni trop chaude.

La température la plus convenable pour l'incubation des œufs de ces espèces, dans quelques conditions qu'on les place, est celle qui, offrant le moins de variations, se maintient entre 6 et 10 degrés au-dessus de zéro.

SOINS À DONNER AUX ŒUFS DURANT LEUR DÉVELOPPEMENT.

Dans aucun cas les œufs ne doivent être abandonnés au hasard, en pleine rivière ou dans un lac. Les soustraire aux soins qu'ils réclament serait s'exposer à un insuccès.

Ces soins consistent à entretenir autour d'eux la propreté, à les débarrasser avec un pinceau (fig. 12) des sédiments que les eaux non filtrées déposent abondamment, et de tous les petits animaux aquatiques qui les altèrent en les piquant; à ne pas les laisser entassés, et à retirer soigneusement, au moins tous les deux

Fig. 12. Pinceau pour nettoyer les œufs.

APPENDICE. 239

Fig. 13. Pince pour enlever les œufs altérés.

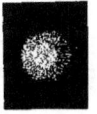

Fig. 14. OEuf de truite envahi par des byssus.

jours, à l'aide d'une pince (fig. 13), les œufs blancs. Ces œufs étant frappés de mort, deviennent le siége d'une végétation parasite (fig. 14) qui nuit aux autres, lorsqu'on néglige de les enlever.

Les œufs adhérents demandent à être protégés autant et plus que les œufs libres; car, indépendamment d'une foule de petits animaux, tous les poissons, ceux mêmes qui les ont produits, en font leur pâture. On les soustrait à leur voracité en renfermant les corps sur lesquels ils sont fixés, non plus dans des rigoles, mais dans des caisses, et mieux dans des paniers (fig. 15), des mannes en osier, ou des boîtes à claire-voie, que l'on place

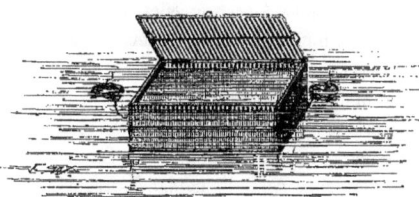

Fig. 15. Panier pour l'incubation des œufs adhérents, armé de flotteurs.

en pleine eau. Si ce sont des œufs auxquels l'insolation est nécessaire, des flotteurs en liége adaptés aux paniers, aux boîtes, dans lesquels on les loge, les maintiennent à la surface des eaux; si, au contraire, ils ne prospèrent qu'à de certaines profondeurs et au courant, des lests en pierre servent à couler, à fixer au fond les mannes ou les cages qui les contiennent. Du reste, la température doit ici guider pour le choix des lieux où ces engins doivent être mis. Les milieux froids, qui sont favorables au développement des truites, des saumons, ne sauraient l'être aux poissons d'été. Les œufs de ceux-ci ne prospèrent bien que dans des eaux tempérées : ainsi, il faut qu'elles aient de 12 à 15 degrés pour les meuniers, les perches, 20 au moins pour les carpes, et de 20 à 25 pour les tanches.

MODIFICATIONS QUE SUBIT L'OEUF APRÈS LA PONTE ET LA FÉCONDATION.

Les œufs, après leur expulsion et une incubation de quelques heures, subissent des modifications qui se manifestent aussi bien sur ceux qui ont reçu l'influence du fluide séminal que sur ceux qui ne l'ont pas subie. Tous

240   APPENDICE.

sans exception, lorsqu'ils ne sont pas le siège d'une altération prononcée, deviennent plus transparents. En même temps, on voit paraître sur un point de la surface du globe intérieur, au milieu d'un amas de gouttelettes d'huile, une petite tache circulaire blanchâtre qu'on a crue, à tort, être le signe de la fécondation (fig. 16). Chez les poissons d'été, une heure ou deux suffisent pour que cette tache, qui représente le germe, se réalise; tandis qu'il en faut huit à dix chez les salmonidés. Si l'œuf est infécond, le germe reste en quelque sorte immobile et persiste même quelquefois, mais avec des contours altérés, jusqu'au terme du développement; il éprouve, au contraire, des changements profonds si l'œuf est imprégné. Alors, en effet, on voit ce germe s'affaisser, diminuer d'épaisseur, mais en même temps s'agrandir et se transformer en membrane. Son extension augmentant de plus en plus, il envahit le tiers, la moitié, enfin la totalité du globe intérieur de l'œuf, qui offre alors sur l'un de ses points, mais transitoirement, l'apparence d'un trou. En même temps l'embryon se manifeste sous la forme d'une ligne blanchâtre, occupant un quart de la circonférence de l'œuf.

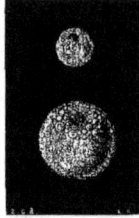

Fig. 16. Œuf de saumon de grandeur naturelle, douze heures après la ponte, et même œuf grossi quatre fois. Le germe s'y dessine en noir.

MANIPULATIONS ET TRANSPORT DES ŒUFS FÉCONDÉS.

Durant cette première période du développement, il faut se garder de soumettre les œufs à de fréquentes manipulations, ou de les transporter au loin : on doit, au contraire, les laisser dans une immobilité complète, et ne leur faire subir d'autres déplacements que ceux que l'on ne peut éviter en enlevant, avec des pinces, les morts, qui se reconnaissent à leur couleur blanc opaque. Plus tard, quand les formes du jeune poisson se dessinent bien à travers la membrane externe, quand ses yeux apparaissent comme deux points noirâtres (fig. 17), les mouvements, l'agitation qu'on imprime aux œufs n'ont plus le même danger. On peut alors, s'il y a nécessité de nettoyer les appareils, les retirer de l'eau, les transborder d'une claie sur

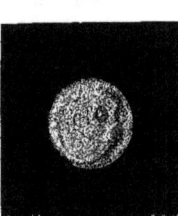

Fig. 17. Œuf de saumon grossi quatre fois, à un degré de développement qui assure le succès du transport.

une autre, soit en les versant directement, soit en s'aidant d'une petite pelle ou d'une pipette droite ou courbe (fig. 18, ABC).

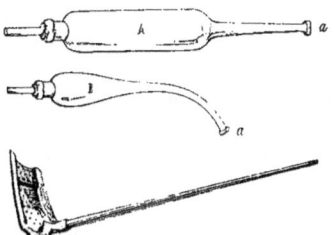

Fig. 18. Instruments propres aux manipulations. A, pipette droite. B, pipette courbe. C, pelle criblée.

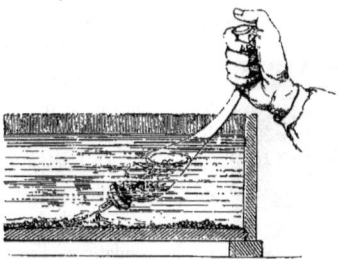

Fig. 19. Manœuvre de la pipette courbe.

La manœuvre de la pipette consiste à saisir l'instrument de la main droite par l'extrémité a, dont on bouche hermétiquement l'ouverture avec le pouce, puis à présenter aux œufs plongés dans l'eau l'extrémité opposée, et, cela fait, à relever subitement le pouce (fig. 19). Aussitôt le liquide se précipite dans la pipette, en entraînant avec lui tout ce qui est compris dans le courant que le phénomène détermine, et lorsque le niveau est rétabli, on retire avec l'instrument, dont on rebouche l'ouverture a, tout ce qui s'y est engagé.

Si les œufs sont destinés à être envoyés au loin, c'est aussi cette période du développement qu'il faut choisir. Ils peuvent alors supporter, sans trop de perte, un voyage de dix, quinze et vingt jours. Pour le transport à de grandes distances, et surtout lorsqu'on a des froids à redouter, il faut renfermer dans une seconde boîte plus spacieuse (fig. 20, A) celle où les œufs sont rangés par couches, entre de la mousse ou des herbes aquatiques humides (fig. 20, E), et combler les vides que ces deux boîtes laissent entre elles avec de la mousse parfaitement sèche, du son, de la sciure de bois, du foin, ou tout autre corps qui s'oppose à l'action trop directe du froid. Après leur déballage, les œufs remis en incubation poursuivent leur développement et ne tardent pas à éclore.

Fig. 20. Coupe d'une double boîte à transport, garnie d'œufs disposés par couches.

242 APPENDICE.

DURÉE DE L'INCUBATION.

Le terme de l'évolution est très-variable selon les espèces et le degré de température du milieu ambiant. Dans les conditions normales et ordinaires, les uns, tels que la carpe, le barbeau, la tanche, etc. éclosent après une semaine ou deux d'incubation; les autres, comme le brochet, l'ombre commune, vers le vingtième jour; d'autres enfin, comme les truites, les saumons, n'atteignent leur développement complet qu'au bout de deux, et quelquefois trois mois.

SOINS À DONNER AUX JEUNES POISSONS APRÈS LA NAISSANCE, ET MOYENS DE LES TRANSPORTER.

En naissant, les jeunes ne montrent pas tous le même instinct. La plupart des poissons blancs errent, se dispersent presque aussitôt dans l'eau, et se dérobent par leur vivacité et leur petitesse aux soins qu'on pourrait leur donner. Il n'en est plus de même des salmonidés. Ceux-ci, au sortir de l'œuf, portent une énorme vésicule ombilicale (fig. 21, A) qui les condamne à l'immobilité, et les rend incapables de se soustraire, par la fuite, à la voracité de leurs ennemis. L'action de l'homme doit donc ici intervenir, et elle le peut d'une manière efficace, en conservant pendant quelque temps ces espèces précieuses dans les appareils. Mais on doit les y laisser dans le repos le plus absolu, à l'abri de la vive lumière, et sans chercher à les nourrir, par la raison que, durant un mois après leur naissance, les éléments renfermés dans leur énorme poche abdominale suffisent à leurs besoins. Lorsqu'ils ont presque perdu leur vésicule ombilicale (fig. 21, B), ou lorsque cette vésicule est complétement résorbée (fig. 21, C), ce qui arrive vers la fin de la cinquième ou de la sixième semaine, leurs appétits s'éveillant, on les retire alors des augettes,

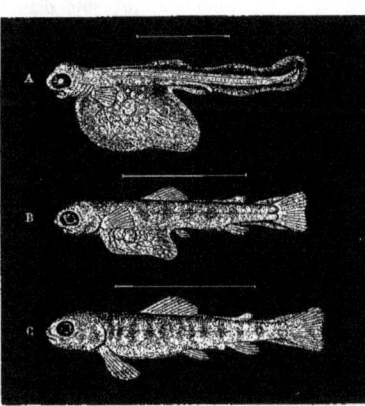

Fig. 21. A, truite à la naissance. B, même sujet à l'âge d'un mois. C, même sujet après la résorption de la vésicule ombilicale.

soit pour les mettre dans des bassins plus spacieux, pourvus d'abris, de

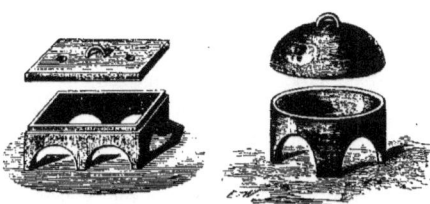

Fig. 22. Abris pour les jeunes poissons.

retraites (fig. 22), où on fournit à leur alimentation, en leur donnant par petites quantités, deux ou trois fois par jour, de la chair musculaire crue ou du foie haché, pilé
et réduit en une sorte de pâte; soit, *ce qui est préférable,* pour les jeter en pleine eau, dans des étangs, dans des ruisseaux, etc. que l'on aura préalablement purgés, autant qu'on le peut, de tout animal nuisible. Par ce moyen, on supprime une des pratiques de la pisciculture, celle de l'alimentation artificielle, laissant aux jeunes le soin de pourvoir eux-mêmes à leur subsistance. Du reste, si les poissons sont destinés à peupler des pièces d'eau éloignées du lieu où ils viennent d'éclore, l'expérience démontre qu'on aura d'autant plus de facilité à les y porter qu'ils seront plus jeunes. Au moment où ils vont perdre leur vésicule, on peut leur faire parcourir de très-grandes distances dans de simples bocaux, de la capacité de deux à

Fig. 23. Bocal pour le transport des jeunes poissons.

Fig. 24. Panier à compartiments, destiné à recevoir les bocaux de transport.

trois litres (fig. 23), à la seule condition d'en renouveler l'eau toutes les deux ou trois heures, ou de l'aérer, en se servant pour cela d'une pipette. Ces bocaux, dont le transport se fait facilement dans des paniers à compartiments (fig. 24), peuvent être multipliés selon le besoin, et renfermer environ 5 à 600 jeunes poissons. Pour l'alevin, dont la taille est de 5 à

244   APPENDICE.

6 centimètres, les bocaux devenant insuffisants, leur transport doit se faire dans de petits tonneaux, à large ouverture sur l'un des côtés, bien dépouillés, par une longue macération, des substances nuisibles dont le bois aurait été pénétré, et remplis, aux deux tiers, d'une eau à basse température, que l'on renouvelle, si c'est possible, durant le trajet, et que l'on aère de temps en temps, à l'aide d'une petite pompe à jet continu, plongeant dans le tonneau et y rejetant l'eau. On transporte aussi, par le même moyen, des poissons d'assez grande taille.

Parmi les espèces estimées et qui peuvent être la source d'un grand produit, il en est une, l'anguille, qu'on n'a pu jusqu'ici obtenir à l'état d'œuf, ni par la ponte naturelle, ni par la ponte artificielle. On ne la recueille, aux syzygies d'avril et de mai, près de l'embouchure des fleuves dont elle remonte le cours, qu'à l'état d'alevin, auquel on donne le nom de *montée*. Cette montée, qu'il est facile de se procurer en aussi grande abondance qu'on le désire, se transporte, non plus dans des bocaux ou des tonneaux, mais, à sec, dans des paniers à mailles serrées, dont on

Fig. 25. Panier organisé pour le transport de la montée.

recouvre le fond avec un vieux linge ou avec du papier assez fort, et que l'on emplit ensuite, sans toutefois la tasser, de paille bien imbibée, à tige entière, à laquelle on associe quelques plantes aquatiques (fig. 25). Des paniers ainsi organisés peuvent recevoir deux, et même trois livres de montée, c'est-à-dire de 4 à 5,000 anguilles, et arriver aux plus lointaines destinations avec des pertes relativement insignifiantes.

Tel est, en substance, l'exposé des pratiques usuelles auxquelles la pisciculture doit des succès incontestables.

IV.

DE LA PÊCHE DU SAUMON EN ÉCOSSE.

LÉGISLATION QUI LA RÉGIT.

La pêche du saumon, ayant formé de tout temps, pour l'Écosse, une des sources les plus productives de la richesse nationale, a été, depuis les époques les plus reculées, l'objet d'une législation spéciale.

D'après les lois du pays, le droit de pêcher le saumon est regardé comme un *droit régalien*, et, en conséquence, ne peut être exercé par les particuliers qu'en vertu d'une concession de la couronne, *soit expresse, soit impliquée* [1].

Le premier cas se présente quand il existe une charte de concession portant l'autorisation *cum piscationibus salmaunis*.

Une concession tacite ou impliquée a lieu quand les mots de la charte sont simplement ceux-ci : *cum piscationibus* (sans addition de *salmaunis*) ou quand il y a concession de baronnie. Il faut, dans les cas de cette condi-

---

[1] En Angleterre, au contraire, la pêche est libre et publique dans les rivières navigables et sur les côtes de la mer, c'est-à-dire qu'il n'est pas besoin d'une concession de la couronne pour l'exercer. Les dernières concessions de cette nature remontent au règne de Jean, et ont été formellement interdites par la grande charte. Le nom de *fluvii regales*, et de *haut chemin le roi*, qu'on a conservé aux fleuves navigables de ce pays, ne vient donc pas d'un droit de propriété royale qui n'existe plus, mais de l'idée du domaine public, confié à l'administration et à la protection du souverain. C'est ainsi que les grandes routes de terre sont appelées *altæ viæ regis*. Quant aux cours d'eau non navigables, ils appartiennent aux riverains, qui ont le droit de pêcher sur leurs propriétés respectives, *ad filum mediæ aquæ*.

tion tacite, qu'elle ait été suivie de l'exercice du droit de pêche, non pas seulement au moyen de la ligne, mais sur une grande échelle.

L'autorisation de pêcher le saumon, en Écosse, n'exige pas la sanction du parlement, et les concessions sont également valables, à quelque époque qu'elles aient été délivrées. Ainsi il n'y aurait pas de raison pour qu'aujourd'hui la couronne ne pût accorder une de ces permissions, dont le concessionnaire pourrait parfaitement user, pouvu qu'elle ne gênât la jouissance d'aucune ancienne concession expresse ou tacite, et que, dans cette dernière hypothèse, il y ait eu possession prescriptive.

Pour acquérir la propriété par prescription, il faut quarante ans, à partir d'un titre suffisant, c'est-à-dire que cette propriété n'est définitive que si, pendant quarante ans, il y a eu possession publique et non interrompue du droit de pêcher le saumon.

C'est à titre de revenu que la pêche du saumon appartient, en Écosse, au souverain, et non à simple titre d'administration publique, comme les *hauts chemins le roi*[1]. Aussi toutes les concessions faites jusqu'à ce jour par la couronne ont-elles été accordées à titre onéreux, quoique le payement de cette rétribution (un penny par an, par exemple) soit devenu presque illusoire.

Le droit de pêche a été très-largement concédé par la couronne le long des rives des rivières navigables et sur les bords de la mer. Il doit être regardé comme tout à fait distinct de la propriété du sol riverain. *De sorte que la concession de la pêche du saumon peut n'être pas la conséquence de la possession des deux rives, et que le concessionnaire peut n'être propriétaire ni des rives ni de la côte maritime.* Ces droits réguliers n'ont jamais été constitués par des actes du parlement d'Écosse, mais font partie des usages immémoriaux du pays.

La pêche du saumon peut être l'objet de trois concessions différentes, selon les lieux :

1° Sur le bord de la mer et dans la mer. Ce droit, rentrant presque dans le droit de pêche en pleine mer, est moins surveillé que les autres, et il n'y a pas de doute qu'un grand nombre de propriétaires ne l'exercent à tort, quoiqu'il soit incontestable que le droit de pêcher le saumon le long des côtes de la mer appartient exclusivement à la couronne, à moins de concession spéciale à un vassal;

---

[1] Voir la note de la page précédente.

2° Autorisation de pêcher le saumon à l'embouchure des fleuves, c'est-à-dire, selon la vieille définition du parlement, en un lieu d'eau douce où le flux de la mer se fait sentir;

3° Autorisation de pêcher le saumon dans les fleuves, à la hauteur où l'eau est toujours douce et toujours descendante.

La protection et la reproduction du saumon dans les rivières d'Écosse semblent de tout temps avoir attiré l'attention du législateur, et de nombreuses ordonnances ont été rendues à ce sujet. Quelques-unes sont exclusivement relatives aux filets et autres engins, sans distinction de lieux. Il est probable que, dans l'origine, c'était cette question qui préoccupait le plus. Mais, avec les progrès du temps, quand l'importance des pêcheries commença à être reconnue, d'autres lois furent faites, non plus seulement pour régler les filets et les piéges (*cruives*), mais même pour les prohiber complétement dans certaines conditions où leur présence menaçait d'amener la diminution du saumon. Dans ce but, une longue série d'ordonnances fut publiée depuis le règne de Jacques Ier jusqu'à l'union des deux royaumes. Voici le texte des derniers actes du parlement votés en 1828 et 1844.

ACTE DU PARLEMENT AYANT POUR BUT LA SURVEILLANCE DES PÊCHERIES DE SAUMON EN ÉCOSSE (15 JUILLET 1828) IXe ANNÉE DU RÈGNE DE GEORGES IV.

« Vu l'acte passé dans le parlement d'Écosse, l'an 1424, par lequel il est défendu de prendre aucun saumon depuis la fête de l'Assomption jusqu'à la fête de saint-André, en hiver, et vu plusieurs autres lois et actes rendus par le parlement d'Écosse au sujet de la pêche du saumon en temps prohibé et de la destruction du fretin ou *smolt* de saumon, lesquels lois et actes furent confirmés par un acte passé dans ledit parlement l'an 1696, et intitulé, *Acte contre la destruction de poisson noir*[1], *de fretin et de smolt*[2] *de saumon*, et vu qu'il est urgent, pour la prospérité des pêcheries de saumon en Écosse, d'élever les pénalités prononcées par ledit acte et de changer, en le prolongeant, le temps de la fermeture, et d'établir plusieurs autres règles : il est décrété par Sa Majesté, avec le concours des lords spirituels et temporels et des communes en ce parlement assemblés, que ledit acte passé en l'an 1424 est et sera rapporté, et que ni saumon ni

[1] Le législateur veut sans doute parler ici du poisson pêché après la ponte.
[2] Voir plus loin, page 250, la définition du *smolt* et du *grilse*.

248   APPENDICE.

grilse, ni truite de mer, ni aucun autre poisson de la famille du saumon ne peut être pêché dans aucune rivière, cours d'eau, lac, embouchure de fleuve ou sur aucune partie du littoral maritime, entre le quatorzième jour de septembre et le premier jour de février de chaque année, par quelque personne que ce soit et nonobstant toute loi, statut ou usage contraire.

« Art. 1er. Il est décrété que si, entre le 14 septembre et le 1er février, quelqu'un prend, ou pêche, ou essaye de pêcher un des susdits poissons, il payera une amende de [1]. . . . .

. . . .

« IV. Il est décrété qu'à partir de la promulgation de cet acte, si quelqu'un prend, par quelque moyen que ce soit, ou consomme, ou vend, ou poursuit, ou détruit volontairement le frai, le fretin ou le smolt de saumon; ou de quelque manière obstrue avec intention leur passage, ou détruit, ou dérange le frai ou fretin sur les lits de ponte ou les bancs et les bas-fonds sur lesquels ils se tiennent, il payera, etc. . . . .

« V. Il est décrété qu'à partir de la promulgation de cet acte : 1° si quelqu'un, à quelque époque que ce soit, prend, tue, détruit ou expose en vente aucun poisson rouge ou noir, sale, malsain ou hors de saison, il payera, etc. . . . . .

« VI. Il est décrété qu'à partir de la promulgation de cet acte, si quelqu'un se sert de lumière ou de feu de quelque nature que ce soit pour pêcher ou essayer de pêcher le saumon, il payera, etc. . . . . »

L'article VII confirme un acte du parlement d'Écosse de 1477, qui prescrit d'ouvrir les trappes du samedi soir au lundi matin.

Le VIIIe ordonne de retirer les bateaux, les filets, engins, etc. pendant la fermeture de la pêche.

Le IXe prescrit, pour les procès en matière de pêche, une procédure sommaire.

Le Xe accorde à deux propriétaires de pêcheries le droit de convoquer un meeting des autres propriétaires des pêcheries de la rivière pour aider à l'exécution de cet acte.

Les trois autres articles ont pour but de donner à la justice une plus grande latitude. En vertu des dispositions qu'ils contiennent, toute personne, sans autre autorité que celle que cet acte lui confère, a le droit d'arrêter, *brevi manu*,

---

[1] Les diverses amendes prononcées par ces lois varient de une à vingt livres sterling.

tout délinquant. Un magistrat, quoique partie dans l'affaire, peut juger, et les propriétaires riverains, même intéressés, sont admis comme témoins.

Le xive et dernier article déclare que les effets de cet acte ne s'étendront ni à l'Angleterre, ni à l'Irlande, ni à la Tweed, ni à aucun point de la frontière.

Le plus récent document législatif relatif à la pêche du saumon en Écosse est un acte du parlement de 1844, qui a pour objet d'étendre à l'embouchure des fleuves, aux baies, golfes, etc. etc. jusqu'à une distance d'un mille de la côte à marée basse, toutes les dispositions portées par la loi de 1828. Il paraît que les termes trop peu précis de cette dernière loi avaient donné lieu à des contestations sur le point de savoir si ces dispositions étaient applicables aux côtes maritimes : l'acte de 1844 a décidé affirmativement la question.

Telle est aujourd'hui la législation en vigueur sur toutes les rivières d'Écosse, la Tweed exceptée. Grâce à ces sages mesures et au concours éclairé des propriétaires, l'industrie de la pêche n'a pas cessé d'être pour le pays une source féconde de richesse. On en jugera par les chiffres suivants, fournis par les propriétaires des pêcheries du Tay, l'une des plus grandes et des plus fécondes rivières de l'Écosse. L'absence de toute action centrale et le nombre presque infini des cours d'eau en Écosse, surtout dans la partie septentrionale, ne permet pas d'évaluer exactement le produit général de la pêche; cependant on estime qu'il ne s'élève pas à moins de dix millions cinq cent mille francs. Ce relevé n'existe que pour une seule rivière, le Tay, et encore s'arrête-t-il à l'année 1844, mais il suffira pour donner une idée d'une industrie presque inconnue en France et pour prouver que, malgré de fréquentes variations dans le résultat des pêches annuelles, il n'y a pas décroissement sensible depuis vingt ans. En effet, le nombre des saumons pêchés de 1830 à 1844 dans le Tay et dans l'Earn, un de ses affluents, a été,

En 1830, de   80,907;
En 1836, de   60,195;
En 1840, de   42,812;
En 1842, de 107,318;
En 1844, de   62,566.

On évalue en moyenne à 60,000 le nombre des saumons pêchés actuellement dans *le Tay seul*. Le poids moyen de ces poissons étant de dix livres, et la livre se vendant en moyenne un schelling[1], il en résulte que la pêche *d'une seule espèce* donne aux trente-quatre propriétaires du Tay un produit brut annuel de 750,000 francs, c'est-à-dire beaucoup plus que *tous les poissons de toutes les eaux fluviales de la France*.

Disons maintenant quelques mots de certains faits d'histoire naturelle observés en Écosse et relatifs aux habitudes du saumon. La ponte a lieu, comme partout, depuis le mois d'octobre jusqu'en décembre, et l'éclosion varie, selon la température, entre 90 et 140 jours. Deux mois après son éclosion, le jeune poisson cesse d'être regardé comme fretin, et la croissance, à partir de ce moment, est divisée en quatre périodes. Pendant la première, le petit poisson, alors âgé de deux mois à un an, s'appelle *par;* il quitte ce nom pour celui de *smolt,* et se rend alors, par bandes, à la mer, d'où il revient sous le nom de *grilse,* c'est la troisième époque. Enfin, à trois ans seulement, il parvient à l'état de *saumon.* Ces divisions ne sont point infaillibles, et surtout la transition du *par* à l'état de *smolt* donne lieu à de vives discussions. Quoi qu'il en soit, il est incontestable que le jeune poisson ne se rend à la mer qu'au mois d'avril de l'année qui suit celle de sa naissance, c'est-à-dire quand il a au moins un an accompli et de 10 à 12 centimètres de long. On a en outre remarqué que, sur une certaine quantité de *smolt* provenant de la même ponte et de la même éclosion, une moitié seulement quitte la rivière dès le commencement de la deuxième année, et que l'autre moitié attend le printemps suivant.

C'est à l'influence salubre des eaux de la mer, et surtout à l'abondante nourriture qu'elles renferment, que les saumons doivent leur rapide croissance. On s'en est assuré au moyen de marques faites à leur corps, et l'on a vu des individus, dont la taille n'excédait pas cinq ou six pouces au moment d'un premier départ, revenir au printemps suivant pesant sept à huit livres, et treize ou quatorze après une seconde émigration.

Duhamel raconte qu'un saumoneau qui n'était pas plus gros qu'un gardon, et auquel on avait attaché un ruban à la queue au moment où il descendait à la mer, revint six mois après ayant la taille d'un gros saumon[2].

---

[1] Le prix du saumon varie beaucoup selon la saison. Ainsi, au mois d'avril, la livre se vend jusqu'à quatre et cinq schellings, à cause de la primeur; plus tard, elle ne vaut que quelques pence. Mais on peut en établir le prix moyen entre huit pence et un schelling.

[2] Duhamel, *Traité général des pêches,* Paris, 1772. — II⁰ partie, § II, art. 111, p. 189, 1ʳᵉ col.

APPENDICE. 251

Un autre exemple bien frappant de la prompte croissance du saumon est certifié par le duc d'Athol, l'un des propriétaires de la rivière du Tay. Un superbe saumon lui fut expédié de la partie inférieure du fleuve. Il portait sur un anneau de gutta-percha la marque n° 1. Six semaines auparavant il avait lui-même pêché et marqué ce même poisson, et note avait été prise sur un registre du n° 1, de l'anneau et du poids du poisson ainsi marqué. Ce poids était de dix livres lors de la première capture, et de vingt et une lors de la seconde.

Au printemps de 1837, M. Andrew Young prit un certain nombre de *smolt*, juste à l'époque de leur descente, et les marqua, au moyen d'un trou pratiqué dans la nageoire de la queue, par deux épingles de fer construites à cet effet. Dans le cours de la saison, il repêcha un nombre considérable d'entre eux à leur retour dans la rivière. Tous étaient à l'état de *grilse*, et leur poids variait, suivant qu'ils avaient séjourné plus ou moins longtemps à la mer, de trois à huit livres. En avril et mai 1842, il renouvela son expérience en coupant la nageoire adipeuse à une grande quantité de jeunes sujets qui pesaient à peine quelques onces. Dans le courant de juin et juillet suivants il les reprit à la remonte, et tous se trouvaient dans le même état que les précédents. L'un d'eux, repêché le 28 juin, pesait quatre livres; deux autres, repêchés le 15 juillet, pesaient cinq livres; un quatrième, repêché le 25 juillet, en pesait sept, et un autre, repêché le 30 du même mois, pesait trois livres et demie [1].

Cette opinion sur la rapide croissance du saumon a rencontré un contradicteur dans M. Paulin, agent de la compagnie à Bonwist. Il a pris la moyenne d'observations faites de 1845 à 1851, et a constaté que des saumons pesant trois livres en juin pèsent quatre livres sept onces trois quarts en juillet; cinq livres et deux onces et demie en août; cinq livres et dix onces et demie en septembre; six livres et onze onces en octobre. D'après ces faits, il serait impossible, d'après M. Paulin, d'admettre qu'un poisson, qui ne pèse en avril et mai que quelques onces, puisse arriver en juin à peser cinquante-neuf onces, c'est-à-dire vingt fois son poids primitif en six ou huit semaines; tandis que le même poisson, pesant trois livres et demie en juin, ne double pas son poids en quatre mois.

Les habitudes des saumons à la mer sont assez curieuses. Ces poissons ne s'écartent jamais du bord à la distance de plus d'un mille : au delà on

---

[1] On a pris récemment, en Suède, une femelle du poids de 83 livres.

n'en rencontre aucun; ils voyagent en longeant la côte, et vont fort loin, souvent à trente milles de l'embouchure de la rivière qu'ils ont adoptée; enfin ils reviennent toujours dans leur rivière natale. Ce dernier fait a donné lieu à d'intéressantes observations. Dans le golfe de Moray, par exemple, viennent se jeter trois rivières : le Ness, le Thin, le Bearlu. Les saumons appartenant à chacun de ces cours d'eau ne les confondent jamais et remontent toujours dans leur fleuve respectif. Il est aisé de vérifier l'exactitude de cette assertion, car, outre les marques qu'on leur adapte souvent, les sujets de chaque rivière possèdent des caractères distinctifs de poids et de conformation.

Malgré l'état florissant de leurs pêcheries, les propriétaires écossais ont craint l'avenir, et leur attention s'est tournée vers la fécondation artificielle[1]. Plusieurs journaux, surtout le *Field*, le *Country Gentleman's Newspapers*, le *Perthshire Courier*, le *Macclesfield Courier*, le *Nation* et le *Morning-Post*, se sont faits les propagateurs de cette science nouvelle, et, dès 1853, les propriétaires des pêcheries de saumons du Tay, réunis en meeting, ont voté des fonds (5 p. o/o de leurs revenus) pour la création à Stormontfield, près de Perth, d'un établissement de pisciculture à peu près sur le modèle réduit de celui d'Huningue. Nous n'entrerons dans aucun détail ni sur la construction de l'établissement, ni sur les phénomènes de fécondation et d'éclosion qui s'y produisent comme partout. Cependant il faut remarquer que les surveillants de cet établissement prétendent que leurs pertes sont presque nulles; résultat qu'ils attribuent aux soins qu'ils prennent de préserver les œufs de tout contact avec l'air extérieur. Pour y parvenir, les surveillants de Stormontfield expriment ces œufs sans sortir de l'eau la partie inférieure de la femelle. Nous nous bornerons enfin à citer le compte rendu publié par le *Perthshire Courier*, du 12 février 1857 :

..... « Sur chaque centaine de saumoneaux sortis de l'établissement de Stormontfield et *marqués*, quatre sur cent ont été repêchés à l'état de *grilse* ou de saumons. En conséquence, calculant que plus de 300,000 poissons élevés dans les bassins de Stormontfield ont été lâchés dans le Tay, on peut avancer que 40 poissons sur 1,000 proviennent de cet établissement, ce qui, en suivant la proportion, donnerait 12,000 pour 300,000, soit 6,000 chaque année, depuis deux ans que les expériences ont com-

---

[1] L'auteur de l'article *Fisheries* (pêches) dans l'Encyclopédie britannique se montre aussi partisan du système de fécondation artificielle, dont il cite les plus heureux effets.

mencé. Ainsi donc, évaluant à 70,000 le nombre total des *grilse* et saumons pêchés chaque année dans le Tay, il en résulte évidemment qu'un dixième du poisson pêché sort des bassins de Stormontfield, soit 10 p. o/o du produit annuel.

« En outre, il est incontestable que, depuis l'année dernière, il y a eu accroissement dans la quantité de saumons pêchés dans notre rivière, tandis que partout ailleurs, au contraire, il y a eu diminution sensible. On peut donc en conclure, sans hésiter, que c'est à la fécondation artificielle qu'on doit cet heureux résultat. »

Si, à l'égard de la fécondation artificielle, nos voisins d'outre-Manche ne se sont montrés qu'intelligents imitateurs et habiles praticiens, il est d'autres procédés de pisciculture dont ils peuvent revendiquer l'invention. Tels sont, entre autres, les échelles ou escaliers à saumons (*salmon's ladders, salmon's stair*). Ces appareils ont été imaginés pour permettre au poisson de franchir les barrages naturels ou artificiels qui existent sur un grand nombre de rivières. Il arrive souvent, en effet, que la hauteur des chutes, leur pente trop roide, quelquefois à pic, la rapidité de leur courant et le trop peu de profondeur de l'eau interceptant l'ascension du saumon vers les parties du fleuve qui sont au-dessus des obstacles à franchir, les propriétaires de ces fonds seraient privés des plaisirs et des bénéfices de la pêche, s'ils n'annulaient en quelque sorte ces obstacles par l'emploi des appareils en question.

Les escaliers et les échelles, construits d'après le même principe, varient cependant quant à leurs formes, à leurs dimensions, à leurs dispositions.

Le système dit *à escalier* consiste en une série de réservoirs carrés en bois posés les uns au-dessus des autres, à la hauteur de deux pieds, comme autant de grandes caisses. Ces bassins, dont le dernier communique de plein pied avec le haut de la chute, pendant que le premier se trouve au niveau de la partie inférieure du fleuve, sont construits et superposés de telle sorte que l'eau se précipitant dans le réservoir le plus élevé rencontre à angle droit la paroi qui lui fait face, et est forcée de s'écouler par une large ouverture latérale. Elle tombe ainsi dans le second bassin, puis dans le troisième, et successivement dans tous les autres par de vastes échancrures qui alternent et produisent dans leur ensemble une série de cascades serpentantes. Ce procédé permet aux saumons et aux truites, quelle que soit la hauteur du barrage, de passer de l'aval à l'amont du fleuve, en sautant d'auge en auge sans trop d'effort et de fatigue.

Les bassins formant escalier peuvent aussi être rangés sur deux files parallèles, adossées l'une à l'autre par un de leurs côtés. Cette forme n'est, il est vrai, qu'une modification de la précédente : l'eau, en passant des compartiments de droite dans ceux de gauche, et, alternativement, de ceux-ci dans ceux-là, y serpente également; mais les points de repos sont plus multipliés, et les chutes moins élevées, ce qui rend l'ascension du poisson plus facile. Ce double escalier (fig. 1) a, en outre, l'avantage de pouvoir s'adapter à des localités où il serait impossible de donner à l'escalier simple un développement suffisant en longueur.

Fig. 1. Double escalier, à chutes serpentantes.

Les échancrures par lesquelles l'eau s'écoule d'un bassin dans un autre, au lieu d'être sur l'un des côtés des cloisons transversales et d'alterner, peuvent occuper le milieu de ces cloisons, de manière à produire non plus des cascades serpentantes, mais une série de chutes qui se succèdent en ligne droite, depuis le haut jusqu'au bas de l'escalier (fig. 2).

L'autre système, dit à échelle, est plus simple encore et présente plusieurs variétés. Voici la description du moins dispendieux de ces appareils.

APPENDICE. 255

Fig. 2. Echelle à chutes en ligne droite.

Dans le sens du courant et sur un plan incliné de vingt pieds pour un,

256   APPENDICE.

Fig. 2 bis. Coupe et élévation de l'échelle à chutes en ligne droite.

on construit, au moyen d'un terrassement et de deux fortes cloisons[1], une sorte de longue stalle, large d'environ vingt pieds et qui rejoint par une pente douce les deux parties de la rivière. Puis de dix en dix pieds on établit graduellement, entre ces deux parois, une série de cloisons transversales formant autant de bassins d'une profondeur convenable. Le milieu de ces cloisons, légèrement échancré, est recouvert par l'eau qui se précipite, tandis que leurs extrémités, s'élevant au-dessus, opposent au courant une suite d'obstacles suffisants pour permettre au saumon d'opérer son ascension successive de bassin en bassin.

Une échelle d'un autre genre est celle que l'on vient d'établir au barrage de Mauzac, sur la Dordogne. Nous nous faisons un devoir d'en reproduire la description et les plans qu'en a donnés M. Fargaudie, ingénieur ordinaire à Bergerac.

« Le barrage de Mauzac (fig. 3, 4, 5) est à parement vertical de $2^m,50$ de chute à l'étiage; il présente par conséquent au poisson un obstacle à peu près infranchissable.

« Le projet qui s'exécute en ce moment pour faciliter la remonte de ce poisson consiste en un pertuis (ou échelle) de $3^m,50$ de large, fermé à ses deux extrémités, et dont le radier présente une pente uniforme qui rachète la chute du barrage.

« Le mur de tête d'amont, de $1^m,20$ d'épaisseur, repose sur la maçonnerie même du barrage; celui d'aval, de 1 mètre d'épaisseur seulement,

---

[1] En général, on construit l'échelle à saumon sur le côté de la chute et de manière à appuyer l'une des cloisons latérales contre la berge, si elle est escarpée, ou contre les ouvrages qui peuvent y exister, un quai ou une digue, par exemple.

APPENDICE.

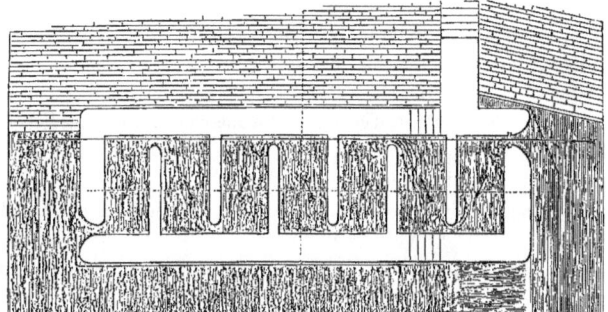

Fig. 3. Plan général de l'échelle à pertuis.

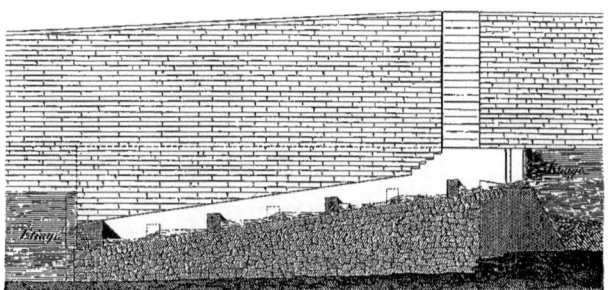

Fig. 4. Coupe en long de l'échelle à pertuis sur la ligne médiane.

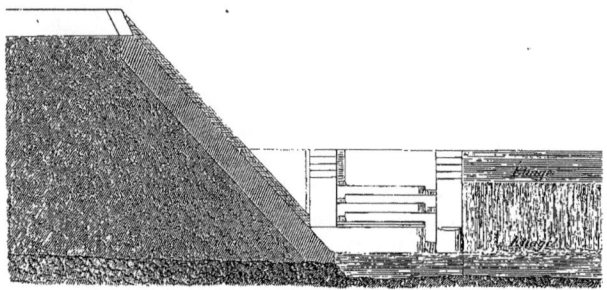

Fig. 5. Élévation d'aval de l'échelle à pertuis du barrage.

est directement fondé sur le rocher; enfin le radier, maçonné sur 0^m,50 d'épaisseur, consiste en un massif d'enrochement, maintenu par les murs de tête et les bajoyers latéraux du pertuis.

« Six cloisons intérieures, parallèles aux murs de tête, maçonnées en pierres de taille de 0^m,50 d'épaisseur et d'une hauteur égale au-dessus du radier, divisent le pertuis en sept compartiments égaux de 3^m,50 de largeur et de 1^m,80 de longueur.

« La longueur d'un compartiment, mesurée entre les axes de deux cloisons consécutives, est ainsi de 2^m,30.

« Huit orifices de 0^m,30 de largeur, dont le seuil est sur le radier même, sont pratiqués dans ces cloisons, et dans les murs de tête, le long des bajoyers latéraux, alternativement d'un côté et de l'autre du pertuis. Les cloisons, au droit de ces orifices, sont arrondies en forme de musoir demi-circulaire, et les murs de tête présentent une disposition analogue, de manière que, entre les axes des orifices inférieurs et supérieurs du pertuis, il y ait une distance totale de 16^m,10.

« Enfin, le seuil de l'orifice inférieur est au niveau de l'étiage d'aval, tandis que celui de l'orifice supérieur est à 0^m,30 en contre-bas de l'étiage d'amont. Par suite, la pente totale entre les axes de ces deux orifices est de 2^m,20, ce qui correspond à une pente par mètre du radier de 0^m,13665, et à une pente, par compartiment, de 0,3143 d'un axe d'orifice à l'autre.

« A l'étiage, il y aura une lame d'eau de 0^m,30 d'épaisseur sur le seuil de l'orifice d'amenée, et cette eau, en se déversant dans le compartiment immédiatement inférieur, tendra à s'y élever de façon à ce que la hauteur, sur le seuil de l'orifice suivant, soit aussi d'à peu près 0^m,30.

« La section de l'eau dans ce compartiment sera donc celle d'un triangle d'environ 0^m,30 de hauteur, et comme la pente transversale du radier, dans cet intervalle, est de 0^m,3143, il s'ensuit qu'en tenant compte de la pente de superficie d'un orifice à l'autre, le niveau de cette eau s'élèvera à peu près à la hauteur du seuil de l'orifice d'amenée.

« Les choses se passeront de même dans les autres compartiments, ou biefs intermédiaires; et il s'établira, dans le pertuis, un courant général qui se dirigera à peu près suivant les diagonales des biefs, comme l'indique le plan, et s'accroîtra au passage de chaque orifice. A ce passage il n'y aura pas d'ailleurs une chute proprement dite, mais une lame déversante, raccordant les niveaux des deux biefs consécutifs.

« La tendance du poisson à remonter les courants est tellement irrésis-

APPENDICE. 259

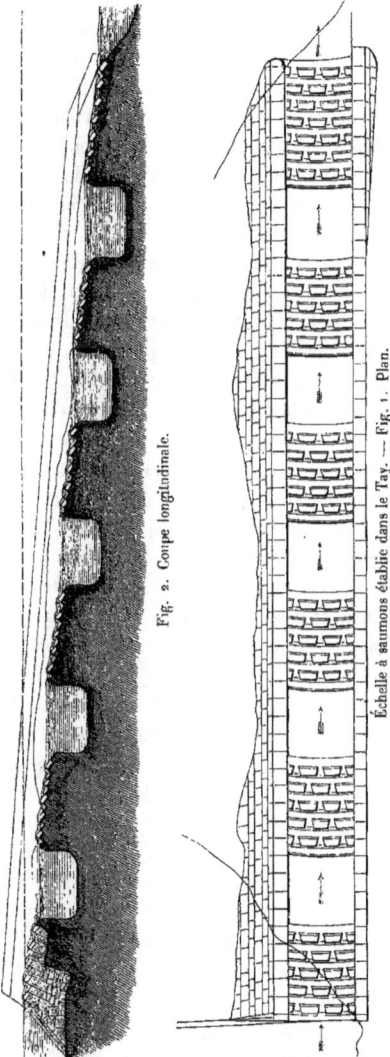

Fig. 2. Coupe longitudinale. — Fig. 1. Plan. Échelle à saumons établie dans le Tay.

tible, qu'il faut admettre comme une conséquence nécessaire de son organisation, qu'une fois appelé par l'agitation qui se produira à l'entrée du pertuis, et engagé dans le premier bief, il suivra fatalement la route qui lui est offerte, pourvu que les difficultés à vaincre, qui ne font d'ailleurs qu'exercer sur lui une agitation salutaire, ne soient pas au-dessus de ses forces. Or il est facile de s'assurer que la vitesse moyenne dans les biefs sera d'environ $0^m,30$, et au passage des orifices, de $1^m,70$, vitesses de beaucoup inférieures à celles que les poissons rencontrent dans les rivières libres, et qu'ils remontent sans difficulté [1]. »

Le mode de construction des échelles et des

---

[1] La dépense est évaluée par le projet à 5,272 fr. 02 cent. non compris 527 fr. 98 cent. de somme à valoir pour les batardeaux, épuisements et cas imprévus. Une soumission au rabais de 1/3 p. 0/0 ayant été faite, la dépense s'élèvera à 5,400 francs environ.

escaliers à saumons dépend de la hauteur de la chute et des accidents du terrain, mais, quel qu'il soit, l'utilité de ces appareils est reconnue partout. Il en existe plusieurs en Écosse, entre autres à Deamton près Stirling, sur le Teith, et à Blantyre, sur la Clyde; mais c'est surtout en Irlande, où la pêche a pris des proportions énormes, que ces appareils sont établis et rendent de grands services. Leur prix est relativement modique, puisque certains propriétaires peuvent retrouver dans le revenu d'une seule année de la pêche, ainsi créée, le capital même de leurs déboursés. Nous citerons comme exemple le fait suivant : En Irlande, près de Sligo, trois petites rivières, l'Arrow, la Colloones et la Colaney se réunissent sur un même point et se précipitent à pic dans la mer d'une hauteur de plus de vingt pieds. Toute communication entre la mer et la rivière étant ainsi impossible pour le poisson, ces trois rivières se trouvent privées du précieux saumon. Un propriétaire, M. Cooper, de Mackrec-Castle, eut l'idée d'établir près de ce petit Niagara une échelle à saumons, et son essai réussit au delà de ses espérances. Dès la première année, on vit quelques saumons remonter l'échelle, l'année suivante on en compta jusqu'à 400, et la troisième année (1857), un fermier demanda à louer la pêche du saumon au prix annuel de 500 livres : aujourd'hui ce revenu a déjà doublé de valeur. Outre l'évidence de l'utilité des échelles à saumons, il ressort de cette expérience un autre fait important à constater : c'est que, malgré la tendance habituelle du saumon à remonter dans ses eaux natales, il n'est pas impossible de l'attirer et de l'acclimater dans des cours d'eau où jusqu'alors il n'a existé aucun poisson de cette espèce.

Quant aux modes de pêche autorisés en Écosse, dans la mer ou dans l'eau douce, ils ont été en partie réglés par les divers actes du parlement. Ce sont en général, outre la ligne, dont l'usage est permis en tout lieu et pendant toute la durée de la pêche, les filets fixes, soit retenus par des pieux, soit par des flotteurs[1], les filets mobiles, qu'on manœuvre en bateau pendant qu'une des extrémités du filet est maintenu sur le rivage, et enfin les *cruives*. On appelle cruives des piéges construits en travers de la rivière avec deux côtés en pierre. Au milieu se trouve une chambre fermée par des cloisons entre lesquelles le saumon passe facilement pour entrer, mais par lesquelles il ne peut sortir. Tous les engins fixes sont prohibés dans les endroits où la marée se fait sentir[2]. Quant aux

---

[1] L'usage de cette sorte de filet n'est autorisé que dans la mer.
[2] Ces endroits sont ceux où le poisson est toujours le plus abondant.

engins fixes (filets et trappes) autorisés seulement dans *l'eau toujours douce*, les portes et les mailles doivent laisser une ouverture suffisante pour permettre la descente du jeune poisson vers la mer et même jusqu'à un certain point la montée du poisson déjà développé. En outre, les loquets des trappes doivent être levés pendant la saison de la pêche, depuis le samedi soir jusqu'au lundi matin. Il va sans dire qu'aucun barrage de la rivière n'est permis.

Mais au milieu de cette prospérité des pêcheries écossaises, la Tweed, l'une des plus importantes rivières du pays, autrefois célèbre par le nombre et la qualité de ses saumons, semblait menacée d'un prochain dépeuplement. Quelques chiffres en feront juger, et, quoiqu'on ne connaisse que la quantité de poissons pêchée depuis l'embouchure du fleuve jusqu'à vingt milles en amont, ils suffiront pour établir la proportion. En 1814, le revenu des propriétaires fut de 20,000 livres; en 1823, de 10,000; en 1831, de 4,691; en 1838, il tomba à 3,759, puis il se releva un peu jusqu'en 1852, pour baisser de nouveau et ne plus cesser de décroître. On attribue cette décroissance à plusieurs causes : 1° aux travaux d'irrigation pratiqués sur les rives du fleuve; 2° à la destruction du fretin et du poisson pendant la saison du frai; 3° à l'usage de certains filets; 4° à l'empoisonnement par les substances nuisibles employées dans les usines et fabriques établies le long de la rivière.

Pour obvier à ces causes de destruction et empêcher le complet dépeuplement, le gouvernement britannique vient de voter une loi spéciale relative aux pêcheries de la Tweed[1]; en voici le titre et les principales dispositions.

«ACTE DESTINÉ À FORTIFIER ET À AMÉLIORER LES ACTES ANTÉRIEURS AYANT POUR OBJET LA CONSERVATION DU SAUMON AINSI QUE LES RÈGLEMENTS DES PÊCHERIES DANS LA RIVIÈRE TWEED (17 AOÛT 1857).

«Vu, etc. etc. . . . .
. . . .

---

[1] La Tweed servant de frontière aux deux royaumes d'Angleterre et d'Écosse est et a été de tout temps régie par des lois particulières. C'est ainsi que l'institution des commissaires existait déjà pour la surveillance des pêcheurs, et que le dernier acte du parlement se borne, en beaucoup de points, à fortifier les dispositions antérieurement établies.

« XXX. Chaque propriétaire de pêcheries de saumon du rapport annuel de 30 livres, ou d'un terrain riverain de la longueur d'un mille, s'il n'a droit à la pêche que sur une des rives, ou d'un quart de mille, quand la pêche lui appartient sur les deux côtés; le mari de toute propriétaire viagère; le tuteur de chaque mineur propriétaire; le gérant de chaque domaine, et un membre ou un gérant de chaque corporation ou société possédant des pêcheries du revenu fixé ci-dessus, aura le droit, en cette qualité, de nommer un commissaire comme son représentant pour l'exécution du présent acte. Ce commissaire sera révocable au gré du propriétaire.

Les commissaires se réunissent tantôt en meetings généraux, tantôt en spéciaux de districts, pour discuter les intérêts de la pêche. Chaque district envoie son rapport annuel à l'assemblée générale. La valeur des votes des commissaires varie suivant l'importance de la pêcherie qu'ils représentent, mais elle ne peut jamais excéder trois voix.

Les assemblées générales ont le droit de nommer les secrétaires, les trésoriers, superintendants, baillis ou sergents de rivière, pour le soin de la comptabilité des finances, pour la protection des pêcheries et l'arrestation des délinquants.

« XXXVII. Le superintendant et les baillis de rivière nommés comme il est dit ci-dessus, après avoir prêté serment, sont investis du droit d'exercer les pouvoirs de constable à l'égard des affaires relatives à la pêche, comme si ces délits étaient des infractions à l'ordre public, soit pour prévenir les délits, soit pour détenir et arrêter les délinquants. Ils ont le droit d'entrer dans toute propriété riveraine dans tout temps, avec leurs bateaux ou autrement, pour surveiller ou verbaliser contre tout acte illégal.

« XXXVIII. Il est permis à tout superintendant ou sergent de rivière, ou à toute personne quelconque, sans autre autorité que celle émanant de cet acte, de saisir, *brevi manu*, et d'arrêter toute personne qui sera surprise commettant quelque infraction aux dispositions de cet acte.

. . . .

« XL. Les magistrats, même intéressés dans les pêcheries, ont le droit de prononcer l'arrêt.

« XLII. Il n'est permis à personne de pêcher le saumon dans la rivière de Tweed depuis le 1ᵉʳ octobre jusqu'au 1ᵉʳ mars de l'année suivante; cette période s'appellera la clôture annuelle.

« XLIII. Du 1ᵉʳ mars au 1ᵉʳ octobre, la pêche est interdite à partir du samedi à six heures du soir jusqu'au lundi matin à six heures. Cet intervalle s'appellera la clôture hebdomadaire.

« XLIV. Toute personne qui enfreindra cette défense sera condamnée à une amende supplémentaire de dix schellings par saumon pris, et, en outre, à la confiscation du poisson, des filets, bateaux, etc.

« Toute personne qui, pendant la fermeture de la pêche, détiendra, vendra un poisson qu'elle saura avoir été pêché dans la rivière, sera condamnée à une amende d'un maximum de 2 livres par poisson, outre la confiscation de, etc. etc. Il est interdit, pendant le temps prohibé, de pêcher dans la Tweed avec quelque filet que ce soit. Tout bateau, filet, etc. doivent être retirés du bord de l'eau, sous peine de confiscation. Il est même en tout temps défendu, à tout individu n'ayant pas le droit de pêcher le saumon dans la Tweed, d'avoir en sa possession, à la distance de cinq milles du fleuve, aucun filet propre à pêcher le saumon.

....

« LV. Il est défendu de poser ou de tendre dans la rivière aucun engin ou filet *fixe* destiné à pêcher le saumon, sous peine d'une amende de 20 livres au maximum; plus une amende supplémentaire de 10 schellings pour chaque jour que ces filets auront séjourné dans l'eau; plus, une autre amende de 10 schellings pour chaque poisson pris de cette manière.

« LVI. Tout réservoir, écluse, chute d'eau, digue et autres objets permanents au parcours du saumon dans le lit de la rivière devront être construits, et, s'il est nécessaire, modifiés de manière à permettre le libre passage du saumon par-dessus, soit en temps ordinaire, soit pendant les basses eaux; et si les propriétaires ou détenteurs desdits réservoirs, etc. etc. refusent ou négligent de construire dans ces conditions, les ayants droit pourront faire exécuter ces travaux aux frais de la caisse des commissaires, si les ouvrages existaient déjà lors de la promulgation de cet acte, et aux frais des propriétaires, si les ouvrages sont postérieurs. Il en est de même pour l'enlèvement des rochers, bas-fonds, amas de pierres, vase, gravier, etc. formant des obstacles naturels dans le lit du fleuve.

« ..... Il est interdit, sous peine d'une forte amende, de battre l'eau ou d'y établir quelque objet de couleur blanche ou quelque filet dans ou à travers la rivière, dans le but d'interrompre la montée ou la descente du saumon dans la rivière. Il est aussi défendu de se servir de trident ou de lance pour pêcher le saumon. La possession même de ces instruments à la distance de cinq milles du fleuve est considérée comme un délit. Il est défendu, en quelque temps que ce soit, de jeter ou de laisser tomber dans la rivière de la chaux brûlante ou des produits de gaz, ou de l'acide prussique, ou de la potasse, ou de l'eau dans laquelle le lin vert aurait séjourné, ou toute autre matière susceptible d'empoisonner le poisson. Il est aussi défendu de jeter dans la rivière les cendres de charbon, les immondices et tout autre débris.

« LXVII. Tout individu qui, n'étant ni propriétaire ni détenteur d'une pêcherie sur la rivière, ou investi du droit de pêcher le saumon, sera surpris pêchant le saumon dans la Tweed, sera condamné à une amende dont le maximum est de 10 livres, outre une amende supplémentaire de 10 schellings par saumon pris et la confiscation du poisson et de tous les instruments de pêche, ligne, filet, bateau, etc. etc. L'abord même des propriétés riveraines, dans cette intention, est considéré comme délit..........

«.... Il est défendu sous peine d'amende, même pendant la saison de la pêche, de prendre aucun saumon malsain et décoloré à la suite du frai, ni de le mettre en vente. Si, en pêchant, on prend un saumon dans cet état, il faut le remettre à l'eau, en lui faisant aussi peu de mal que possible. Enfin les peines les plus sévères sont prononcées contre ceux qui, volontairement, troubleront ou poursuivront le smolt, le fretin et tous les jeunes saumons, s'opposeront à leur passage ou dérangeront le frai, les lits de frai ou les bancs sur lesquels le frai est déposé. Le seul mode légal de pêcher le smolt est la ligne, et encore n'est-il permis de s'en servir qu'à partir du 1er juin.

« LXXIX. Pour couvrir les dépenses nécessaires à l'exécution de cet acte, les commissaires, réunis en meetings généraux ou spéciaux, ont le droit d'établir, d'imposer et de lever une contribution annuelle de 20 livres p. o/o sur le produit des pêcheries, jusqu'à ce que les dettes et obligations contractées par les commissaires qui ont agi en vertu des anciens actes aujourd'hui rapportés aient été acquittées. Une fois cette dépense couverte, les commissaires pourront fixer cette contribution au taux qu'ils jugeront convenable, pourvu que la somme n'excède pas 20 p. o/o par an; cette taxe devra être payée par tous les propriétaires des pêcheries de la rivière, en proportion du revenu annuel de leurs pêcheries, évalué par les commissaires ou par le sheriff, si les propriétaires se croient lésés.....

« LXXXI. Les contributions levées en vertu de cet acte seront consacrées, 1° aux dettes susmentionnées; 2° aux dépenses faites pour obtenir le présent acte; 3° aux salaires et gratifications des secrétaires, trésoriers,

collecteurs, superintendants, sergents de rivière, etc. et autres dépenses nécessaires pour l'exécution de cet acte. . . . .
. . . . »

La dernière partie de la loi sur les pêcheries de la Tweed est entièrement consacrée au recouvrement des amendes, à la compétence judiciaire et aux détails de procédure anglaise et écossaise. L'acte se termine par une réserve des droits, pouvoirs, priviléges et juridiction du lord grand amiral du Royaume-Uni.

V.

DE LA PÊCHE DU SAUMON EN IRLANDE.

LÉGISLATION QUI LA RÉGIT.

La pêche du saumon en Irlande est un peu moins importante que dans la Grande-Bretagne, et le public est appelé à en jouir dans une proportion très-supérieure dans les estuaires ou embouchures et dans la partie des fleuves où la marée se fait sentir. Elle donne un revenu brut de sept millions cinq cent mille francs.

En Écosse, il existe un bien plus grand nombre de droits particuliers, possédés mille par mille, le long de l'embouchure et de la côte maritime, et affermés par les propriétaires.

En Irlande, au contraire, les droits individuels, que nous appellerons *exclusifs*[1], sont rares ou exceptionnels, et c'est sans doute la cause pour laquelle la législation des deux pays est différente sur ces matières. Toutefois, un certain nombre de concessions royales ont eu lieu antérieurement au roi Jacques Ier, mais c'est surtout ce prince qui, apportant sur le trône de la Grande-Bretagne les idées écossaises au sujet de la liberté de la pêche, a concédé la majeure partie de ces droits exclusifs.

[1] Le mot de *droit individuel de pêche* s'applique à toute pêcherie exclusive, possédée en vertu d'une concession royale, d'un privilége, d'une charte ou d'un acte du parlement ou de la prescription, soit dans la partie salée, soit dans la partie douce du fleuve.
Dans toute rivière où la marée ne se fait pas sentir ou qui n'a pas été déclarée navigable par la loi, et dans laquelle n'existent pas les pêcheries exclusives dont il est parlé ci-dessus, les propriétaires riverains seront considérés comme propriétaires d'un droit de pêche exclusif, dans les limites de leurs terrains et jusqu'au point où le sol et lit du cours d'eau ou du lac leur appartiennent, pourvu, toutefois, que cette disposition ne soit jamais interprétée de manière à restreindre ou à supprimer aucun droit public de pêche, exercé et octroyé légalement dans les limites de ces pêcheries. (Art. cxiv de l'acte du parlement de 1842, sur les pêches d'Irlande.)

APPENDICE.

Quant aux barrages échelonnés sur la plupart des rivières d'Irlande, ils doivent leur origine à l'église. C'étaient des usurpations des prieurs et des abbés des monastères irlandais sur les *rivières du roi*. Leur droit, dit l'auteur de l'Histoire des pêches de l'Irlande, soit qu'il fût fondé sur le droit de l'église de saint Pierre, soit qu'il résultât de la nécessité où le clergé se trouvait d'assurer son approvisionnement d'un article d'alimentation dont l'usage est recommandé par la religion catholique, paraît avoir été reconnu par la couronne, la noblesse et le peuple. Il a donné naissance, malgré la défense de la loi, à de nombreuses constructions, organisées à travers le lit des rivières sur les bords desquelles les établissements religieux étaient plus multipliés que dans tout autre pays de la chrétienté.

Ces barrages illégaux ont survécu à la réformation, en passant dans d'autres mains, et constituent encore aujourd'hui d'importants priviléges.

L'absence de grandes cités manufacturières, le grand nombre de cours d'eau rapides et clairs roulant sur un lit de gravier, ont permis au saumon de se multiplier extrêmement dans ce pays, malgré la destruction énorme qui résulte des barrages et de l'emploi des filets fixes. Quelques chiffres donneront l'idée de ces pêches vraiment miraculeuses. En 1847, on évaluait le produit total de la pêche du saumon à 300,000 livres sterling (7,500,000 francs) au minimum, et l'on prétendait qu'avec une meilleure législation, telle que celle qui depuis a été promulguée, le produit pourrait s'en élever jusqu'à 2,000,000 de livres sterling. Mais, en nous en tenant au chiffre de 300,000 livres, nous trouvons que la rivière Barrow, d'une superficie totale de 3,400 milles carrés, entre dans cette somme pour 17,000 ou 18,000 livres;

Le Slancy (815 milles carrés), pour 2,000 livres;

Le Shannon (4,544 *id.*), pour 20,000 livres;

Le Blackwater (1,219 *id.*), pour 3,500 ou 4,000 livres.

Si on évalue le produit en nombre de têtes de saumons, on trouve que le Liffey (568 milles carrés) a donné de 5,000 à 7,000 saumons du poids moyen de 7 livres et demie, au prix moyen de 8 pence à 1 schelling la livre.

Le Ballinahnich produit 5,114 saumons représentant un poids de 34,747 livres, plus 14,385 livres de truites.

Enfin, le nombre moyen des saumons pêchés annuellement dans la Foyle est de 53,603, représentant une valeur d'environ 17,000 livres.

On comprend aisément qu'une branche aussi importante de la richesse publique ait dû être, depuis les temps les plus reculés, l'objet d'une législation spéciale. Quand, en 1842, on entreprit de reviser ou d'abroger la législation antérieure, il fallut remonter jusqu'à Édouard IV, roi d'Angleterre, dont les ordonnances sur la pêche n'avaient cessé d'être exécutées concurremment avec un grand nombre d'autres actes postérieurement édités par le parlement d'Irlande, et à dater de 1800 par le parlement britannique. L'acte de 1842, où se retrouvent plusieurs articles empruntés à l'ancienne législation, est devenu la loi fondamentale de la matière, le véritable code des pêcheurs irlandais. Il embrasse la pêche maritime et la pêche fluviale. Nous ne nous occuperons que des dispositions relatives à la pêche du saumon dans l'eau douce et l'eau salée. Elles reproduisent beaucoup des mesures en vigueur en Écosse.

ACTE DU PARLEMENT DU 10 AOÛT 1842.

« Art. II. Les commissaires des travaux publics sont institués commissaires pour l'exécution de cet acte. Ils pourront, avec l'approbation des commissaires de trésorerie de S. M. nommer autant de personnes qu'ils le jugeront à propos pour être inspecteurs des pêcheries, secrétaire, ou autres officiers, et ils fixeront le salaire de ces agents.

. . . .

« XV. Dans le but de rendre plus facile la mise à exécution du présent acte, les commissaires susdits partageront la côte d'Irlande en autant de cantonnements ou zones.

. . . .

« XVIII. Considérant qu'il existe des doutes relativement au droit de faire usage de nasses et de filets à pieux, de filets à poches et autres filets fixes destinés à pêcher le saumon dans la mer et dans ses courants, le long des côtes d'Irlande, il est arrêté : qu'il est permis à tout individu possesseur légal ou autorisé d'une pêcherie *exclusive* dans ou à proximité d'un estuaire ou d'une partie de la côte maritime, d'établir dans les limites de cette pêcherie, mais en se soumettant aux prescriptions édictées par cet acte et aux règlements et mesures restrictives qui pourront être imposées par les commissaires, en vertu des pouvoirs qui leur sont réservés dans les articles suivants, d'établir, disons-nous, toute espèce de nasses et filets à pieux, filets à poches ou autres fixes, propres à la pêche du saumon.

. . . .

« XIX. Les propriétaires tenanciers des terrains formant les rives de l'estuaire ou le rivage de la mer auront le même droit. Il est entendu que ce fait ne constituera aucun droit de propriété proprement dit, réservant à la reine et à tous les sujets de ce royaume le libre et entier exercice et la pleine jouissance de tous droits de pêche et autres quelconques sur ou à proximité dudit rivage de la mer ou des bords d'un estuaire.

« XX. Il ne sera fait usage, pour la pêche du saumon, sur la côte ou dans les estuaires, que de filets ou engins ayant des mailles ou ouvertures d'une dimension supérieure à deux pouces et demi entre chaque nœud, ou de dix pouces mesurés autour de chaque maille à l'état humide. Quant aux engins de bois, de fer ou corps dur, les ouvertures seront de trois pouces sur chaque côté du carré. Les infractions à cette disposition seront punies d'une amende qui ne pourra excéder 10 livres sterling, outre la confiscation de l'engin.

« Il est entendu qu'aucun de ces filets ou engins fixes n'entravera la navigation.

« XXI. Sauf le propriétaire d'une pêcherie *exclusive*, personne n'aura le droit d'établir des filets fixes à une embouchure ou dans un courant où la largeur du canal, à marée basse, est inférieure à trois quarts de mille. Si la rivière a moins d'un demi-mille, il est défendu d'y établir aucun filet fixe à la distance d'un mille de l'embouchure de ce fleuve, soit du côté de la mer, soit en amont. L'embouchure sera délimitée par les commissaires.

« XXII. Les filets et engins fixes établis dans les fleuves ne s'étendront pas au-dessus du lieu où la marée se fait sentir. Tous ces filets seront disposés de la manière la plus favorable pour laisser passer le petit poisson.

. . . .

« XXVI. L'époque de la clôture de la pêche du saumon est fixée du 20 août au 12 février, mais les commissaires sont investis du pouvoir d'avancer ou de reculer l'époque, selon les districts et les rivières, s'il y a lieu. Des amendes sont infligées aux pêcheurs, vendeurs et détenteurs de saumons pendant la clôture. Tout instrument de pêche, etc. doit être enlevé pendant cette époque, et les trappes et filets, ouverts du samedi soir au lundi matin.

. . . .

« XXIX à XLI. Une ouverture d'au moins 40 pieds, ou d'un dixième de la largeur de la rivière, dont le bas sera de niveau avec le fond de la rivière, sera pratiquée dans tout barrage, qui occupera plus de la moitié de la largeur de la rivière ou d'une de ses branches, pour le passage libre du poisson ou *réserve de la reine*, et cela dans toute rivière ayant une largeur de 400 à 100 pieds. Si la rivière a de 100 à 50 pieds de large, l'ouverture sera de 10 pieds.

. . . .

« XLI. Cette disposition ne sera pas interprétée de manière à nuire aux barrages ou levées servant à fournir de l'eau aux moulins, manufactures, etc. et qui, en vertu d'un acte du Parlement, d'une charte ou de prescription, serviraient à pêcher le saumon.

. . . .

« LVI. Aucun obstacle ne sera placé auprès ou devant l'ouverture destinée à la *réserve de la reine*, et personne n'aura le droit d'y pêcher, soit à la ligne, soit au filet, à la distance de 50 yards. Le maximum de l'amende est de 30 livres.

« LVII. Toute boîte ou trappe employée pour pêcher le saumon sera construite de telle sorte que la partie supérieure du fond sera de niveau avec le lit naturel de la rivière, et les parois de cette boîte ou trappe seront construites de manière qu'aucuns de leurs barreaux ne soient rapprochés de plus de deux pouces; ces barreaux seront mobiles, pour pouvoir être enlevés tous ou en partie, soit pour la clôture hebdomadaire, soit pour la clôture définitive.

« LVIII. On s'efforcera de débarrasser le lit des rivières des obstacles naturels, rochers, bancs de sable, etc. qui en obstruent le cours, de manière à faciliter le libre passage du poisson, pourvu que ces travaux ne nuisent pas aux usines ou au drainage des terres.

. . . .

« LXII. Dans tous les barrages ou digues qui seront construits à l'avenir, on ménagera un passage pour l'émigration du poisson, et, dans ceux qui existent déjà, on en pratiquera, en ayant soin, toutefois, de ne pas nuire aux usines et aux besoins de la navigation. En outre, toutes les roues des machines seront arrêtées chaque semaine pendant vingt-quatre heures, du samedi soir au lundi matin.

. . . .

« LXIV. Excepté les propriétaires d'une pêcherie *exclusive*, il est défendu à tout individu de pêcher le saumon avec quelque filet que ce soit, dans toute partie des rivières où l'eau n'est pas salée.

« LXV. Les propriétaires de pêcheries *exclusives* en eau douce, eux-mêmes, ne pourront se servir de filets dont les mailles auront moins de 2 pouces

1/4 d'un nœud à l'autre, mesurées sur le côté du carré, soit 9 pouces carrés à l'état humide. Aucun filet fixe n'est toléré.

« LXVI. Les commissaires, en cas de réclamations des propriétaires de pêcheries *exclusives* en eau douce, relativement à la dimension des filets, en donneront avis au public par insertion dans les journaux des comtés que traverse la rivière, et inviteront tous les intéressés à présenter leurs observations. Puis, l'enquête terminée, ils pourront autoriser l'emploi de filets à mailles plus serrées ou de forme différente, etc.

« LXVII. Il est bien entendu qu'aucune disposition du présent acte ne sera interprétée de manière à empêcher les propriétaires de terrains attenants à un lac ou à une rivière en eau douce, et qui ne se trouveraient pas compris dans les limites d'une pêcherie *exclusive*, de pêcher *à la ligne* le saumon, la truite, etc. pendant la saison de la pêche.

. . . .

« LXIX. Excepté les propriétaires de pêcheries *exclusives*, personne ne pourra se servir de *lignes en croix*.

« LXX. Il est interdit, sous peine d'amende, de prendre et de vendre aucun saumon rouge, noir, malade et hors de saison.

. . . .

« LXXIV. Attendu qu'une destruction considérable de poisson et de fretin a lieu dans les barrages destinés aux usines, etc. nous arrêtons : qu'une amende sera payée par tout individu qui, dans une saison quelconque de l'année, pêchera avec autre chose qu'une ligne dans une réserve d'eau ou dérivation destinée à une usine, et prise sur la rivière. Le propriétaire de l'usine sera responsable des délits de cette nature commis sur sa propriété.

« LXXV. Dans tous les canaux, dérivations ou écluses construits dans le but d'amener l'eau d'une rivière fréquentée par le saumon pour l'approvisionnement des villes, l'irrigation des terres ou toute destination autre que celle de fournir l'eau nécessaire à la navigation, ou de servir de puissance motrice aux machines ou d'alimenter les viviers, il sera placé à demeure, par le propriétaire desdits canaux, à leurs points de départ et de retour, en amont et en aval de la rivière, un grillage dont les barreaux ne seront écartés que de deux pouces au plus, et qui s'étendra à toute la largeur de ce canal, depuis le fond du lit jusqu'au niveau le plus élevé des eaux. En outre, pendant les mois de mars, avril et mai, ou autres époques de l'année où le fretin de saumon ou de truite descend dans les rivières, il sera placé, au-dessus de la surface de ce grillage, un treillis en fil métallique suffisant pour empêcher le fretin de pénétrer dans lesdits canaux.

« LXXVI. Payera une amende toute personne qui, entre le coucher et le lever du soleil, au moyen de lumière ou feu, et de harpon ou lance, tentera de pêcher le saumon; *idem* toute personne qui chassera, troublera ou détruira le poisson frayant ou les lits de frai, ou endiguera ou videra une rivière ou canal de moulin, dans le but de prendre le saumon.

. . . .

« LXXVIII. Il est défendu de jeter, répandre dans un lac ou rivière aucune matière tinctoriale ou autre liquide délétère et vénéneux, ou d'y jeter de la chaux, de l'euphorbe, ou d'y faire tremper du lin ou du chanvre.

. . . .

« LXXX. Tout bateau servant à la pêche doit porter le nom de son propriétaire.

« LXXXI. Pour mieux protéger et conserver les pêcheries, et pour assurer l'exécution des lois qui les régissent, nous autorisons toute personne intéressée, ou toute autre association de personnes formée dans le but de surveiller lesdites pêcheries, de désigner, sous son bon plaisir et par acte sous seing privé, un individu ou plusieurs, à l'effet de remplir les fonctions de sergents de rivière, pour la protection des pêcheries sur les côtes ou dans les rivières. Cet agent ne pourra agir que quand sa nomination aura été ratifiée par deux juges au moins, assemblés à l'époque de la petite session dans le district où le sergent doit exercer.

« LXXXII. Tout sergent de rivière, nommé comme il est dit ci-dessus, est autorisé à exercer les pouvoirs et l'autorité d'un constable, pour assurer l'exécution de cet acte, et a la premission, en tout temps et en toute saison, de passer sur les bords des lacs ou rivières fréquentés par le saumon, dans le but de protéger les pêcheries pour lesquelles il aura été désigné; de pénétrer partout en bateau; d'inspecter toutes digues, écluses, tous barrages; d'entrer dans toute embarcation employée à la pêche; d'inspecter tous les filets, de les saisir en cas de contraventions. Un mandat du juge de paix lui est cependant nécessaire pour entrer dans les maisons habitées ou dans les jardins clos de murs.

« LXXXIII. Tous les officiers ou hommes d'équipage des croiseurs de Sa Majesté, et tous les gardes-côtes, sont invités à assurer l'exécution de cet acte, et sont investis, dans ce but, de l'autorité des constables.

APPENDICE.

« LXXXVI. Il est permis aux commissaires des travaux publics, suivant les circonstances, de faire et de promulguer telles lois locales, et régler tels règlements (outre ceux exigés spécialement ici) qui leur paraîtront utiles pour la direction, surveillance, protection et amélioration plus efficaces des pêcheries d'Irlande; quelquefois aussi de révoquer ou changer lesdites ordonnances et de leur en substituer d'autres; d'imposer et de prescrire des conditions et mesures restrictives, pour le maintien du bon ordre parmi les pêcheurs, et relativement aux époques et saisons de l'ouverture et de la clôture, pour la pêche des diverses espèces de poissons; ou encore aux époques et localités, ou au mode suivant lequel seront employés le tramail ou autres filets et engins dont il sera fait usage dans lesdites pêcheries, et pareillement à la description et à la forme des filets, à la dimension des mailles et à toute matière enfin qui, à un titre quelconque, se rapporterait à la protection desdites pêcheries. Il est encore permis aux commissaires d'imposer des amendes jusqu'à concurrence de 5 livres sterling dans tous les cas où une amende n'aura pas été fixée par cet acte, et de prononcer la confiscation de tous les engins de pêche. Ces ordonnances, quand elles auront été approuvées par le lord lieutenant d'Irlande, en conseil, auront force de loi.

« Lesdits commissaires, avant le dernier jour de janvier de chaque année, présenteront au lord lieutenant un rapport sur les faits accomplis pendant l'année précédente, sur la recette et dépense des sommes qu'ils auront encaissées ou dépensées sous le requis du présent acte; indiquant exactement le chiffre reçu pour toute espèce d'amende, et ce rapport contiendra, autant que possible, un tableau statistique desdites pêcheries[1]. Un exemplaire de ce rapport sera mis sous les yeux de chacun des membres du Parlement. »

En 1844, un nouvel acte du Parlement investit tous les officiers et hommes composant les corps de constables, en Irlande, de la même autorité que les sergents de rivière, pour l'exécution de l'acte de 1842.

Un troisième acte intervint en 1845, et autorisa plus spécialement les commissaires des travaux publics à délimiter l'embouchure des fleuves. Il étend aussi leurs pouvoirs relativement aux mesures à prendre pour faire

[1] Depuis l'acte de 1848, le rapport annuel présente le montant des droits de licence perçus en Irlande, par les bureaux des conservateurs, pendant l'année qui vient de s'écouler. Il contient aussi un extrait des observations envoyées par ces bureaux aux commissaires au sujet de l'état des pêcheries de saumon et de la pêche intérieure.

disparaître les barrages illégaux, et pour défendre ou permettre l'usage de tels ou tels engins.

Par l'acte de 1846, l'époque de la clôture de la pêche du saumon, dans la mer et dans les parties des rivières où l'eau est salée, est fixée du 1er septembre au 28 février (du 1er septembre au 15 septembre on ne peut faire usage que de la ligne). Mais les propriétaires de pêcheries exclusives ont le droit de commencer la pêche dès le 1er février de chaque année. Le tout sous réserve des modifications faites par les commissaires, en vertu des pouvoirs qui leur ont été conférés par les actes précédents.

Un cinquième acte du Parlement, promulgué en 1848, contient une importante innovation :

« Désormais, les districts de pêche seront subdivisés en circonscriptions électorales, et ils éliront chaque année des conservateurs des pêcheries. Leur nombre, par circonscription électorale, sera fixé par les commissaires. Les propriétaires de *pêcheries exclusives* seront de droit conservateurs. Les autres conservateurs élus seront choisis parmi les personnes payant une licence. A l'avenir, tous les engins, filets, etc. destinés à la pêche du saumon seront l'objet d'un droit annuel. Tout individu qui aura payé une licence aura le droit de voter pour l'élection des conservateurs. Pour les premières élections, les commissaires sont chargés de fixer le montant de chaque licence. Ils convoqueront ensuite et présideront, dans chaque district, un meeting électoral de toutes les personnes ayant payé cette taxe. On procédera alors à l'élection du bureau des conservateurs, lequel, une fois élu, approuvera ou modifiera les droits de licence établis dans son district[1] par les commissaires. Ces mêmes conservateurs détermineront aussi l'époque et le lieu des meetings futurs. Ils fixeront également, avec l'approbation des commissaires, le montant du supplément de taxe à payer par chaque propriétaire de pêcherie *exclusive*, pourvu que ce droit n'excède pas 10 p. o/o du revenu total, évalué d'après la loi des pauvres. Le bureau des conservateurs, dans chaque district, nommera en outre des secrétaires, des inspecteurs et des sergents de rivière. Ces derniers jouiront des pouvoirs des constables.

« Les commissaires ont le droit, sauf avis au public, de changer l'époque de la clôture de la pêche[2]. »

---

[1] Le montant des droits varie selon le district et selon l'espèce d'engin. Dans tous les districts, cependant, la ligne n'est imposée qu'à dix schellings. Le maximum du droit est de quinze livres, et il frappe les filets à pieux, qui sont les plus destructeurs.

[2] Ces époques varient également suivant les divers districts et suivant qu'il s'agit de

Un dernier acte fut promulgué en 1850. Il a eu pour objet principal de réglementer les engins destinés à la pêche du poisson sur les côtes et dans les rivières d'Irlande.

Les commissaires sont, dès le début, investis du pouvoir de remanier de temps en temps la carte des districts de pêche. Toute pêcherie évaluée d'après la loi des pauvres devra payer, à l'avenir, un supplément au droit de licence, comme les pêcheries *exclusives*, c'est-à-dire un droit qui n'excédera pas 10 p. o/o du revenu total.

Les commissaires décideront sur les plaintes relatives à des pêches illégales, et auront le droit d'ordonner la destruction des barrages dans les rivières, sauf appel de la partie lésée. (Art. xiv et xv.)

Il est interdit à tout individu autre que ceux qui ont qualité pour exercer ce droit, d'établir aucun barrage, ou filet ou engin fixe sur la côte d'Irlande ou dans les parties des fleuves où l'eau est salée. Tout délit de cette nature entraîne une amende dont le maximum est de dix livres sterling, et, en cas de récidive, de 20 livres, plus 10 livres pour chaque jour pendant lequel ce barrage ou engin fixe aura subsisté. (Art. xvi et xvii.)

La loi se borne ensuite à répéter la plupart des dispositions contenues dans les actes précédents, telles que celles relatives à l'ouverture légale, dans les barrages, pour la *réserve de la reine;* elle accroît cependant les pouvoirs des commissaires en les autorisant à ordonner, sur la demande des intéressés, qu'il soit pratiqué des ouvertures dans certains barrages exempts jusqu'alors de cette obligation par prescription ou autre titre, sauf payement d'une indemnité et appel des propriétaires; les barrages destinés aux usines sont exceptés de cette disposition. La loi investit de nouveau les commissaires du droit de délimiter l'embouchure des fleuves. Elle défend, sauf le cas de possession de la pêcherie vingt ans avant la promulgation de la loi, l'emploi de filets à la distance de 200 yards d'un barrage. Elle prohibe de nouveau l'emploi des lances, harpons, et édicte des amendes plus sévères que les actes précédents contre ceux qui pêcheront ou vendront du poisson en temps prohibé. Elle contient un article spécial pour prévenir l'*empoisonnement*[1] des cours d'eau. Il est en outre prescrit aux propriétaires

la pêche en eau douce ou en eau salée; dans ce dernier cas, elle s'ouvre plus tard. Dans le district de Kellaney, elle ferme dès le 31 juillet; dans celui de Herford, le 28 septembre seulement. L'ouverture varie du 1er janvier au 1er avril. La pêche à la ligne se prolonge d'environ quinze jours plus tard que celle au filet.

[1] Dans toute l'Irlande croît, dans les bois, une sorte d'euphorbe appelée *euphorbia*

d'usines de laisser toujours un passage libre pour la migration du saumon pendant que les machines ne travaillent pas. Enfin la loi décide que la clôture hebdomadaire sera également exécutoire dans les parties douces ou salées des fleuves; que les barrages pratiqués dans cette dernière partie recevront une ouverture, et que, si l'embouchure du fleuve a moins d'un quart de mille de largeur, personne, sauf le propriétaire d'une pêcherie exclusive, ne pourra pêcher avec un filet dans cet endroit, ni à un demi-mille en aval et en amont.

hibernica. Cette plante renferme un jus blanc, dont une faible quantité, jetée dans une rivière quand les eaux sont basses, suffit pour tuer tout le poisson à une distance considérable. Le poisson ainsi empoisonné remonte bientôt à la surface et est encore malheureusement propre à l'alimentation de l'homme. Les riverains alors se partagent le produit de cette pêche destructive.

III.

RAPPORT A S. M. L'EMPEREUR

SUR

L'ORGANISATION DES PÊCHES MARINES.

RAPPORT A S. M. L'EMPEREUR

SUR L'ORGANISATION DES PÊCHES MARINES

AU POINT DE VUE

DE L'ACCROISSEMENT DE LA FORCE NAVALE

DE LA FRANCE.

Paris, 22 mars 1861.

Sire,

L'idée de la mise en culture de la mer n'est plus une contestable promesse de la science, que le dénigrement, cet éternel parasite de la vérité en ce monde, puisse faire ranger désormais au nombre des chimères, comme il l'a essayé tour à tour pour toutes les grandes découvertes qui sont aujourd'hui la gloire et le trésor de l'humanité; car, en pénétrant dans l'esprit de nos populations riveraines, cette idée transforme l'Océan en une véritable fabrique de substance alimentaire, où l'industrie attire et fixe à son gré la récolte dans les lieux qu'elle lui assigne. En sorte que, soumettant la nature organisée à son empire par une souveraine application des lois de la vie, elle fait de nos rivages un champ de production capable d'approvisionner tous les marchés de l'Europe.

Il est vrai que ses entreprises n'ont encore sérieusement porté que sur la multiplication du coquillage; mais, dans cette voie, elle a accompli en deux ans de tels prodiges que, en certaines localités, les richesses déjà créées ont changé la condition sociale des populations maritimes.

Dans l'île de Ré, par exemple, plus de trois mille hommes, prolétaires de la veille, sont descendus de l'intérieur des terres sur le rivage pour y prendre possession des fonds émergents que l'administration leur a concédés par lots individuels, afin de donner à chacun son intérêt particulier dans l'œuvre commune. L'intrépide persévérance de cette armée de travailleurs n'a reculé ni devant la nécessité d'écouler l'immense vasière qui, sur un développement de plusieurs lieues, couvrait ce stérile domaine, ni devant la difficulté de se procurer les matériaux pour la construction des parcs destinés à le mettre en culture.

Ils ont donc déchiré, par la mine et par le fer, les bancs de roche énormes dont le pourtour de leur île était bordé, et, avec les fragments, ils ont formé des enceintes sur toute l'étendue de la plage envasée dont ils voulaient purger le sol. Puis, dans l'intérieur de ces enceintes, ils ont planté des pierres verticales assez rapprochées les unes des autres pour que, en se retirant, le flot, brisé contre ces obstacles, se divise en rapides courants et entraîne la boue délayée vers la partie déclive, où un égout collecteur la conduit au large.

Chaque parc ainsi organisé devient, par conséquent, un appareil de curage, que le jeu des eaux convertit en un champ de production.

Il y en a déjà quinze cents en pleine activité, régulièrement alignés comme les maisons d'une ville, ayant leurs grandes voies pour le service des voitures, et leurs petits sentiers pour les piétons, occupant, de la pointe de Rivedoux à la pointe de Loix, sur une longueur de près de quatre lieues, une surface de six cent trente mille mètres carrés : travail gigantesque, poursuivi avec un entraînement sans exemple dans le reste du pourtour de l'île, où deux mille établissements nouveaux sont en voie de création.

A peine les terrains émergents, théâtre de cette merveilleuse conquête, avaient-ils subi la préparation qui les rend aptes à porter des fruits, que la semence, amenée du large par les courants, s'y répandait et y contractait adhérence avec une incroyable profusion. Les fragments de roche formant les murailles des parcs, ceux qu'on a accumulés dans les espaces que ces murailles circonscrivent, disparaissent sous l'immense gisement d'huîtres, bientôt marchandes, comme le sol de nos pâturages sous l'herbe mûre qui le couvre. C'est un fait que chacun peut vérifier à son gré, quand la mer abandonne ces enclos collecteurs, où l'on ramasse, à pied sec, le coquillage, avec autant de facilité que s'il s'agissait d'un vignoble ou d'un potager.

Les agents de l'autorité locale y ont compté, en moyenne, six cents huîtres par mètre carré, ce qui donne, pour l'ensemble des parcs en activité, un total de trois cent soixante et dix-huit millions de sujets, représentant une valeur de six à huit millions de francs.

La foi de ces modestes ouvriers, éclairée par un rayon de la science abstraite, a donc réussi à créer, sur quelques kilomètres d'une plage improductive, une plus abondante moisson que n'en fournit annuellement tout le littoral de la France. Que sera-ce quand le pourtour entier de l'île aura été mis en exploitation?

Mais, ce qui me frappe davantage dans le succès de cette courageuse entreprise, c'est moins la grandeur du résultat matériel que le but moral auquel ce résultat a conduit.

L'industrieuse colonie, en effet, n'a pas borné son action à l'effort isolé de chacun de ses membres; elle a porté plus haut la dignité de son œuvre, en l'élevant jusqu'à l'idée d'une association dans laquelle tous sont solidaires, en ce qui touche les intérêts généraux, sans que, pour cela, l'intégrité ou la valeur de la possession individuelle soit en rien affaiblie par l'institution collective.

Le pacte qui consacre cette association la divise en quatre communautés, portant chacune le nom de son quartier respectif, celle du Vert-Clos, celle du Préau, celle de Saint-Laurent, celle de Rivedoux.

Chaque communauté nomme trois délégués chargés de son administration particulière et de ses rapports avec l'autorité maritime.

Chaque communauté vote un impôt fixé à sept centimes par mètre carré, destiné à subvenir à toutes ses dépenses.

Chaque communauté élit un garde juré préposé à la surveillance de sa récolte, et dont elle prélève le salaire sur son budget spécial.

Toutes les communautés, enfin, se réunissent en assemblée générale dans le théâtre de l'île, pour y délibérer sur les besoins de l'industrie, sur le perfectionnement des méthodes, sur les expériences à instituer, comme on le fait dans une académie pour les questions de science abstraite.

Il y a là, évidemment, Sire, le principe d'une salutaire organisation du travail qui, étendue à toutes les branches de l'industrie des pêches, permettra de constituer la famille maritime sur des bases nouvelles, en faisant à la fois de son foyer domestique le siége de sa richesse et l'instrument de la défense du littoral; grand problème dont Votre Majesté a bien voulu m'encourager à l'entretenir.

Mais, pour que cette constitution nouvelle, dont l'organisation de l'industrie huîtrière donne le signal, se réalise, il y a une urgente et double indication à remplir : premièrement, mettre la famille maritime en mesure d'avoir sur le rivage des piscines où elle puisse emmagasiner les espèces susceptibles d'y être nourries; secondement, lui fournir les moyens de se pourvoir de bâtiments mixtes, capables d'affronter les périls de la grande pêche et de ramener en tout temps, dans leurs flancs convertis en viviers, la récolte au bercail ou sur le marché. La sole, le turbot, la barbue, le homard, la langouste, la raie, le congre, etc. s'accommodent parfaitement au régime de la stabulation. Ils s'engraissent à ce régime, comme les animaux de nos basses-cours. J'en ai fait l'expérience dans mon laboratoire de Concarneau.

Quand nos pêcheurs auront ainsi des bergeries aquatiques à leur disposition, ils seront libres de ne porter la récolte sur le marché qu'au moment où il y aura chance d'une vente lucrative; tandis que, en l'état actuel des choses, ils se trouvent placés entre la nécessité d'une livraison à tout prix et celle de la perte du fruit de leur travail, car leur denrée se détériore si elle ne passe pas sans délai dans la consommation.

Les clients, de leur côté, pourront désigner d'avance, pour le service de leur table ou le besoin de leur commerce, le nombre, la taille, le poids des sujets dont ils réclameront l'envoi, et les détenteurs de ces garennes les leur feront parvenir au jour et à l'heure convenus. Il n'y aura donc plus, grâce à cette facilité d'expédition, ni perte, ni avarie. Le négoce des fruits de la mer s'opérera avec autant de sécurité et de précision que celui des fruits de la terre.

J'ai vu, sur les côtes d'Angleterre, des piscines où l'on emmagasine des chargements de homards et de langoustes, que des viviers-navires vont chercher en Norwége, en Irlande, et plus particulièrement encore en Bretagne. Ces grands crustacés, parqués par troupeaux de trente, quarante ou cinquante mille à la fois, dans les eaux de ces piscines rafraîchies par la marée, y sont nourris et tenus en réserve pour les approvisionnements de la ville de Londres, où, en général, on trouve à vendre trente et quarante francs la douzaine ce que nos pêcheurs livrent à la spéculation étrangère au vil prix de quatre ou cinq francs.

Quand la denrée est arrivée sur le marché, le détenteur ne s'en sépare qu'à la condition d'un bénéfice suffisant. Dans le cas contraire, il remet sa marchandise en bourriche, ramène son troupeau au bercail, et attend une occasion meilleure. Une bonne installation le met donc à l'abri de toute surprise.

Or, si, avec les produits de nos rivages, l'industrie étrangère peut approvisionner de lointains marchés, et, après avoir fait face aux énormes dépenses d'exportation, s'enrichir à ce commerce, quels bénéfices nos populations maritimes n'obtiendront-elles pas en organisant cette industrie au profit de la consommation française?

Je fais construire, en ce moment, à Concarneau, grâce aux moyens que Votre Majesté a bien voulu mettre à ma disposition, un vivier-laboratoire de quinze cents mètres de superficie, qui servira de modèle aux pêcheurs disposés à entrer dans la voie du progrès. Ils y verront par quel artifice la science crée, dans des espaces restreints, les conditions de la pleine mer, comment y vivent et prospèrent les nombreux troupeaux qu'on y enferme. Le concours que le pilote Guillou me prête en cette occasion me permettra de montrer, par un frappant exemple, de quelle importance seront, au point de vue commercial, des établissements de ce genre. Les étangs salés de l'intérieur des terres pourront aussi être facilement affectés à cet usage, pourvu qu'un aménagement approprié y entretienne la libre circulation et le renouvellement des eaux.

Lorsque, derrière ses bergeries aquatiques et ses champs de coquillage, la famille maritime se sera constituée en métairies d'exploitation, elle étendra peu à peu son industrie au delà des étroites limites où sa condition actuelle l'emprisonne. Son foyer domestique élargi deviendra en même temps un atelier de conserves et une fabrique de préparations fertilisantes.

Tout ce qui n'aura pas chance d'arriver frais ou vivant sur le marché sera mariné ou fumé ou salé par ses soins, afin de ne rien perdre du produit de la pêche; tout ce qui ne sert point à la nourriture de l'homme ou nuit au développement des espèces comestibles formera une source d'engrais concentrés, où viendra puiser le laboureur étonné de la fécondité de son sillon.

Les astéries desséchées et réduites en poudre, les vases formées de débris organiques, les prairies sous-marines mises en coupes réglées, les bancs d'anomies, les poissons chargés de graisse, les têtes de sardines et de morue, les gisements de maërle et de tangue, fourniront des éléments capables de suffire à tous les besoins de la terre, si perfectionnée qu'on en suppose la culture, si loin que l'on étende l'entreprise de son défrichement.

L'emploi isolé de chacun de ces éléments, leur action combinée, leur pondération dans le mélange, permettront de soumettre le sol à des traitements variés, qui lui donneront plus que la récolte ne pourra lui ravir, et préserveront ses fruits des influences morbides que suscite le défaut d'équilibre entre les divers principes de nutrition.

L'Angleterre demande en vain au guano des îles de l'Océan Pacifique et aux ossements des champs de bataille le phosphore dont la science lui démontre que son territoire se dépouille.

La Sicile, exténuée par les excès de récolte qui, pendant plusieurs siècles, en firent le grenier d'abondance de l'empire romain, a perdu dans cette production à outrance les sels fécondants que l'imprévoyance humaine n'a pas cherché à lui rendre à mesure qu'elle les lui enlevait.

Sur plusieurs points du globe, le régime des assolements, ne répondant pas à toutes les indications d'une végétation normale, fait de la plante et de ses fruits le territoire vicié où se propagent, comme une levûre funeste, ces êtres microscopiques ou infusoires capables de mettre en péril l'existence des nations, quand ils envahissent la pomme de terre, la vigne, le froment, ou qu'ils s'attaquent à l'homme lui-même.

Un seul de ces impalpables organismes, dont les germes remplissent l'univers, dont les cadavres accumulés forment le sol de provinces entières, peut produire, en quatre jours, jusqu'à cent quarante billions d'individus. Leur ténuité est telle que, d'après les calculs d'un savant illustre de Berlin, il ne faudrait pas moins d'un billion sept cent cinquante millions de sujets pour faire le volume d'un pouce cube.

Ce sont, dans l'économie générale de la nature, d'incessants multiplicateurs de la matière vivante, destinés à servir d'aliment à des espèces un peu plus grandes qui, absorbées à leur tour par d'autres espèces que l'œil distingue, établissent entre le monde invisible et le monde apparent une manifeste et fondamentale solidarité. Mais cette harmonie ne se conserve qu'à la condition d'un antagonisme toujours prêt à tourner au détriment du monde apparent, lorsqu'une défaillance y ouvre carrière à de dévorantes invasions.

La souveraine ambition de la science, à travers ce conflit à la fois salutaire et menaçant, doit donc être d'obtenir la virile expansion des espèces utiles, sans jamais permettre à ces ferments impalpables d'en devenir les parasites victorieux ou les agents perturbateurs. Or, comme les parasites ne prévalent jamais que sur les organismes malades, il s'ensuit qu'un bon assolement deviendra l'héroïque préservatif de ces désastreuses épidémies; car, en développant une végétation normale, il formera, pour les animaux qui se repaissent de cette végétation, une nourriture saine.

La mer renferme et élabore dans son sein les principes sans cesse renouvelés de cet assolement. Tous les résidus organiques que les déjections des grandes villes renferment; ceux qui émanent des filtrations de la terre, conduits par l'entremise des fleuves dans cet immense récipient, viennent s'y mêler aux matériaux de nutrition dont il est déjà si largement pourvu. Les habitants des eaux, animaux ou plantes, en transforment les parties assimilables, ici, en une denrée alimentaire pour l'homme, là, en une substance propre à être convertie en préparations fertilisantes.

Il n'y a donc qu'à puiser à cette source intarissable, et, à mesure que, pour féconder la terre, on purgera les fonds des espèces nuisibles qui les encombrent, les races utiles s'y répandront comme une nouvelle moisson sur un sol où la mauvaise herbe cesse d'étouffer le bon grain. La multiplication de l'élément comestible s'opérant alors en proportion de l'étendue des champs appropriés à son développement, ajoutera aux richesses naturelles celles bien plus grandes encore que l'art y aura créées.

Mais, pour l'accomplissement d'un tel dessein, il faut qu'un capital généreux, conviant les populations riveraines au bénéfice de l'association, mette aux mains des ouvriers de la mer un matériel d'exploitation conforme aux besoins de leur périlleuse culture. A défaut de ces moyens d'action, ces intrépides moissonneurs épuisent nos rivages où glane leur misère; tandis que, en face d'eux, les pêcheurs anglais, montés sur des navires qui leur permettent de tenir en tout temps le large, munis d'engins perfectionnés, opèrent, sur les fonds où se rassemblent les troupeaux de grande taille, les plus abondantes captures.

Nulle classe d'hommes n'a les mêmes droits aux largesses de l'État; car, par une de ces inimitables combinaisons qui ne sont possibles qu'à une certaine heure de l'évolution sociale, le génie de Colbert en a fait, dans l'organisme de la France, l'organe voué à la défense du pavillon: pensée féconde, qui porte en soi le germe de la prépondérance maritime.

Nulle classe d'hommes ne se trouve en d'aussi bonnes conditions pour tirer avantage de ces largesses, car le domaine des mers dont, en échange d'une héroïque mais libre soumission, le grand ministre lui octroya le monopole, est une véritable communauté. L'esprit d'association ne saurait donc y être entravé par les limites de la propriété individuelle, comme cela arrive pour la culture de la terre; et quand les prêts en argent viendront lui offrir l'occasion de se déployer librement, il y rencontrera une organisation administrative merveilleusement appropriée à ce besoin, parce qu'elle est moulée sur la nature même des choses.

Dans chaque localité, en effet, le commissaire de l'inscription maritime vit en père de famille au milieu de la tribu soumise à sa juridiction. Il y tient registre des noms et des services de chacun, afin de pourvoir au recrutement de la flotte et de régler les droits des pensions de retraite. Mérites ou défauts, aptitudes intellectuelles ou incapacité, misère ou aisance, rien n'échappe à l'attention de ce confesseur vigilant, toujours en mesure d'éclairer le Gouvernement sur le meilleur emploi de ses subsides, sans qu'il soit nécessaire d'avoir recours à d'interminables et ruineuses enquêtes.

Les trésoriers des Invalides, ces détenteurs des premières caisses d'épargne qui aient existé dans le monde, seront les banquiers désintéressés de cette œuvre de régénération sociale. Ils feront passer directement aux mains des pêcheurs les avances destinées à favoriser leurs associations ou leurs entreprises personnelles, sans payer rançon à de dévorants intermédiaires.

Lorsque la famille maritime aura mis son matériel d'exploitation à la hauteur des nouveaux besoins de son industrie, elle opérera le remboursement de ses emprunts par une voie qui lui est depuis longtemps connue, et par le soin des mêmes agents qui les lui auront transmis. Au lieu de ne verser, dans la caisse des retraites, comme elle le fait en tout temps, que trois pour cent par mois, sur les produits de la pêche, elle en versera six, et, à mesure qu'à son insu l'amortissement de ce dépôt périodique éteindra sa dette, le moissonneur à gages se transfigurera en propriétaire affranchi. Il n'y a donc qu'à mettre en jeu les admirables rouages de notre inscription maritime, pour en faire sortir et la richesse et la force.

En France, les voies ferrées tuent le cabotage, qui est la pépinière naturelle de la flotte, parce que tout passe directement dans l'intérieur des terres. En Angleterre, elles le font vivre et le développent, parce que tout y aboutit à un convoi par mer. Le progrès de la civilisation met donc en lumière, par une saisissante opposition, combien la création de Colbert est en harmonie avec les destinées de la nation que dota sa prévoyance.

L'idée d'un apanage pour les pêches maritimes n'est point chose nouvelle, puisqu'une somme de plusieurs millions figure tous les ans au budget pour celle de Terre-Neuve. Mais cet opulent subside n'est pas le partage des ouvriers de la mer. Il se distribue, en primes, aux armateurs qui prennent ces ouvriers à leur service, et, moyennant un modique salaire, les conduisent à la récolte de la morue dans une région du globe où, au premier signal d'un conflit européen, quinze mille hommes seraient prisonniers de l'Angleterre, souveraine en ces parages.

Une pareille dotation qui, *en quarante années, s'est élevée à plus de cent soixante millions,* si elle eût été consacrée au développement de la pêche côtière, l'aurait mise depuis longtemps à la hauteur de toutes les éventualités, car c'est à elle seule qu'il faut demander désormais les vrais éléments de de la force navale de la France. Elle offre assez de périls et de rudes labeurs pour façonner à l'héroïque métier de la mer les défenseurs héréditaires du pavillon; elle peut prendre d'assez grandes proportions pour en accroître le nombre au delà de toutes les prévisions, si les populations riveraines y trouvent le bien-être de leurs enfants.

La combinaison financière qui permettra d'atteindre ce but n'aura pas seulement élargi le cadre du recrutement de la flotte, elle formera encore, par le groupement des familles autour de leur matériel d'exploitation, des colonies à la fois industrielles et militaires, dont les membres, après avoir payé leur tribut à l'armée navale, pourront être utilement affectés au service sédentaire des batteries échelonnées sur nos rivages. La défense de la côte se confondra avec celle du foyer domestique, et sera placée au cœur même des richesses que la généreuse intervention de l'État aura concouru à y créer. Elle ouvrira carrière à tous les dévouements que l'Administration aura aussi le moyen d'encourager, en concédant autour de la batterie la jouissance d'une certaine étendue de terrain pour les fruits et les légumes nécessaires à la consommation du ménage.

Les capitaines des bâtiments chargés de faire respecter les règles établies pour la culture et l'exploitation de la mer seront les officiers instructeurs de ces colonies organisées au double point de vue de la pêche et de la défense. Ils les suivront au large, comme les ingénieurs d'une grande manufacture, les dirigeront dans l'application des nouvelles méthodes, leur donneront la remorque au besoin, quand la tempête rendra le retour au port difficile ou dangereux. A terre, ils les exerceront à la manœuvre pendant les jours de loisirs, afin de ne rien dérober au travail.

Déjà, sur ma proposition, et à la suite d'un rapport soumis à l'agrément de Votre Majesté, l'Administration de la marine a bien voulu accueillir en principe l'idée de consacrer à la police de la pêche un cordon de chaloupes mixtes, à hélice, que leur faible tirant d'eau permettra de conduire dans toutes les anfractuosités du littoral, et qui deviendront, par cela même, la seule école pratique possible des vrais pilotes de nos rivages. Mais ces rapides transports, dont les premiers modèles sont en construction dans les ateliers de M. Arman, ne répondront complétement au double but de leur institution qu'à la condition d'en confier le commandement à un cadre spécial d'officiers, voués d'une manière durable aux soins de ce service et pouvant faire leur avancement sur place, afin que le légitime espoir d'une récompense méritée entretienne parmi eux une salutaire émulation.

Ce détachement du service militaire de la flotte, sujet à y être rappelé en tout temps, dressera, suivant un programme de la science, la carte des fonds sous-marins au point de vue de la production des espèces comestibles. Il déterminera les régions où se rassemblent les troupeaux de grande taille, les cantonnements où ces troupeaux établissent leurs lits de ponte, et préparera les voies à une rationnelle mais sobre réglementation, qui, sans entraver l'industrie, contribuera à l'enrichir. Il y aura alors une direction et une responsabilité qu'en l'état actuel des choses on ne rencontre nulle part, à cause de la déplorable mobilité des commandements.

Le *Chamois*, que Votre Majesté a bien voulu mettre à ma disposition, fera, dans cet ensemble, l'office de garde général. Il portera à chacun ses instructions pratiques, s'assurera, par des inspections réitérées, si les opérations sont bien conduites, et mettra la main à l'œuvre quand il y aura urgence. Les services exceptionnels qu'il a déjà rendus me font un devoir d'appeler l'attention de l'Empereur sur les mérites de son infatigable commandant.

J'ose donc exprimer le vœu que Votre Majesté daigne élever au grade d'officier de la Légion d'honneur M. le capitaine de frégate Isidore Le Roy, qui est depuis dix-sept ans chevalier de l'ordre.

Je considère aussi comme un devoir de signaler à la bienveillance de M. le ministre de la marine les services rendus par M. Tayeau et le docteur

Kemmerer dans l'île de Ré; par M. Filleau et le lieutenant de vaisseau Blandin dans le bassin d'Arcachon; par M. Levicaire et le lieutenant de vaisseau Bidault dans la baie de Saint-Brieuc.

Les récompenses, Sire, quand il s'agit d'une œuvre nouvelle, ne sont pas seulement un acte de justice envers les artisans de son triomphe. Elles deviennent le signe visible du prix qu'attachent au succès de l'entreprise ceux qui ont mission de faire qu'en ce monde l'ivraie n'étouffe pas le bon grain.

Tel est, Sire, dans son expression la plus générale, le plan d'organisation des pêches que j'ai l'honneur de soumettre à la haute appréciation de Votre Majesté.

Si elle souhaite que j'entre plus avant dans le détail des applications, je lui demanderai de m'adjoindre un capitaine de vaisseau et un fonctionnaire de la marine, dont les connaissances spéciales me seront nécessaires pour compléter ce travail.

Je suis, avec un profond respect,

Sire,

De Votre Majesté,

Le très-humble et très-fidèle serviteur,

COSTE,

Membre de l'Institut.

EXPLICATION

DU

PLAN THÉORIQUE DE LA LAGUNE DE COMACCHIO.

Ce plan théorique est spécialement destiné à donner une idée de l'ingénieux système de pêche appliqué à la lagune de Comacchio.

Pour montrer dans leur ensemble, avec leur forme générale, leur disposition, et aussi distinctement que possible sur une aussi petite échelle, les parties principales qui composent ce système, les proportions ont dû être sacrifiées : ainsi les digues artificielles (a) qui circonscrivent ou divisent les bassins; les nombreux canaux (b) dans lesquels sont établis les labyrinthes[1]; le *canal Palotta*, le *port de Magnavacca*, auxquels tous ces canaux aboutissent et qui portent dans la lagune les eaux de l'Adriatique, ont ici, non en longueur mais en largeur, des dimensions exagérées relativement à celles que l'on a conservées à la lagune en général et aux divers bassins qui la divisent. Le *Reno* et le *Volano*, qui entrent dans le jeu de cet immense appareil de pêche, en ce que leurs eaux mises en communication, à l'époque de la montée, avec celle des bassins contribuent pour leur bonne part à l'ensemencement de la lagune, y sont également très-grandis, ainsi que les canaux qui en partent et les doubles écluses (c) établies sur ces canaux.

C'est aussi pour mettre mieux en relief le rôle des eaux dans ce vaste appareil, que l'on a eu recours à l'emploi de couleurs conventionnelles. Le bleu clair est affecté, soit aux eaux saumâtres des bassins, soit aux eaux pluviales qui s'écoulent dans la lagune par de nombreux fossés d'assèchement, soit à celles des deux rivières limitrophes, le Reno et le Volano; le bleu verdâtre indique les eaux salées qui de l'Adriatique pénètrent dans la lagune en passant par les divers canaux où sont établis les labyrinthes.

Tout ce qui est terre ferme, digue artificielle ou îlots, est coloré en bistre : les chemins et les sentiers le sont en jaune pâle.

[1] Voir la page 52, sur laquelle un de ces labyrinthes est figuré.

TABLE DES MATIÈRES.

	Pages.
Dédicace.	
Introduction de la première édition	1
Industrie de la lagune de Comacchio	3
I. Aperçu général	ib.
II. Description de la lagune	16
III. Contrat de fermage	28
IV. Gouvernement de la lagune	34
Brigade d'exploitation	ib.
Quartiers généraux de la lagune	39
Brigade de police	41
Brigade administrative et manufacturière	42
V. Ensemencement de la lagune	43
VI. Récolte de la lagune	53
Organisation des labyrinthes	ib.
Ouverture des pêches	56
Mortalité du poisson	62
VII. Manufacture pour la préparation du poisson	65
Première méthode de conservation	67
Cuisson et salaison acétique	ib.
Les cheminées	ib.
Anguilles à la broche	68
Surveillance des broches	69
Les fourneaux	71
Barillage et salaison acétique	72
Le caprione et la gélatina	74
Deuxième méthode de conservation	75
Salaison simple	ib.
Troisième méthode de préparation	77
Dessiccation	ib.
Salamoja	ib.

296   TABLE DES MATIÈRES.

	Pages.
Résumé	80
VIII. Commerce, exportation	81
Vente du poisson frais	83
Industrie du lac Fusaro, bancs artificiels d'huîtres	89
Industrie de Marennes, huîtres vertes	109
Industrie de l'anse de l'Aiguillon, bouchots	129

APPENDICE A LA DEUXIÈME ÉDITION.

I. Documents relatifs aux pêches marines.

I. Rapport à S. M. l'Empereur sur l'état des huîtrières du littoral de la France et sur la nécessité de leur repeuplement.... 157
II. Rapport à S. M. l'Empereur sur le résultat des expériences de la baie de Saint-Brieuc................................ 167
III. Rapport à S. Exc. le Ministre de la marine sur le repeuplement du bassin d'Arcachon................................ 177
IV. Appareils propres à recueillir le naissain des huîtres....... 187
    Plancher collecteur............................. ib.
    Toit collecteur................................. 188
    Rucher collecteur à châssis mobiles................ 189
    Pavés collecteurs............................... 192
V. Rapport à S. M. l'Empereur sur les modifications à introduire dans l'économie et l'administration des pêches marines... 195
V Rapport à S. Exc. le Ministre de la marine sur la reproduction des crustacés, au point de vue de la réglementation des pêches.................................... 201

II. Documents relatifs aux pêches fluviales.

I. Rapport à S. M. l'Empereur sur l'organisation de la pêche fluviale en France.................................... 212
II. Rapport sur les résultats de la campagne d'automne et d'hiver 1857-1858 considérés, soit séparément, soit comparativement à ceux des campagnes antérieures correspondantes.. 225
III. Précis de pisciculture artificielle...................... 229
    Nature des eaux................................ ib.
    Époque de la reproduction...................... 230
    Signes caractéristiques de la maturité des œufs et de la laitance.................................... ib.
    Procédés de fécondation artificielle................ 231

TABLE DES MATIÈRES.

		Pages.
Frayères artificielles		234
Incubation artificielle et appareils qu'elle nécessite		235
Soins à donner aux œufs durant leur développement		238
Modifications que subit l'œuf après la ponte et la fécondation		239
Manipulations et transport des œufs fécondés		240
Durée de l'incubation		242
Soins à donner aux jeunes poissons après la naissance, et moyens de les transporter		ib.
IV. De la pêche du saumon en Écosse		245
Faits relatifs aux habitudes du saumon		250
Escaliers et échelles à saumons		254
V. De la pêche du saumon en Irlande		267

III.

Rapport à Sa Majesté l'Empereur sur l'organisation des pêches marines au point de vue de l'accroissement de la force navale de la France.................................. 281
Explication du plan théorique de la lagune de Comacchio...... 293

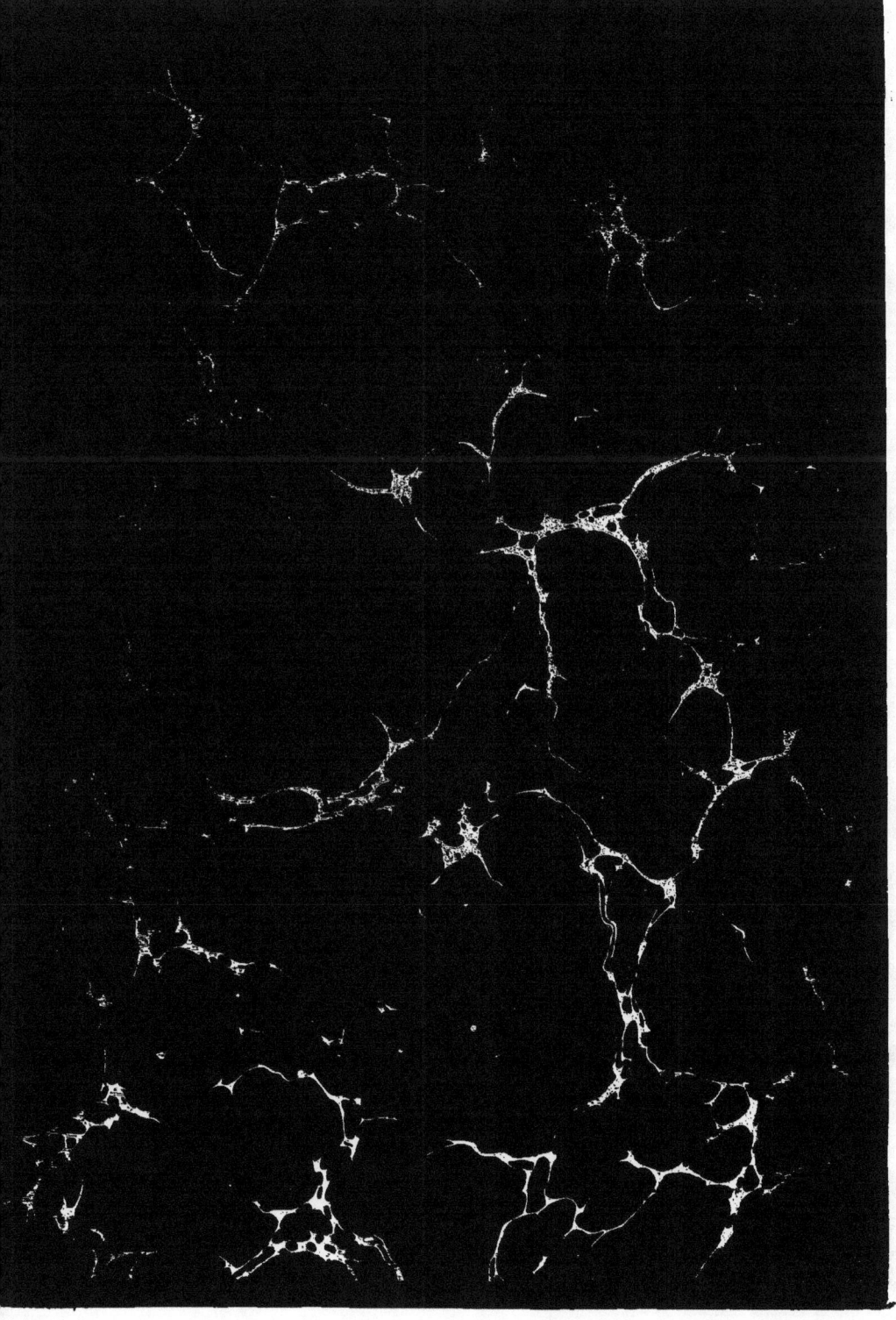

www.ingramcontent.com/pod-product-compliance
Lightning Source LLC
Chambersburg PA
CBHW072021150426
43194CB00008B/1207